MODELOS MATEMÁTICOS PARA SISTEMAS LOGÍSTICOS E DE PRODUÇÃO

APLIACAÇÕES COM MATHPROG E PYTHON

Ricardo Saraiva de Camargo
Luiza Bernardes Real
Débora Alves Ribeiro
Fátima Machado de Souza Lima
Guilherme de Souza Ferreira
Isadora Helena Dornas
Thais Fernandes Oliveira

2024

MODELOS MATEMÁTICOS PARA SISTEMAS LOGÍSTICOS E DE PRODUÇÃO: APLIACAÇÕES COM MATHPROG E PYTHON

Imagem da capa

Nota: Apesar de todo o esforço para a elaboração desta obra, podem ocorrer erros de digitação, impressão ou dúvida conceitual. Em qualquer das hipóteses, solicitamos a comunicação aos autores para que possamos esclarecer a questão. Os autores não assumem qualquer responsabilidade por eventuais danos ou perdas a pessoas ou bens, originados do uso desta publicação.

Dados Internacionais de Catalogação na Publicação (CIP)
(Câmara Brasileira do Livro, SP, Brasil)

Modelos matemáticos para sistemas logísticos e de produção : aplicações com Mathprog e Python / Ricardo Saraiva de Camargo...[et al.]. -- Belo Horizonte, MG : Ed. dos Autores, 2024.

Outros autores: Luiza Bernardes Real, Débora Alves Ribeiro, Fátima Machado de Souza Lima, Guilherme de Souza Ferreira, Isadora Helena Dornas, Thais Fernandes Oliveira.
ISBN 978-65-01-00081-7

1. Modelagem matemática 2. Programação (Matemática) 3. Python (Linguagem de programação para computadores) I. Camargo, Ricardo Saraiva de. II. Real, Luiza Bernardes. III. Ribeiro, Débora Alves. IV. Lima, Fátima Machado de Souza. V. Ferreira, Guilherme de Souza. VI. Dornas, Isadora Helena. VII. Oliveira, Thais Fernandes.

24-203409 CDD-511.8

Índices para catálogo sistemático:

1. Modelagem matemática 511.8

Tábata Alves da Silva - Bibliotecária - CRB-8/9253

Códigos

Os códigos fonte deste livro se encontram no sítio `https://pifop.com`

OS AUTORES

Ricardo Saraiva de Camargo é professor do Departamento de Engenharia de Produção da Universidade Federal de Minas Gerais. É graduado em Engenharia Elétrica pela Universidade Federal de Minas Gerais, obteve os títulos de mestre em Engenharia de Produção e de doutor em Ciência da Computação todos pela Universidade Federal de Minas Gerais. Seus principais interesses de pesquisa situam-se na área de modelagem matemática aplicada a sistemas de produção e logística, com o desenvolvimento de métodos de solução exatos e heurísticos.

Luiza Bernardes Real é professora do Departamento de Engenharia de Produção do Instituto Federal de Minas Gerais (IFMG). É graduada em Engenharia de Produção pela Universidade Federal de Minas Gerais (UFMG). Durante a graduação participou do programa Brasil France Ingénieur Technologie (Brafitec), cursando dois semestres de Engenharia de Informática no Institut Supérieur d'Informatique, de Modélisation et de leurs Applicationsno (ISIMA) em Clermont-Ferrand, na França. É mestra e doutora também em Engenharia de Produção pela Universidade Federal de Minas Gerais (UFMG), tendo feito doutorado sanduíche no Centre interuniversitaire de recherche sur les reseaux d'entreprise, la logistique et le transport (CIRRELT), em Montreal, no Canadá. Seus principais interesses de pesquisa situam-se na área de problemas logísticos de grande porte e otimização combinatória.

Débora Alves Ribeiro é professora no curso de Engenharia Civil da Universidade do Estado de Minas Gerais (UEMG). É graduada em Licenciatura Plena em Matemática pela Universidade Federal de Viçosa (UFV) e obteve os títulos de mestra e doutora em Engenharia de Produção pela Universidade Federal de Minas Gerais (UFMG). Seus principais interesses de pesquisa situam-se na área de pesquisa operacional aplicada a sistemas de produção e logística, com a modelagem matemática de problemas práticos e desenvolvimento de métodos de solução exatos e heurísticos.

Fátima Machado de Souza Lima é professora do Departamento de Administração (FACE) da Universidade Federal de Minas Gerais (UFMG). É graduada em Engenharia de Alimentos pela Universidade Federal de Viçosa (UFV), obteve os títulos de mestra em Ciências de Alimentos pela Universidade Federal de Viçosa (UFV) e de doutora em Engenharia de Produção pela Universidade Federal de Minas Gerais (UFMG). Fez pós-doutorado na Ohio State University (OSU), nos Estados Unidos. Seus principais interesses de pesquisa situam-se na área de pesquisa operacional aplicada a sistemas de produção e logística, com a modelagem matemática de problemas práticos e desenvolvimento de métodos de solução exatos e heurísticos. Tem publicado artigos em diversos periódicos científicos, incluindo

Computers and Industrial Engeneering, Brazilian Journal of Development, Quartely Journal os Operations Research (4OR-A) e Expert Systems with Applications.

Guilherme de Souza Ferreira é Supervisor de Logistics Analytics no Mercado Livre. É graduado em Engenharia de Produção pela Universidade Federal de Viçosa (UFV), especialista em Transporte Ferroviário de Cargas pelo Instituto Militar de Engenharia (IME), mestre em Modelagem Computacional pela Universidade Federal de Juiz de Fora (UFJF) e atualmente está no seu último ano do doutorado em Engenharia de Produção pela Universidade Federal de Minas Gerais (UFMG). Seus temas de interesse situam-se na área de *advanced analytics*, especialmente em métodos de análise prescritiva.

Isadora Helena Dornas é graduanda em Engenharia de Produção na Universidade Federal de Minas Gerais (UFMG). Seus principais interesses de pesquisa situam-se na área de pesquisa operacional aplicada a sistemas de produção e logística, com a modelagem matemática de problemas práticos e desenvolvimento de métodos de solução exatos e heurísticos.

Thaís Fernandes Oliveira é graduanda em Engenharia de Produção no Instituto Federal de Minas Gerais (IFMG). Seus principais interesses de pesquisa situam-se na área de pesquisa operacional aplicada a sistemas de produção e logística, com a modelagem matemática de problemas práticos e desenvolvimento de métodos de solução exatos e heurísticos.

DEDICATÓRIAS

Aos meus pais, Léa e Irfêo Camargo.

Ricardo Saraiva de Camargo

Ao meu marido Guilherme, ao meu filho João Guilherme, aos meus pais Marcelo e Dayse e aos meus irmãos Ana Paula e João Marcelo.

Luiza Bernardes Real

À minha família e àqueles que ousam embarcar na jornada do conhecimento, compartilhando generosamente suas descobertas.

Débora Alves Ribeiro

Ao meu marido Ricardo, às minhas filhas Olívia e Helena, e aos meus pais, Lorival e Regina.

Fátima Machado de Souza Lima

Ao João Guilherme, fonte de energia e alegria durante a construção deste livro.

Guilherme de Souza Ferreira

Ao meu noivo Sérgio, aos meus pais Vanderlei e Sônia e meu irmão Rick.

Thaís Fernandes Oliveira

Aos meus pais César e Beatriz, a minha madrasta Silvana e aos meus orientadores Ricardo e Fátima pelo apoio nessa grande jornada de construção de aprendizado e sabedoria.

Isadora Helena Dornas

AGRADECIMENTOS

*Agradeço ao meu grande amigo Davi Simões Doro Pereira por criar a **PIFOP**, ferramenta fantástica para o ensino de programação matemática, e aos demais autores por aceitarem o desafio de escrever este livro.*

Ricardo Saraiva de Camargo

Agradeço aos autores deste livro que aceitaram o desafio de trazer esta obra à vida. Ao meu orientador Ricardo por brilhantemente me introduzir nesse mundo da pesquisa operacional. E aos meus alunos que me inspiram a buscar cada vez mais conhecimento.

Luiza Bernardes Real

Agradeço a todos cujas discussões, ideias e insights enriqueceram o material. E aos alunos, fonte de renovação e inspiração.

Débora Alves Ribeiro

Agradeço à Deus e a Virgem Maria por tantas bênçãos.

Fátima Machado de Souza Lima

Agradeço a todos aqueles que me ensinaram ao longo da vida, especialmente aos professores, e tornaram possível a construção deste livro.

Guilherme de Souza Ferreira

Agradeço a todos os colegas que ajudaram na construção desse material pela oportunidade de aprendizado e inspiração.

Isadora Helena Dornas

Agradeço a todos aqueles que contribuíram para a realização deste livro. E a Deus por suas bênçãos.

Thaís Fernandes Oliveira

PREFÁCIO

Este livro introduz os conceitos básicos de **otimização** através da aplicação da **programação matemática** e **Pesquisa Operacional** no desenvolvimento de modelos de programação linear (PL) e programação linear inteira mista (PLIM) para sistemas logísticos e de produção. Apesar de haver muitas linguagens de programação e modelagem, assim como resolvedores de modelos, focaremos aqui no uso da linguagem de modelagem de programação matemática GNU (*GNU MathProg modeling language* - GMPL) parte do pacote **GLPK** (*Gnu Linear Programming Kit*) juntamente com o seu resolvedor *glpsol*, e na linguagem de programação Python e o pacote MIP, que usa os resolveres CBC e *glpsol*, respectivamente.

Otimização significa achar a solução mais adequada para problemas reais. Isso pode ser feito através do uso da lógica ou bom senso ou experiência de vida, porém pode haver casos que uma abordagem mais sofisticada e avançada seja necessária. Nestas situações, um modelo matemático que represente o problema real pode ser desenvolvido e resolvido usando-se os conhecimentos teórico matemático, computacional e tecnológico disponíveis.

Normalmente, nestes casos, desenvolvemos um **algoritmo** ou um conjunto de instruções organizadas numa sequência lógica para realizar operações, sobre algum tipo de dado, com a finalidade de se alcançar um determinado objetivo. Um exemplo de algoritmo seria a receita para preparar uma pizza. Cada etapa do processo de elaboração da pizza pode ser considerada como uma instrução ou passo, sendo que os dados representam os ingredientes a serem usados na confecção da pizza.

Dependendo do problema a ser tratado, podemos usar um computador para resolvê-lo, como, por exemplo, quando desejamos encontrar a menor distância entre dois endereços físicos numa cidade. Isso envolve dados como a rede de ruas com os seus respectivos cruzamentos e as distâncias entre cada trecho dessa rede.

Neste caso específico, o algoritmo que achará esta menor distância deverá ser implementado em alguma linguagem computacional, e.g., *C/C++/C#*, *Python*, *Ruby* ou *Java*, para lidar com os dados disponíveis, montar uma representação computacional para o problema e procurar o menor caminho nesta representação. Ou seja, devemos nos preocupar não só com o quê vamos fazer, mas também em como vamos fazê-lo.

Uma alternativa ao desenvolvimento e implementação computacional de um algoritmo é a **programação matemática**, uma ferramenta fundamental da pesquisa operacional dedicada à formulação, análise e solução de modelos matemáticos para otimizar processos e tomar decisões. Em vez de prescrever os passos a serem seguidos, apenas o modelo matemático descrevendo o problema abordado é formulado. Esse modelo representa o problema real através do uso de equações, inequações e expressões lógicas. Essencialmente, envolve a criação de funções matemáticas que representam um sistema, processo ou problema, para maximizar ou minimizar algum critério, sujeito a um conjunto de restrições. A habilidade em elaborar modelos matemáticos é crucial em diversos campos, como engenharia, economia, logística e ciências da computação, pois permite aos profissionais e pesquisadores traduzir problemas complexos do mundo real em estruturas matemáticas manejáveis.

O modelo matemático é então resolvido por resolvedores, que conseguem encontrar a solução que atende às equações, inequações e expressões lógicas utilizadas. A vantagem da programação matemática é que apenas o modelo é desenvolvido, deixando toda a parte do algoritmo de resolução para o resolvedor, que já está pronto e é geralmente desenvolvido por alguma empresa ou equipe especializada. Esses resolvedores normalmente resolvem uma ou mais classes específicas de modelos de programação.

Este livro não é apenas mais um texto sobre modelagem matemática; trata-se de um manual prático que destaca o poder das técnicas matemáticas e computacionais na resolução de problemas do mundo real. Além de apresentar a modelagem matemática por meio da discussão de modelos de programação linear e programação linear inteira mista para sistemas logísticos e de produção, também oferece a implementação prática desses modelos nas linguagens de modelagem MathProg e programação Python.

O livro está organizado em quatro partes. A parte I introduz a programação matemática e ensina como usar a linguagem MathProg para interagir com o resolvedor glpsol e a linguagem Python para interagir com o resolvedor CBC usando o pacote MIP. As partes II, III e IV apresentam problemas clássicos das áreas de logística, produção e alocação de recursos, respectivamente. Cada problema é aqui apresentado de forma separada e independente em um capítulo. Em cada capítulo, apresentamos a descrição do problema, uma contextualização no âmbito de uma empresa de móveis, a modelagem em programação matemática, e os códigos e a resolução do modelo, tanto em MathProg quanto em Python. Para facilitar o acompanhamento e aprendizado, todos os códigos e modelos estão disponíveis na plataforma PIFOP. Esta plataforma é própria para a execução de modelos de programação matemática.

É importante ressaltar que diversos dos problemas aqui apresentados e formulados em programação matemática podem ser resolvidos de maneira mais eficiente por algoritmos já disponíveis na literatura. Entretanto, para muitos problemas do mundo real, a elaboração de um programa matemático frequentemente se mostra uma abordagem mais rápida e acessível.

Além disso, a programação matemática oferece maior flexibilidade em comparação com algoritmos desenvolvidos especificamente para um problema. Ajustar um modelo para atender às mudanças de um problema real é mais simples do que modificar um algoritmo especializado, especialmente quando se possui domínio sobre os princípios da programação matemática.

Este livro almeja introduzir os conhecimentos de programação matemática e sua aplicação em problemas logísticos e de produção. Destina-se a todos que desejam aprofundar seus conhecimentos e habilidades em otimização, programação matemática e pesquisa operacional. Se você é um interessado que está iniciando sua jornada, é um pesquisador em busca de soluções baseadas em dados ou um profissional visando a excelência operacional, encontrará neste texto um guia essencial para explorar a otimização matemática.

Bem-vindo à jornada de descoberta e aplicação prática com "Modelos matemáticos para sistemas logísticos e de produção: aplicações com MathProg e Python". Este é um livro desenvolvido coletivamente por professores e alunos apaixonados por otimização. Que ele se torne o seu companheiro confiável na busca por sistemas logísticos e de produção mais eficientes e otimizados.

Esperamos que este material seja útil para você.

SUMÁRIO

I Conceitos básicos

1 Introdução a programação matemática
Ricardo Camargo – Fátima M. de Souza Lima – Luiza Bernardes Real 3

2 Introdução à linguagem algébrica GNU MathProg
Ricardo Camargo – Fátima M. de Souza Lima – Luiza Bernardes Real 17

3 Introdução à linguagem Python aplicada a programação matemática
Ricardo Camargo – Fátima M. de Souza Lima – Luiza Bernardes Real 31

II Problemas Logísticos

4 Problema de localização não capacitado
Fátima M. de Souza Lima – Luiza Bernardes Real – Ricardo Camargo – Thaís Fernandes Oliveira 67

5 Problema de localização de cobertura máxima
Fátima M. de Souza Lima – Guilherme de Souza Ferreira – Luiza Bernardes Real – Ricardo Camargo – Thaís Fernandes Oliveira 79

6 Problema de localização hierárquico com dois níveis
Fátima M. de Souza Lima – Guilherme de Souza Ferreira – Luiza Bernardes Real – Ricardo Camargo – Thaís Fernandes Oliveira 97

7 Problema do caminho mínimo
Isadora Helena Dornas – Luiza Bernardes Real – Débora A. Ribeiro 111

8 Problema da Árvore Geradora Mínima
Isadora Helena Dornas – Luiza Bernardes Real – Débora A. Ribeiro 121

9 Problema de fluxo máximo
Isadora Helena Dornas – Luiza Bernardes Real – Fátima M. de Souza Lima – Thaís Fernandes Oliveira – Débora A. Ribeiro 133

10 Problema de fluxo de custo mínimo
Fátima M. de Souza Lima – Luiza Bernardes Real – Ricardo Camargo – Thaís Fernandes Oliveira 143

11 Problema do caixeiro viajante
Fátima M. de Souza Lima – Ricardo Camargo – Luiza Bernardes Real 155

12 Problema de transporte
Fátima M. de Souza Lima – Luiza Bernardes Real – Ricardo Camargo 171

13 Problema de roteamento de veículos capacitados
Fátima M. de Souza Lima – Luiza Bernardes Real – Ricardo Camargo 179

14 Problema de transbordo
Fátima M. de Souza Lima – Luiza Bernardes Real – Ricardo Camargo – Thaís Fernandes Oliveira 195

III Problemas de Produção
15 Problema de determinação de tamanho de lotes de produção
Isadora Helena Dornas – Fátima M. de Souza Lima – Luiza Bernardes Real – Thaís Fernandes Oliveira – Débora A. Ribeiro 209
16 Problema de sequenciamento em uma máquina com setup
Fátima M. de Souza Lima – Guilherme de Souza Ferreira – Luiza Bernardes Real – Ricardo Camargo 221
17 Problema de sequenciamento em máquinas paralelas com setup
Fátima M. de Souza Lima – Guilherme de Souza Ferreira – Luiza Bernardes Real – Ricardo Camargo 235
18 Problema de sequenciamento do tipo flow shop
Fátima M. de Souza Lima – Guilherme de Souza Ferreira – Luiza Bernardes Real – Ricardo Camargo 255
19 Problema de sequenciamento do tipo job shop
Fátima M. de Souza Lima – Guilherme de Souza Ferreira – Luiza Bernardes Real – Ricardo Camargo 269
20 Problema de balanceamento de linha
Débora A. Ribeiro – Luiza Bernardes Real 285
21 Problema de programação de horários
Fátima M. de Souza Lima – Luiza Bernardes Real – Thaís Fernandes Oliveira – Ricardo Camargo 297
22 Problema de corte
Fátima M. de Souza Lima – Guilherme de Souza Ferreira – Luiza Bernardes Real – Ricardo Camargo 309

IV Problemas de Alocação de Recursos
23 Problema da mochila
Débora A. Ribeiro – Luiza Bernardes Real 321
24 Problema de atribuição
Débora A. Ribeiro – Luiza Bernardes Real 331
25 Problema de atribuição generalizada
Débora A. Ribeiro – Luiza Bernardes Real 339

Index

Parte I

CONCEITOS BÁSICOS

1

INTRODUÇÃO A PROGRAMAÇÃO MATEMÁTICA

Fátima M. de Souza Lima
fatimamslima@face.ufmg.br
Universidade Federal de Minas Gerais
Luiza Bernardes Real
luizabernardesreal@gmail.com
Instituto Federal de Minas Gerais

Ricardo Camargo
rcamargo@dep.ufmg.br
Universidade Federal de Minas Gerais

1.1 O BÁSICO

Neste capítulo, vamos aprender sobre programação matemática por meio de pequenos exemplos. Vamos usar a facilidade e o poder das **equações** e **inequações** para modelar pequenos problemas numa crescente de complexidade, até chegarmos a modelagem de problemas mais aderentes a nossa realidade. Vamos começar com o nosso primeiro exemplo.

Exemplo 1.1.1:

Tício termina seu turno de trabalho na empresa de móveis Rivadália em 90 minutos, porém ainda precisa fazer mais 12 pernas roliças de cadeira no torno. O torno requer 30 minutos de preparação (*setup*) para começar a tornear as pernas das cadeiras. O quão rápido Tício deve fazer cada perna para que termine no final de seu turno?

No exemplo acima buscamos o tempo de processamento médio máximo que permita a Tício terminar seu turno dentro do horário. Ele pode fazer cada perna em tempos distintos, umas mais rápidas do que as outras, outras mais lentas. Tício pode até fazer tudo antes do horário final, sendo extremamente rápido em sua atividade, mas o importante é que o tempo de processamento médio das pernas das cadeiras deve ser tal que permita Tício fazer tudo até o final do expediente.

Para resolver este problema, vamos chamar de x o tempo em minutos do processamento médio das pernas. Sabemos que o tempo de preparação de máquina mais o tempo x multiplicado pelo total de pernas a serem feitas devem ser menores ou iguais do que os 90 minutos disponíveis ou:

$$30 \text{ min} + 12 \text{ peças} \times x \frac{\text{min}}{\text{peça}} \leq 90 \text{ min}$$
$$x \leq 5 \text{ min}$$

Ou seja, qualquer tempo médio de processamento menor ou igual a cinco minutos atenderá a Tício em seu propósito de terminar tudo até o final do expediente.

Note que usamos uma inequação para responder a uma pergunta real: *qual o tempo médio máximo de processamento para terminarmos a produção de 12 peças antes do final do turno?* Modelamos o problema através desta inequação e da introdução de uma **variável de decisão**, i.e., o que queremos saber ou determinar.

No nosso caso, a variável de decisão é o tempo médio de processamento máximo que atende a uma **restrição** ou aquilo que restringe o espaço da minha variável de decisão. No exemplo, nossa restrição é o tempo total disponível até o fim do turno. Para resolver, fizemos operações algébricas elementares. E depois, interpretamos o resultado: qualquer tempo médio de processamento menor do que cinco minutos atende a Tício.

Este problema pode ser apresentado na forma de um problema de **otimização** ou na notação de **programação matemática**:

$$\textbf{MOD1.1.1} \begin{cases} f(x) = \max\ x & & (1.1.1a) \\ \text{sujeito a: } 12x \leq 60 & (90 - 30 = 60) & (1.1.1b) \\ x \geq 0 & & (1.1.1c) \end{cases}$$

O objetivo aqui, dado pela **função objetivo** (1.1.1a), não é achar um valor qualquer para x, mas sim achar um que seja o mais adequado ou o melhor, isto é, no nosso problema o maior tempo médio de processamento tolerado. As **restrições**, dadas pelas inequações (1.1.1b) e (1.1.1c), delimitam a região ou o espaço de valores viáveis para a minha variável de decisão. Note que não há tempo negativo, por isso, a exigência da restrição (1.1.1c). Note também que o termo independente ou lado direito da restrição (1.1.1b) é igual a 60 minutos ou o tempo total disponível menos o tempo de preparação de máquina (*setup*) (90 - 30 = 60).

Do ponto de vista matemático, **otimização** não é achar uma solução qualquer para uma equação ou inequação, ou um sistema delas, mas sim achar a melhor solução para um dado objetivo e sujeito a um conjunto de restrições. Para tal, existem diversas ferramentas teóricas e computacionais que nos ajudam a resolver problemas reais modelados como programas matemáticos.

Otimização nestes termos é um tema de pesquisa prolífico e vibrante da Pesquisa Operacional que tem auxiliado substancialmente o processo de tomada de decisão nas empresas logísticas e de produção. Na Pesquisa Operacional, temos sempre em mente que *dado um problema real complexo, buscamos sempre resolvê-lo da melhor forma possível.*

1.2 PROGRAMAÇÃO MATEMÁTICA

É claro que o Exemplo 1.1.1 apresentado é um pequeno problema, sendo apenas ilustrativo do uso de inequações. Num problema real, teríamos provavelmente um número muito maior de variáveis e de restrições, com um nível de complexidade muito maior. Destacamos aqui que o problema foi formulado por meio de um **modelo matemático** MOD1.1.1 com uma **função objetivo** (1.1.1a), uma **variável de decisão** x, e as **restrições** (1.1.1b)-(1.1.1c).

Podemos trabalhar com um número maior de variáveis e restrições, entretanto, é bom destacar que trabalharemos apenas com problemas com um **único objetivo** e ambas função objetivo e restrições **lineares**. Daí o termo **programação linear**.

Uma expressão é dita linear quando há uma soma ou subtração de variáveis de decisão, cada uma multiplicada por uma constante. Não podemos ter multiplicação ou divisão de variáveis nem qualquer função ou operação matemática sendo feita nas variáveis: somente adição, subtração e multiplicação de uma constante são permitidas de serem feitas com as variáveis.

Outro ponto é que a programação linear só trabalha com equações ($=$) e inequações não estritas ($\leq$, $\geq$). Não trabalhamos com inequações estritas ($<$ e $>$). E o objetivo do problema deve ser linear expresso nas variáveis de decisão e ser do tipo ou de minimização, ou maximização.

Para ilustrar isso melhor, vamos a outro exemplo:

Exemplo 1.2.1:

A empresa de móveis Rivadália fabrica dois tipos de mesas. Uma delas tem tampo redondo e a outra quadrado, porém usam o mesmo conjunto de pés. A mesa de tampo redondo requer duas horas para ser feita, enquanto a de tampo quadrado gasta uma hora apenas. A móveis Rivadália conta com quatro colaboradores que trabalham 40 horas por semana, ou seja, a empresa possui 160 homens-hora por semana para produzir as mesas. As mesas de tampo redondo e quadrado gastam 1 m^2 chapa de MDF cada uma para serem feitas. A empresa tem disponível em seu estoque 100 m^2 de MDF. Quando vendidas, a empresa obtém um lucro de R$ 350 e R$ 250 por mesa de tampo redondo e quadrado, respectivamente. A empresa deseja saber quantas mesas de cada tipo produzir para maximizar o lucro dela, porém sabendo que a produção de qualquer um dos tampos deve ser de pelo menos 25% da produção total de mesas.

Para resolver este pequeno problema, podemos modelá-lo usando programação matemática e um resolvedor para resolver o modelo gerado. Para começar, devemos identificar quais os dados que temos, i.e., quais o **parâmetros** conhecidos. Vamos listá-los na Tabela 1.2.1 para facilitar o nosso entendimento sobre o problema:

Tabela 1.2.1: Parâmetros do Exemplo 1.2.1

	mesa de tampo		
parâmetros	redondo	quadrado	disponibilidade
tempo de produção	2 h/unidade	1 h/unidade	160 Homens-hora
consumo de MDF	1 m^2/unidade	1 m^2/unidade	100 m^2 MDF
produção mínima	25% do total	25% do total	
lucro	R$ 350/unidade	R$ 250/unidade	

Tendo os parâmetros listados, podemos agora construir o nosso modelo de programação matemática. Primeiramente, vamos entender o objetivo da empresa: **maximizar o lucro**. O lucro é constituído da soma do lucro unitário de cada mesa multiplicado pela respectiva produção. Ou seja, o que queremos saber então é o quanto produzir de cada tipo de mesa. Sabendo o quanto produzir de cada mesa, saberemos o lucro. Portanto, nossas **variáveis de decisão** são a quantidade de mesas de tampo redondo e de tampo quadrado a serem produzidas.

Para simplificar nossa apresentação, vamos representar as variáveis de decisão por uma letra ou:

Nossa função objetivo é então a **maximização** do lucro (ℓ) ou:

r : quantidade de mesas de tampo redondo a ser produzida,
q : quantidade de mesas de tampo quadrado a ser produzida.

$$\max \ell = 350\, r + 250\, q.$$

A quantidade a produzir de cada mesa está sujeita às disponibilidades dos recursos ou o total de Homens-hora e o estoque em m^2 de MDF.

Nossa primeira **restrição** está então relacionada com o tempo total disponível de Homens-hora para fazer a produção. O tempo gasto para produzir as mesas é a soma do produto dos respectivos tempos de produção unitário de cada uma multiplicada pelas respectivas quantidades a serem produzidas. Este tempo total de produção tem de ser então menor ou igual ao tempo total disponível de Homens-hora ou:

$$2\, r + 1\, q \leq 160$$

Nossa segunda **restrição** está relacionada com o estoque de MDF. Similar a nossa primeira restrição, o uso total de MDF na produção das mesas é a soma do produto dos respectivos consumos de MDF para se fazer uma unidade multiplicado pelas respectivas quantidades a serem produzidas de cada mesa. Respeitando a disponibilidade do recurso, este uso total de MDF deve ser menor ou igual ao estoque disponível de MDF, ou:

$$1\, r + 1\, q \leq 100$$

A empresa Rivadália impõe uma produção mínima para cada tipo de mesa. Ela requer que a quantidade a ser produzida de cada tipo de mesa seja de pelo menos 25% da produção total. Para criar esta restrição, vamos criar temporariamente uma variável de decisão que contabilize a quantidade total de mesas produzidas ou

t: quantidade total de mesas a serem produzidas.

O total de mesas a serem produzidas é igual a soma das quantidades a serem produzidas de cada tipo de mesa ou:

$$t = r + q.$$

Como a empresa impõe uma cota de produção de pelo menos 25% para cada mesa, temos então as seguintes restrições:

$$
\begin{aligned}
r &\geq \frac{1}{4}\,t \\
q &\geq \frac{1}{4}\,t
\end{aligned}
$$

Substituindo t nas duas restrições e multiplicando-as por quatro, podemos reescrevê-las como:

$$
\begin{aligned}
3\,r - 1\,q &\geq 0 \\
-1\,r + 3\,q &\geq 0
\end{aligned}
$$

Finalmente, como não existe quantidade negativa de mesas a serem produzidas, temos as restrições de não negatividade ou:

$$
\begin{aligned}
r &\geq 0 \\
q &\geq 0
\end{aligned}
$$

Juntando tudo num programa matemático, temos:

$$
\textbf{MOD}_{1.2.1}
\begin{cases}
\max \ell = 350\,r + 250\,q \\
\text{sujeito a: } 2\,r + 1\,q \leq 160 \\
\qquad 1\,r + 1\,q \leq 100 \\
\qquad 3\,r - 1\,q \geq 0 \\
\qquad -1\,r + 3\,q \geq 0 \\
\qquad r \geq 0 \\
\qquad q \geq 0
\end{cases}
$$

Podemos achar a **solução ótima** que maximiza o lucro da empresa Rivadália pelo método gráfico. Como temos apenas duas variáveis de decisão, temos apenas duas dimensões. Então fica fácil fazer um gráfico que ilustra a **região de viabilidade** ou a região com valores viáveis para as variáveis r e q, e a direção de crescimento da função objetivo dado pelo gradiente da função objetivo ou $\nabla \ell(r,q) = [\frac{\partial \ell(r,q)}{\partial r}, \frac{\partial \ell(r,q)}{\partial q}] = [350, 250]$.

A Figura 1.2.1 apresenta a região viável destacada por cinza. Esta região é a interseção da região viável de cada restrição, indicadas no gráfico pelas retas finas pretas identificadas. Note que nem todos os pontos são viáveis. Por exemplo, os pontos P_B, P_C e P_D não atendem a todas as restrições. Já o ponto P_A atende a todas as restrições, mas não é ótimo.

A seta tracejada em negrito é o gradiente da função objetivo ou direção no qual a função objetivo cresce. As linhas tracejadas ortogonais a esta seta são as linhas de **isolucro**. Caso tivéssemos um problema de minimizar, teríamos linhas de **isocusto**. Todos os pontos (r,q) em uma linha destas possuem o mesmo lucro.

Analisando todas as linhas de isolucro, vemos que o único ponto que respeita a todas as restrições enquanto tem o maior lucro pertence à linha de isolucro igual a $R\$31.000$, tendo os valores ótimos iguais a $(r^*, q^*) = (60, 40)$. Ou seja, a quantidade ótima de mesas redondas e quadradas a serem produzidas de forma a maximizar o lucro da empresa, porém respeitando todas as restrições, é de 60 e 40 unidades, respectivamente. Repare, transpondo os valores ótimos de (r^*, q^*) para as duas restrições de recursos, que não houve sobras. Todos os recursos foram usados totalmente.

O método gráfico nos permite visualizar a região viável e entender o comportamento do problema conforme variamos as restrições. Entretanto, o método só é interessante até duas variáveis de decisão. Quando temos mais de duas variáveis de decisão, usamos um resolver para resolver nosso modelo.

Para que o resolvedor seja capaz de resolver o nosso programa matemático, temos de ou usar uma linguagem de modelagem de programação matemática, ou uma de programação de computadores com uma interface para um resolvedor. Aqui vamos usar a linguagem de modelagem de programação matemática conhecida como MathProg ou *Gnu mathematical programming language* (GMPL) que é capaz de ser entendida pelo resolvedor *glpsol*.

A linguagem MathProg é muito útil como prototipagem, i.e., nos ajuda a modelar e a testar os modelos que fazemos, interagindo com o resolvedor *glpsol* rapidamente. Já a linguagem Python com seu pacote *MIP* é capaz de interagir com o resolver chamado *CBC*. Python é de fácil uso e rápido de se aprender, tendo também outros pacotes que permitem a interação com outros resolvedores, e.g., *HIGHS*, *CPLEX* e *GUROBI*.

No Exemplo 1.2.1, ao usarmos a linguagem GMPL para modelar e chamar o resolvedor *glpsol*, obteríamos os valores ótimos de produção para as mesas redondas

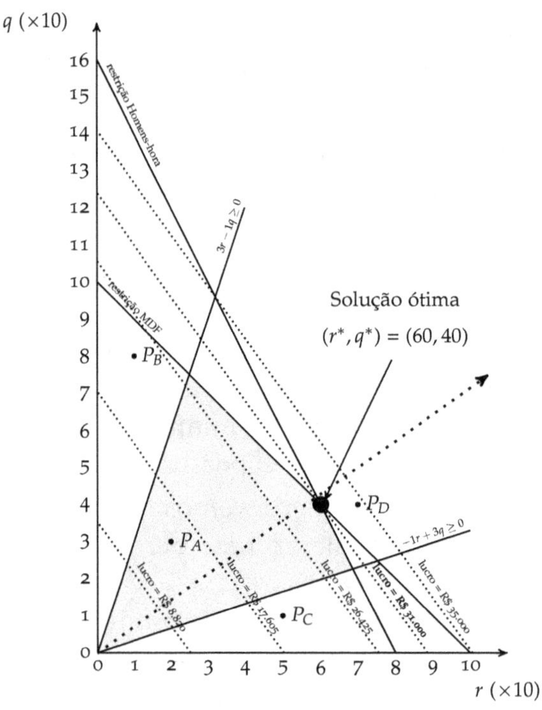

Figura 1.2.1: Ilustra a região viável (região cinza), as linhas de isolucro (linhas tracejadas), o gradiente da função objetivo (seta tracejada) e a solução ótima (ponto em negrito) do modelo MOD1.2.1.

e quadradas ou 60 e 40, respectivamente. O *glpsol* também nos informaria a sobra ou folga de cada recurso. Lembramos aqui que não houve sobras de Homens-hora nem de MDF para no nosso exemplo.

1.3 LIDANDO COM INVIABILIDADES E PROBLEMAS ILIMITADOS

Ao desenvolvermos um modelo, é importante prestarmos atenção se não vamos propor um modelo que não seja possível resolver. Muitas vezes, dependendo dos dados ou de como escrevemos as restrições, podemos obter um modelo inviável.

Exemplo 1.3.1:

No Exemplo 1.2.1, imagine se tivéssemos de modelar uma restrição de exigência mínima de produção total. Por exemplo, imagine que a produção total tivesse de ser maior do que 110 unidades de mesas ou:

$$r + q \geq 110$$

Ao adicionarmos esta restrição, veríamos que não seria possível obter uma região de viabilidade viável, i.e., a interseção das regiões de viabilidade de cada restrição seria vazia. Você consegue desenhar esta restrição na Figura 1.2.1 e ver que a região de interseção é vazia?

Nestes casos, temos de desenvolver estratégias para viabilizar o modelo ou capturar possíveis inviabilidades. Para a restrição que queremos adicionar, $r + q \geq 110$, podemos inserir uma variável artificial que captura a quantidade total de mesas que não conseguirão ser feitas.

Esta estratégia implicaria em algo do tipo:

$$r + q \geq 110 - f$$

no qual a variável de decisão $f \geq 0$ representa a quantidade de mesas não produzidas ou que faltam para se atingir a cota de produção. O modelo ficaria agora como:

$$\textbf{MOD1.3.1}\begin{cases} \max \ell = 350\,r + 250\,q \\ \text{sujeito a: } 2\,r + 1\,q \leq 160 \\ \quad 1\,r + 1\,q \leq 100 \\ \quad 3\,r - 1\,q \geq 0 \\ \quad -1\,r + 3\,q \geq 0 \\ \quad r + q \geq 110 - f \\ \quad r \geq 0 \\ \quad q \geq 0 \\ \quad f \geq 0 \end{cases}$$

No lugar do resolvedor retornar uma resposta de *problema inviável*, o resolvedor retornaria a solução ótima com a resposta de se produzir $r^* = 60$ e $q^* = 40$ mesas redondas e quadradas, respectivamente, com $f^* = 10$ mesas faltando para atingir a cota de produção total.

Ao modelar temos de estar atentos às possíveis fontes de inviabilidades. Nem sempre, elas são óbvias de se achar. Em muitos casos, testamos a introdução e a retirada de restrições, uma a uma, para tentar encontrar qual restrição ou quais dados estão levando nosso modelo a inviabilidade.

Pode acontecer também que o modelo tenha uma solução **ilimitada**, i.e., que o valor da função objetivo seja infinito em função de alguma variável de decisão que cresce indefinidamente. Por exemplo, no nosso Exemplo 1.3.1, imagine que, no lugar de introduzirmos uma variável de decisão que capture o total de mesas não produzidas, adicionamos variáveis de decisão que representem a quantidade de MDF a ser adquirida de algum fornecedor ($m \geq 0$), e o número de horas extras a serem feitas ($x \geq 0$).

Desta forma, poderíamos ter um modelo do tipo abaixo:

$$\textbf{MODII}1.3.1 \begin{cases} \max \ell = 350\,r + 250\,q \\ \text{sujeito a: } 2\,r + 1\,q \leq 160 + x \\ 1\,r + 1\,q \leq 100 + m \\ 3\,r - 1\,q \geq 0 \\ -1\,r + 3\,q \geq 0 \\ r + q \geq 110 \\ r \geq 0 \\ q \geq 0 \\ x \geq 0 \\ m \geq 0 \end{cases}$$

O Modelo MODII1.3.1 nos permite produzir um número ilimitado de mesas, uma vez que não existe um teto ou limite para o número de horas extras a ser feito ou de MDF a ser adquirido. Desta forma, teremos um valor de função objetivo que será ilimitado.

Para evitar casos deste tipo, devemos ficar atentos em limitar nossas variáveis de decisão ou em propor restrições que previnam o crescimento ilimitado do valor da função objetivo.

Para o Exemplo 1.3.1, supondo algum conhecimento sobre o problema, podemos supor que o máximo de horas extras permitidas de serem feitas na semana seja de 20 horas e que o máximo de MDF que pode ser comprado seja de 40 unidades. Podemos propor então limites superiores para as variáveis de decisão m e x ou algo do tipo:

$$0 \leq x \leq 20$$
$$0 \leq m \leq 40$$

que evitam o modelo de ser ilimitado.

Outro jeito de evitarmos um modelo ilimitado após a introdução das variáveis de decisão x e m é trabalhando as restrições. Se o problema permitir, poderíamos exigir que 110 mesas apenas sejam produzidas ou:

$$
\textbf{MODIII}1.3.1 \begin{cases} \max \ell = 350\, r + 250\, q \\ \text{sujeito a: } 2\, r + 1\, q \leq 160 + x \\ \quad 1\, r + 1\, q \leq 100 + m \\ \quad 3\, r - 1\, q \geq 0 \\ \quad -1\, r + 3\, q \geq 0 \\ \quad \mathbf{r + q = 110} \\ \quad r \geq 0 \\ \quad q \geq 0 \\ \quad x \geq 0 \\ \quad m \geq 0 \end{cases}
$$

que evita o valor da função objetivo ser ilimitado.

1.4 MODELOS BASEADOS EM DADOS

Nos exemplos feitos até agora, escrevemos os valores dos parâmetros diretamente no modelo junto às variáveis de decisão. Quando estamos aprendendo a modelar, isto é normal de ser feito. Porém, é interessante deixarmos o modelo e os dados separados e independentes um do outro. Desta forma, ao aumentarmos o número de variáveis de decisão ou recursos ou mudarmos os valores dos dados, não alteramos diretamente o modelo e sim apenas os dados de entrada. Dizemos que o modelo escala com os dados do problema. Quando isso acontece, falamos que o modelo é baseado em dados.

Para termos um modelo baseado em dados, temos de modelar de forma geral, tornando-o genérico. Introduzimos para isso conceitos de conjuntos e indexação de parâmetros e variáveis de decisão. Isso nos ajuda a criar novas representações e expressões para modelar o problema tornando dados e parte lógica do modelo independentes.

Para ilustrar estas ideias, vamos voltar ao problema do Exemplo 1.2.1. Vamos criar os conjuntos P = {"mesas redondas","mesas quadradas"} e R ={"Homens-hora","MDF"} para representar os produtos a serem fabricados e os recursos a serem utilizados, respectivamente. Vamos representar o consumo de cada recurso $r \in R$ por cada produto $p \in P$ como $a_{rp} \geq 0$. A disponibilidade de cada recurso $r \in R$ será representada por $b_r \geq 0$. As porcentagens mínimas de produção de cada produto

$p \in P$ serão representadas por $u_p \geq 0$, enquanto o lucro unitário será dado por l_p. Finalmente, vamos agora criar uma variável de decisão $x_p \geq 0$ representando a quantidade de cada produto $p \in P$ a ser feita, e outra $t \geq 0$ para representar a produção total. As Tabelas 1.4.1 e 1.4.2 listam estas definições.

Tabela 1.4.1: Parâmetros do Exemplo 1.2.1 representados para uma modelagem baseado em dados

P	conjunto de produtos a serem fabricados
R	conjunto de recursos a serem usados
a_{rp}	quantidade consumida do recurso $r \in R$ para produzir uma unidade do produto $p \in p$
b_r	disponibilidade total do recurso $r \in R$
u_p	porcentagem miníma da produção total a ser produzida do produto $p \in P$
l_p	lucro unitário do produto $p \in P$

Tabela 1.4.2: Variáveis de decisão do Exemplo 1.2.1 representados para uma modelagem baseado em dados

$x_p \geq 0$	quantidade do produto $p \in P$ a ser produzida
$t \geq 0$	produção total a ser feita

De posse dessa notação e definições podemos agora montar nosso modelo baseado em dados ou:

$$
\textbf{MODIND}1.4.1 \begin{cases}
\max \ell = \sum_{p \in P} l_p x_p & & (1.4.1a) \\
\text{sujeito a: } \sum_{p \in P} a_{rp} x_p \leq b_r & \forall r \in R & (1.4.1b) \\
\sum_{p \in P} x_p = t & & (1.4.1c) \\
x_p \geq u_p t & \forall p \in P & (1.4.1d) \\
x_p \geq 0 & \forall p \in P & (1.4.1e) \\
t \geq 0 & & (1.4.1f)
\end{cases}
$$

A função objetivo (1.4.1a) maximiza o lucro da produção; enquanto as restrições (1.4.1b) garantem que a produção dos produtos respeitem a disponibilidade de cada recurso. As restrições (1.4.1c) e (1.4.1d) asseguram o cálculo da produção total e a produção mínima de cada produto, respectivamente. Finalmente, as restrições (1.4.1e) e (1.4.1f) mostram o domínio das variáveis de decisão.

O modelo MODIND1.4.1 nos permite agora separar os dados do modelo lógico do programa matemático. Isso no garante que ao escalarmos o problema, i.e., ao aumentarmos o número de produtos ou recursos, ou mudarmos o valor dos parâmetros, não precisaremos alterar o modelo e sim apenas os dados. Dizemos que nossa formulação é independente dos dados ou baseada em dados. Podemos agora codificar nossos modelos como o acima numa linguagem de modelagem como o MathProg, assunto do nosso próximo capítulo.

2

INTRODUÇÃO À LINGUAGEM ALGÉBRICA GNU MATHPROG

Fátima M. de Souza Lima
fatimamslima@face.ufmg.br
Universidade Federal de Minas Gerais

Ricardo Camargo
rcamargo@dep.ufmg.br
Universidade Federal de Minas Gerais

Luiza Bernardes Real
luizabernardesreal@gmail.com
Instituto Federal de Minas Gerais

Neste capítulo vamos aprender a como usar a linguagem algébrica *GNU MathProg* (GMPL) para interagir com o resolvedor *glpsol*. Vamos criar os nossos modelos de programação matemática em MathProg usando o sítio `https://pifop.com/`. O PIFOP é um ambiente on-line que nos permite criar projetos de programação matemática, editar arquivos com os códigos, executar e resolver os modelos através do *glpsol* de forma colaborativa, on-line e compartilhada. Todos os códigos deste capítulo estão disponíveis no link: `hhttps://pifop.com/app/view/sdbno8Suz6tzaR08240f`

2.1 USANDO O PIFOP

Nesta seção, mostraremos como utilizar o PIFOP para criar, compartilhar e executar projetos de modelagem de programação matemática. Poucos passos são necessários para começar a trabalhar em um modelo de otimização. O PIFOP possui basicamente duas telas. A primeira tela, mostrada na Figura 2.1.1, permite ao usuário criar, visualizar e apagar seus projetos, assim como saber a quais servidores de otimização tem acesso.

A segunda tela, mostrada na Figura 2.1.2, permite ao usuário criar, apagar, e renomear arquivos nos quais codificará os modelos. Nela também, o usuário pode usar comandos específicos para evocar os resolvedores para resolver os modelos criados.

Ao acessar o PIFOP pela primeira vez, o usuário entrará na tela inicial, Figura 2.1.1, aonde ele encontrará o botão *New Project* para criar um novo projeto. Clicando neste botão, será solicitado o nome do projeto a ser criado e, opcionalmente, os arquivos do modelo, se eles já existirem. Normalmente, um projeto de otimização em *MathProg* tem de um a dois arquivos: um arquivo contendo o modelo e outro contendo os dados de entrada.

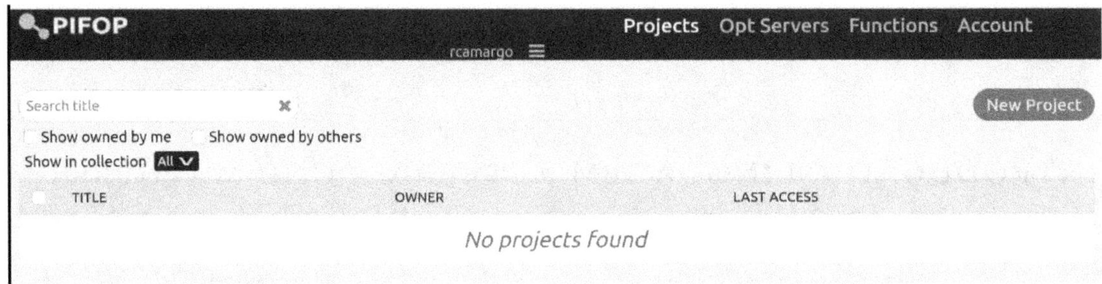

Figura 2.1.1: Tela inicial do PIFOP.

Terminada a criação do projeto, o usuário é direcionado à tela de codificação e execução dos modelos, Figura 2.1.2. Esta tela é dividida em três painéis. No primeiro, temos um gerenciador de arquivos, enquanto, no segundo e terceiro painéis, temos um editor de textos e um gerenciador de terminais, respectivamente.

No primeiro painel, podemos criar, renomear e apagar arquivos. Para editar um arquivo, o usuário deverá criá-lo ou abri-lo no editor clicando no ícone de *New file* ou clicando duas vezes no arquivo desejado no gerenciador de arquivos. O arquivo aparecerá no painel com o editor de texto. Finalizadas as edições desejadas, o próximo passo é a resolução do modelo implementado por meio de um resolvedor de otimização. Para isso utilizamos o terminal à direita, através do qual o usuário pode evocar alguns resolvedores com os arquivos de seu projeto.

O usuário pode evocar o resolvedor GLPSOL localmente no próprio navegador. GLPSOL é um resolvedor gratuito de problemas de programação linear inteira mista que o PIFOP disponibiliza localmente no PIFOP utilizando a tecnologia *WebAssembly*. Para executá-lo, basta digitar o comando `glpsol` no terminal com os nomes dos arquivos contendo o modelo e dados do problema:

```
> glpsol -m <modelo> -d <dados>
```

ou se os dados estiverem junto ao arquivo do modelo:

```
> glpsol -m <modelo>
```

Os símbolos '<' e '>' foram utilizados para indicar os nomes dos arquivos criados pelo usuário. Para listar as opções disponíveis, o usuário deve entrar o comando com a opção `glpsol -help`.

Os resultados da execução são impressos no terminal em tempo real para todos os colaboradores do projeto. Se o modelo for complexo, requerendo várias horas ou mesmo dias para terminar a sua execução, o usuário pode fechar seu navegador sem que a execução seja interrompida e retornar em outro momento para ver os resultados.

Figura 2.1.2: Tela da aplicação. 1) Gerenciador de arquivos. 2) Editor de texto. 3) Gerenciador de terminal.

O PIFOP permite compartilhar projetos e colaborar com múltiplos usuários. Clicando no botão *Share Project* no painel gerenciador de arquivos, o usuário pode compartilhar o projeto para leitura apenas ou para edição. No primeiro, o projeto poderá ser visto, mas não editado; enquanto no segundo, o projeto poderá ser editado em tempo real pelos usuários participando do compartilhamento.

2.2 A LINGUAGEM ALGÉBRICA MATHPROG

A linguagem MathProg é uma poderosa ferramenta que facilita muito o desenvolvimento de modelos de programação matemática e o uso do resolvedor *glpsol*. Através dela, vamos resolver o problema do Exemplo 2.2.1.

Exemplo 2.2.1:

A empresa de móveis Rivadália fabrica dois tipos de mesas. Uma delas tem tampo redondo e a outra quadrado, porém usam o mesmo conjunto de pés. A mesa de tampo redondo requer duas horas para ser feita, enquanto a de tampo quadrado gasta uma hora apenas. A móveis Rivadália conta com quatro colaboradores que trabalham 40 horas por semana, ou seja, a empresa possui 160 homens-hora por semana para produzir as mesas. As mesas de tampo redondo e quadrado gastam 1 m^2 chapa de MDF cada uma para serem feitas. A empresa tem disponível em seu estoque 100 m^2 de MDF. Quando vendidas, a empresa obtém um lucro de R$ 350 e R$ 250 por mesa de tampo redondo e quadrado, respectivamente. A empresa deseja saber quantas mesas de cada tipo produzir para maximizar o lucro dela, porém sabendo que a produção de qualquer um dos tampos deve ser de pelo menos 25% da produção total de mesas.

No Exemplo 2.2.1 temos os seguintes **parâmetros** listados na Tabela 2.2.1.

Tabela 2.2.1: Parâmetros do Exemplo 2.2.1

parâmetros	mesa de tampo redondo	mesa de tampo quadrado	disponibilidade
tempo de produção	2 h/unidade	1 h/unidade	160 Homens-hora
consumo de MDF	1 m^2/unidade	1 m^2/unidade	100 m^2 MDF
produção mínima	25% do total	25% do total	
lucro	R$ 350/unidade	R$ 250/unidade	

Queremos maximizar o lucro constituído da soma do lucro unitário de cada mesa multiplicado pela respectiva produção. Desta forma, queremos saber o quanto produzir de cada tipo de mesa. Nossas **variáveis de decisão** são então as quantidades de mesas de tampo redondo e de tampo quadrado a serem produzidas. Estas variáveis são identificadas e listadas na Tabela 2.2.2

Tabela 2.2.2: Variáveis de decisão do Exemplo 2.2.1

$r \geq 0$	quantidade de mesas de tampo redondo a ser produzida,
$q \geq 0$	quantidade de mesas de tampo quadrado a ser produzida.

Este problema é modelado no programa MOD2.2.1. Para representar as condições da produção, criamos uma restrição para cada tipo de recurso: uma para o consumo de Homens-hora frente a disponibilidade total (2.2.1b) e outra para o consumo de MDF frente ao disponível em estoque (2.2.1c). Criamos também uma restrição que calcula o total de mesas a serem produzidas (2.2.1d). Representamos as cotas mínimas de produção de cada tipo de mesa através das restrições (2.2.1e) e (2.2.1f). A representação de não negatividade das variáveis, i.e., o domínio nos quais as variáveis de decisão são válidas, é dado pelas restrições (2.2.1g)-(2.2.1i). Finalmente, usamos (2.2.1a) para representar a função objetivo de maximizar o lucro oriundo da produção das mesas. Para uma explicação mais detalhada da modelagem deste problema, veja o Exemplo 1.2.1 do Capítulo 1.

$$
\textbf{MOD2.2.1}\begin{cases}
\max \ell = 350\,r + 250\,q & \text{(2.2.1a)}\\
\text{sujeito a: } 2\,r + 1\,q \leq 160 & \text{(2.2.1b)}\\
1\,r + 1\,q \leq 100 & \text{(2.2.1c)}\\
r + q = t & \text{(2.2.1d)}\\
r \geq \frac{1}{4}\,t & \text{(2.2.1e)}\\
q \geq \frac{1}{4}\,t & \text{(2.2.1f)}\\
r \geq 0 & \text{(2.2.1g)}\\
q \geq 0 & \text{(2.2.1h)}\\
t \geq 0 & \text{(2.2.1i)}
\end{cases}
$$

O Código 2.1 traz os comandos necessários para representar MOD2.2.1 em *MathProg*. Nas linhas 1-3, apresentamos as variáveis através do comando **var**, o **nome** da variável, e o domínio de não negatividade delas (≥ 0). Note que terminamos cada linha com um ponto e vírgula (;). Cada linha com um ; ao final representa um comando a ser interpretado pelo linguagem *MathProg*. O símbolo sustenido ou *hashtag* informa à linguagem *MathProg* para ignorar tudo o que vem escrito depois dele na linha. Este símbolo serve para introduzirmos comentários no código, facilitando assim o entendimento do modelo.

Na linha 5, temos a função objetivo. Ela começa com a instrução **maximize** ou **minimize** seguidos do **nome** da função objetivo e dois pontos (:). Após os :, escrevemos a equação linear representando o lucro. Ao final, colocamos o ponto e vírgula (;) para informar que uma parte do modelo com algumas instruções foi finalizada.

As restrições sempre começam com a abreviação de *subject to*, **s.t.**, que se traduz em **sujeito a**. Depois do **s.t.** colocamos o **nome** da restrição seguido de dois pontos (:). Após os :, escrevemos o lado esquerdo da equação ou inequação da restrição seguidos de um dos símbolos de $=$, $\leq$ ou $\geq$, e o termo independente ou valor a ser colocado no lado direito.

Por exemplo, a restrição referente ao consumo de Homens-hora, $2\ r + q \leq 160$, está codificada na linha 6 pelos comandos **s.t.**, o nome da restrição **Hh** e **:**, seguidos pelos lado esquerdo, $2 * r + 1 * q$, o símbolo de $\leq$, o termo independente 160 e o **;**. Chamamos o lado direito da restrição de termo independente, pois não há nenhuma variável de decisão associada a ele. Finalmente, note que cada restrição, linhas 6-10, possui uma identificação ou nome únicos.

Uma vez tendo codificado o modelo, informamos à linguagem *MathProg* para chamar o resolvedor **glpsol** através do comando **solve;** da linha 12. Este comando identificará qual tipo de programa matemático foi informado, se é um programa linear ou um programa linear inteiro misto, e evocará o método mais apropriado para a sua resolução.

Lembramos que um programa linear só possui variáveis de decisão que assumem valores reais, enquanto um programa linear inteiro misto pode ter um subconjunto das variáveis de decisão que podem assumir valores inteiros. Reforçamos também que só trabalharemos com equações e inequações lineares, ou seja, não há produto de variáveis de decisão ou qualquer tipo de função matemática, tipo raiz quadrada ou logaritmo, aplicadas sobre elas.

Após a resolução do programa matemático, imprimimos na tela os resultados obtidos. Há duas maneiras de imprimir os resultados. A primeira é usando o comando **display**, linhas 14-19, e a segunda é usando o comando **printf**, linhas 21-26. Enquanto a primeira apenas imprime os valores dos resultados, a segunda permite a impressão formatada dos mesmos.

Por exemplo, na linha 14 o lucro é impresso na tela sem nenhuma casa decimal, como se fosse um valor inteiro:

```
Display statement at line 14
Lucro.val = 3100
```

Na linha 21, o comando **printf** permite escrever um pequeno texto e imprimir o valor do lucro como se fosse um número real usando dez espaços durante a formatação e duas casas decimais:

```
Lucro                    :   31000.00
```

A Tabela 2.2.3 apresenta um pequeno resumo dos principais *tags* conversores para a impressão formatada de texto. A linguagem *MathProg* usa a mesma sintaxe e semântica da linguagem C para impressão, cujos detalhes podem ser encontrados no sítio `https://cplusplus.com/reference/cstdio/printf/`.

Tabela 2.2.3: Principais conversores para impressão de texto formatado

conversor	tipo de conversão
%d	- valor inteiro para texto **Ex.:** `printf "Este valor e inteiro: %d \n", 10;` **Este valor e inteiro: 10**
%f	- valor real para texto **Ex.:** `printf "Valor real: %4.2f \n", 3.1416;` **Valor real: 3.14**
%E	- valor real para texto mas em notação exponencial **Ex.:** `printf "Valor real: %E\n", 3.1416;` **Valor real: 3.141600E+000**
%s	- *string* ou texto para texto **Ex.:** `printf "%s \n", "Isto e uma string";` **Isto e uma string**
%c	- caracter para texto **Ex.:** `printf "Letra: %c \n", 'a';` **Letra: a**

Código 2.1: Modelo feito em MathProg

```
var q >= 0; # qtde de mesas quadradadas a serem produzidas
var r >= 0; # qtde de mesas redondas a serem produzidas
var t >= 0; # qtde total de mesas produzidas

maximize Lucro: 350 * r + 250 * q; # funcao objetivo
s.t. Hh : 2 * r + 1 * q <= 160; # restricao consumo de Homens-hora
s.t. MDF: 1 * r + 1 * q <= 100; # restricao consumo de MDF
s.t. Prod : r + q = t;    # restricao para computo da producao total
s.t. CotaMesaRed : r >= t/4; # restricao para cota de mesas redondas
s.t. CotaMesaQuad : q >= t/4; # restricao para cota de mesas quadradas

solve; # chama o resolvedor glpsol para resolver o modelo acima

display Lucro; # mostra o lucro
display r;  # mostra o valor da qtde de mesas redondas a serem produzidas
```

```
display q;  # mostra o valor da qtde de mesas quadradas a serem produzidas
display t;  # mostra o valor da qtde total de mesas a serem produzidas
display "Sobra Hh : ",160 - (2 * r + 1 * q); # mostra a sobra de homens-hora
display "Sobra MDF: ",100 - (1 * r + 1 * q); # mostra a sobra de mdf

printf "Lucro              : %10.2f\n",Lucro; # impressao formatada dos valores
printf "Producao total     : %10.2f\n",t;
printf "Producao mesas redondas : %10.2f\n",r;
printf "Producao mesas quadradas: %10.2f\n",q;
printf "Sobra de Homens-hora : %10.2f\n",160 - (2 * r + 1 * q);
printf "Sobra de MDF      : %10.2f\n",100 - (1 * r + 1 * q); # fim impressao formatada

end;
```

O resultado com a impressão dos valores é mostrado na Saída do Terminal 2.2.

Saída do Terminal 2.2: Execução do resolvedor *glpsol* e impressão dos resultados

```
GLPSOL--GLPK LP/MIP Solver 5.0
Parameter(s) specified in the command line:
 -m exprod.mod
Reading model section from exprod.mod...
28 lines were read
Generating Lucro...
Generating Hh...
Generating MDF...
Generating Prod...
Generating CotaMesaRed...
Generating CotaMesaQuad...
Model has been successfully generated
GLPK Simplex Optimizer 5.0
6 rows, 3 columns, 13 non-zeros
Preprocessing...
5 rows, 3 columns, 11 non-zeros
Scaling...
 A: minaij = 2.500e-01 maxaij = 2.000e+00 ratio = 8.000e+00
Problem data seem to be well scaled
Constructing initial basis...
Size of triangular part is 5
*     0: obj = -0.000000000e+00 inf = 0.000e+00 (2)
*     3: obj = 3.100000000e+04 inf = 0.000e+00 (0)
OPTIMAL LP SOLUTION FOUND
Time used: 0.0 secs
Memory used: 0.1 Mb (102319 bytes)
Display statement at line 14
Lucro.val = 31000
Display statement at line 15
r.val = 60
Display statement at line 16
q.val = 40
Display statement at line 17
t.val = 100
Display statement at line 18
'Sobra Hh : '
-2.8421709430404e-14
Display statement at line 19
```

```
'Sobra MDF: '
-2.8421709430404e-14
Lucro              :  31000.00
Producao total     :    100.00
Producao mesas redondas : 60.00
Producao mesas quadradas: 40.00
Sobra de Homens-hora : -0.00
Sobra de MDF       :     -0.00
Model has been successfully processed
```

2.3 CODIFICAÇÃO ORIENTADA A DADOS

Qualquer mudança nos dados do modelo do Código 2.1 faz com que tenhamos de alterar todo o modelo em si. Além disso, se precisarmos de aumentar o número de produtos a serem feitos ou de recursos, ou de matéria-prima necessários para a fabricação, teríamos de mudar toda a codificação do modelo também. Uma forma de se evitar isso é usar a modelagem orientada a dados. Este tipo de modelagem permite fazer uma abstração do modelo separada dos dados. Desta forma, quando precisarmos modificar algum dado não mexemos no modelo que permanece inalterado.

Vamos criar os conjuntos $P = \{$"mesas redondas","mesas quadradas"$\}$ e $R =\{$ "Homens-hora","MDF"$\}$ para representar os produtos a serem fabricados e os recursos a serem utilizados, respectivamente, para o Exemplo 2.2.1. Vamos representar o consumo de cada recurso $r \in R$ por cada produto $p \in P$ como $a_{rp} \geq 0$. A disponibilidade de cada recurso $r \in R$ será representada por $b_r \geq 0$. As porcentagens mínimas de produção de cada produto $p \in P$ serão representadas por $u_p \geq 0$, enquanto o lucro unitário será dado por l_p. Finalmente, vamos agora criar uma variável de decisão $x_p \geq 0$ representando a quantidade de cada produto $p \in P$ a ser feita, e outra $t \geq 0$ para representar a produção total. As Tabelas 2.3.1 e 2.3.2 listam estas definições.

Tabela 2.3.1: Parâmetros do Exemplo 2.2.1 representados para uma modelagem baseado em dados

P	conjunto de produtos a serem fabricados
R	conjunto de recursos a serem usados
a_{rp}	quantidade consumida do recurso $r \in R$ para produzir uma unidade do produto $p \in p$
b_r	disponibilidade total do recurso $r \in R$
u_p	porcentagem miníma da produção total a ser produzida do produto $p \in P$
l_p	lucro unitário do produto $p \in P$

Tabela 2.3.2: Variáveis de decisão do Exemplo 2.2.1 representados para uma modelagem baseado em dados

$x_p \geq 0$	quantidade do produto $p \in P$ a ser produzida
$t \geq 0$	produção total a ser feita

A notação e definições acima nos permite montar nosso modelo baseado em dados ou:

$$
\textbf{MODIND2.3.1}
\begin{cases}
\max \ell = \sum_{p \in P} l_p x_p & & (2.3.1a)\\
\text{sujeito a: } \sum_{p \in P} a_{rp} x_p \leq b_r & \forall r \in R & (2.3.1b)\\
\sum_{p \in P} x_p = t & & (2.3.1c)\\
x_p \geq u_p t & \forall p \in P & (2.3.1d)\\
x_p \geq 0 & \forall p \in P & (2.3.1e)\\
t \geq 0 & & (2.3.1f)
\end{cases}
$$

A função objetivo (2.3.1a) maximiza o lucro da produção; enquanto as restrições (2.3.1b) garantem que a produção dos produtos respeitem a disponibilidade de cada recurso. As restrições (2.3.1c) e (2.3.1d) asseguram o cálculo da produção total e a produção mínima de cada produto, respectivamente. Finalmente, as restrições (2.3.1e) e (2.3.1f) mostram o domínio das variáveis de decisão.

O Código 2.3 apresenta o modelo MODIND2.3.1 em *MathProg*. Linhas 1 e 3 criam dois conjuntos genéricos, veja o comando **`set`** `<conjunto>;`, para representar os conjuntos de produtos e recursos, respectivamente. Os valores que cada um dos conjuntos terá serão passados na seção ou num arquivo para os dados. Veja, por exemplo, as linhas 39 e 40. Note que para informar os valores de um conjunto usamos o operador de atribuição :=, ou `set P := "mesa redonda" "mesa quadrada";`. Se os valores forem valores inteiros podemos usar, por exemplo, `set P := 1 2;`.

Os parâmetros b, l, u, e a são criados genericamente nas linhas 5-12, respectivamente. Note o comando **param <nome>{<conjunto>} default 0.0;** sendo usado. Ele informa que um vetor ou lista de valores será criado e identificado como **nome** e indexado por **conjunto**, tendo o valor inicial igual 0.0.

Por exemplo, na linha 5, o parâmetro b de disponibilidade dos recursos é criado genericamente (`param b{R} default 0.0;`). Este parâmetro é uma lista de valores indexados pelo conjunto R cujos valores iniciais são todos iguais a 0.0. Para atribuir valores para este parâmetro b temos de informar na seção de dados os respectivos valores associados a cada índice do conjunto R. Veja a linha 47. Novamente usamos o operador de atribuição **:=**. Para cada elemento do conjunto R informamos um valor para b.

Note que o parâmetro a, linha 12, é uma matriz ou lista de listas, indexada pelos elementos dos conjuntos R e P (`param a{R,P} default 0.0;`). O parâmetro a terá uma linha para cada elemento de R, sendo que cada linha terá então um valor para cada elemento de P.

A entrada dos valores do parâmetro a é apresentada a partir da linha 42, dentro da seção de dados. Note que cada linha começa com cada elemento do conjunto R de recursos. Temos uma coluna também para cada elemento do conjunto P de produtos.

Uma vez codificados os parâmetros de forma genérica, criamos as variáveis de decisão, linhas 14 e 15. Repare que a variável x é indexada pelo conjunto P (`var x{P} >= 0;`), i.e., temos uma variável para cada elemento do conjunto P. Seguimos então para a função objetivo, linha 17. Para fazer a soma dos produtos dos lucros unitários pelas respectivas variáveis de decisão usamos o comando **sum** indexado pelo conjunto P ou `sum{p in P} l[p] * x[p]`.

Depois codificamos as restrições do modelo, linhas 18-20. Para entrar com as restrições de forma genérica indexamos o nome da restrição pelo conjunto a ser usado. No presente modelo, temos uma restrição para cada recurso. Então vamos indexar o nome da restrição **Recursos** pelo conjunto R para termos uma restrição para cada $r \in R$ ou `s.t. Recursos{r in R}: sum{p in P} a[r,p] * x[p] <= b[r];`. Repetimos isso para cada tipo de restrição. Por exemplo, a restrição **Cotas**, linha 20. Temos uma cota de produção para cada produto $p \in P$.

Terminada a codificação do modelo, usamos o comando **solve;** para evocar o resolvedor. Ele executará o resolvedor apropriado para o tipo de modelo. Ao final da resolução, imprimimos os resultados obtidos através dos comandos **printf** para termos uma impressão formatada.

Como modelamos de forma genérica, para imprimir os valores das variáveis de decisão, linha 29, temos de iterar a lista de variáveis usando o comando **for**. Ele nos permite iterar pelo conjunto P e imprimir os valores obtidos pelo resolvedor, linha 31. Uma forma mais prática de fazer o mesmo procedimento é fazermos a iteração dos valores de P no comando **printf** mesmo, linha 34.

Finalmente, a partir da linha 37, temos a seção de dados. A partir desta linha, colocamos os dados do problema. Note que o modelo é gerado automaticamente em função dos parâmetros contidos nesta seção. É importante destacar que podemos colocar os dados no mesmo arquivo do modelo ou em um arquivo separado. Esta última forma é a mais interessante, pois mantém realmente a independência e abstração do modelo dos dados.

Código 2.3: Modelo orientado a dados feito em MathProg

```
set P; # conjunto de produtos

set R; # conjunto de recursos

param b{R} default 0.0; # disponibilidade dos recursos

param l{P} default 0.0; # lucro do produto p

param u{P} default 0.0; # cota de producao para cada produto

param a{R,P} default 0.0; # qtde do recurso r consumida para produzir
                          # uma unidade do produto p

var x{P} >= 0; # vetor de variaveis, uma para cada produto
var t >= 0;  # qtde total de mesas produzidas

maximize Lucro: sum{p in P} l[p] * x[p]; # funcao objetivo
s.t. Recursos{r in R}: sum{p in P} a[r,p] * x[p] <= b[r]; # restricoes de consumo de recursos
s.t. Prod : sum{p in P} x[p] = t; # calculo da producao total
s.t. Cotas{p in P} : x[p] >= u[p] * t; # producao minima para cada produto

solve; # chama o resolvedor glpsol para resolver o modelo acima

printf "Lucro            : %10.2f\n",Lucro;
printf "Producao total   : %10.2f\n",t;

printf "\n";

for{p in P} # loop for para cada produto p
{
  printf "Producao %-15s : %10.2f\n",p,x[p]; #impressao producao de cada produto
}

printf{r in R} "Sobra de %-15s : %10.2f\n",r,b[r] - sum{p in P} a[r,p] * x[p]; # impressao sobra de
    recursos


data; # secao de dados

set P := "mesa redonda" "mesa quadrada"; # conjunto de produtos
set R := "homem-hora" "MDF";   # conjunto de recursos

param a : "mesa redonda" "mesa quadrada" := # matriz a
"homem-hora" 2 1
"MDF"      1 1
;

param b := # disponibilidade dos recursos
"homem-hora" 160
```

```
"MDF"      100
;

param : u l := # cota e lucro de cada produto
"mesa redonda" .25 350
"mesa quadrada" .25 250
;
end;
```

Para resolver o modelo, entramos com a seguinte linha de comandos na janela de terminal à direita da tela:

```
> glpsol -m mathprog/exprodod.mod
```

cujo resultado é apresentado na Saída do Terminal 2.4.

Saída do Terminal 2.4: Execução do resolvedor *glpsol* e impressão dos resultados

```
GLPSOL--GLPK LP/MIP Solver 5.0
Parameter(s) specified in the command line:
 -m exprodod.md
Reading model section from exprodod.md...
Reading data section from exprodod.md...
56 lines were read
Generating Lucro...
Generating Recursos...
Generating Prod...
Generating Cotas...
Model has been successfully generated
GLPK Simplex Optimizer 5.0
6 rows, 3 columns, 13 non-zeros
Preprocessing...
5 rows, 3 columns, 11 non-zeros
Scaling...
 A: minaij = 2.500e-01 maxaij = 2.000e+00 ratio = 8.000e+00
Problem data seem to be well scaled
Constructing initial basis...
Size of triangular part is 5
*    0: obj = -0.000000000e+00 inf = 0.000e+00 (2)
*    3: obj = 3.100000000e+04 inf = 0.000e+00 (0)
OPTIMAL LP SOLUTION FOUND
Time used: 0.0 secs
Memory used: 0.1 Mb (126416 bytes)
Lucro              :  31000.00
Producao total     :    100.00

Producao mesa redonda : 60.00
Producao mesa quadrada : 40.00
Sobra de homem-hora :    -0.00
Sobra de MDF        :    -0.00
Model has been successfully processed
```

Para mais informações, sugerimos os links abaixo:

- **GLPK** (*GNU Linear Programming Kit*): `http://gnu.org/software/glpk`
- **Wiki\GLPK**: `https://en.wikibooks.org/wiki/GLPK`
- **Manual do GLPK em português**: `https//fossies.org/linux/glpk/doc/gmpl_pt-BR.pdf`

3

INTRODUÇÃO À LINGUAGEM PYTHON APLICADA A PROGRAMAÇÃO MATEMÁTICA

Fátima M. de Souza Lima
fatimamslima@face.ufmg.br
Universidade Federal de Minas Gerais

Luiza Bernardes Real
luizabernardesreal@gmail.com
Instituto Federal de Minas Gerais

Ricardo Camargo
rcamargo@dep.ufmg.br
Universidade Federal de Minas Gerais

Neste capítulo vamos aprender a como usar a linguagem Python para interagir com o resolvedor *CBC* usando o pacote *Python-MIP*. Vamos criar os nossos modelos de programação matemática usando o sítio `https://pifop.com/`. O PIFOP é um ambiente *on-line* que nos permite criar projetos de programação matemática em Python, editar arquivos com os códigos, executar e resolver os modelos através do *CBC* de forma colaborativa, on-line e compartilhada. Todos os códigos deste capítulo estão disponíveis no link: `hhttps://pifop.com/app/view/sdbno8Suz6tzaR08240f`

3.1 USANDO O PIFOP

Nesta seção, mostraremos como utilizar o PIFOP para criar, compartilhar e executar projetos de modelagem de programação matemática. Poucos passos são necessários para começar a trabalhar em um modelo de otimização. O PIFOP possui basicamente duas telas. A primeira tela, mostrada na Figura 3.1.1, permite ao usuário criar, visualizar e apagar seus projetos, assim como saber a quais servidores de otimização tem acesso.

A segunda tela, mostrada na Figura 3.1.2, permite ao usuário criar, apagar, e renomear arquivos nos quais codificará os modelos. Nela também, o usuário pode usar comandos específicos para evocar os resolvedores para resolver os modelos criados.

Ao acessar o PIFOP pela primeira vez, o usuário entrará na tela inicial, Figura 3.1.1, aonde ele encontrará o botão *New Project* para criar um novo projeto. Clicando neste botão, será solicitado o nome do projeto a ser criado e, opcionalmente, os arquivos do modelo, se eles já existirem. Normalmente, um projeto de otimização em Python tem de um a dois arquivos: um arquivo contendo o modelo e outro contendo os dados de entrada. Aqui vamos usar apenas um arquivo por questões de apresentação.

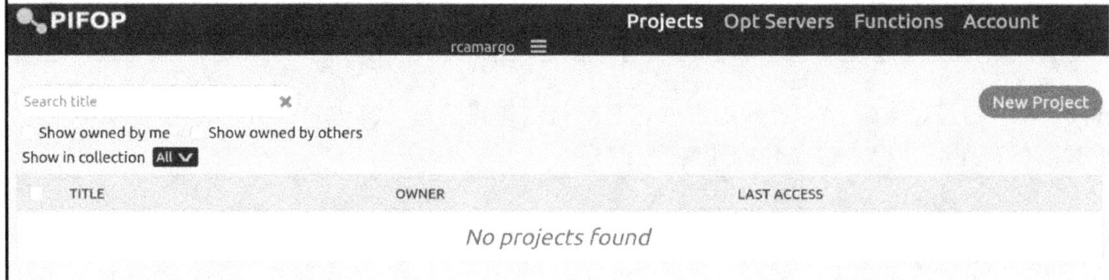

Figura 3.1.1: Tela inicial do PIFOP.

Terminada a criação do projeto, o usuário é direcionado à tela de codificação e execução dos modelos, Figura 3.1.1. Esta tela é dividida em três painéis. No primeiro, temos um gerenciador de arquivos, enquanto que, no segundo e terceiro painéis, temos um editor de textos e um gerenciador de terminais, respectivamente.

No primeiro painel, podemos criar, renomear e apagar arquivos. Para editar um arquivo, o usuário deverá criá-lo ou abri-lo no editor clicando no ícone de *New file* ou clicando duas vezes no arquivo desejado no gerenciador de arquivos. O arquivo aparecerá no painel com o editor de texto. Finalizadas as edições desejadas, o próximo passo é a resolução do modelo implementado através de um resolvedor de otimização. Para isso utilizamos o terminal à direita, através do qual o usuário pode evocar alguns resolvedores com os arquivos de seu projeto escritos em Python.

O usuário pode chamar o compilador Python escrevendo apenas o nome do arquivo com a extensão **.py** que codificou. Aqui vamos usar o pacote MIP para interagir com o resolvedor CBC que é gratuito e capaz de resolver problemas de programação linear inteira mista que o PIFOP disponibiliza nas máquinas servidoras disponíveis no PIFOP.

Um exemplo seria o comando:

```
> <nome do arquivo>.py
```

Os símbolos '<' e '>' foram utilizados para indicar os nomes dos arquivos criados pelo usuário.

Os resultados da execução são impressos no terminal em tempo real para todos os colaboradores do projeto. Se o modelo for complexo, requerendo várias horas ou mesmo dias para terminar a sua execução, o usuário pode fechar seu navegador sem que a execução seja interrompida e retornar em outro momento para ver os resultados.

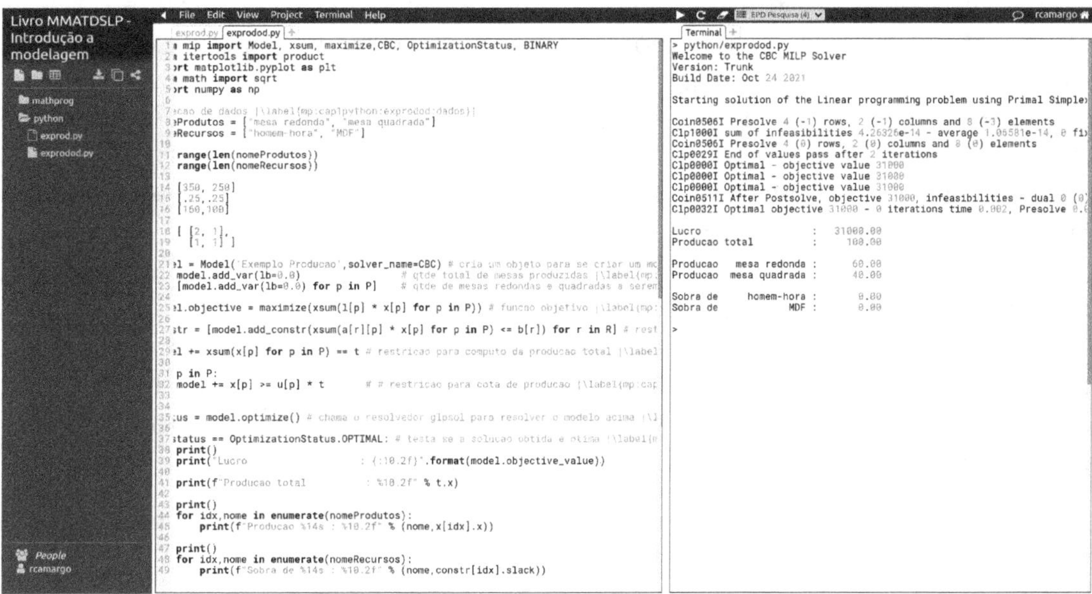

Figura 3.1.2: Tela da aplicação. 1) Gerenciador de arquivos. 2) Editor de texto. 3) Gerenciador de terminal.

O PIFOP permite compartilhar projetos e colaborar com múltiplos usuários. Clicando no botão *Share Project* no painel gerenciador de arquivos, o usuário pode compartilhar o projeto para leitura apenas ou para edição. No primeiro, o projeto poderá ser visto, mas não editado; enquanto no segundo, o projeto poderá ser editado em tempo real pelos usuários participando do compartilhamento.

Note que para usar o Pifop com Python habilitado, você deverá instalar um pacote da Pifop chamado *opt-server*. Todas as informações podem ser encontradas aqui `https://pifop.com/help/hosting_opt_server.html`. Entretanto, de qualquer forma, todos os códigos aqui podem ser feitos e executados localmente em sua máquina desde que você tenha o Python instalado. Para instalar o módulo Python-mip, você deverá executar o comando `pip install mip` em um terminal de comandos, depois de ter instalado o Python.

3.2 UMA RÁPIDA INTRODUÇÃO À LINGUAGEM PYTHON

3.2.1 *O básico*

A linguagem Python é uma poderosa ferramenta que facilita muito o desenvolvimento de aplicativos e de modelos de programação matemática. Os códigos em Python são escritos em arquivos com a extensão ".py", sendo chamados de módulos. Para executar um arquivo Python, por exemplo, `nossocodigo.py`, devemos abrir uma janela de terminal de comandos em nosso computador e digitar `python nossocodigo.py`. Se estivermos usando o Pifop, apenas digitamos no terminal a direita o comando `nossocodigo.py` e apertamos `enter` no teclado.

Python é uma linguagem interpretada dinamicamente. Ela é muito flexível uma vez que não é uma linguagem tipada, i.e., ela não requer as variáveis, parâmetros, funções e métodos tenham tipos declarados no código fonte. Isso faz com que o código resultante seja curto e de fácil leitura. Python verifica o tipo das variáveis durante a execução do código e avisa quando um comando não faz sentido ao ser executado.

Código 3.1: Exemplo básico de um código em Python

```python
a = 10
# imprime 10
print(a)

b = a + 2
# imprime 12
print(b)

c = 'Ola'
# mensagem de erro :
#TypeError: can only concatenate str (not "int") to str
# tipos de dados incompativeis
# valor inteiro com tipo string
d = c + a
```

O Código 3.1 ilustra a soma de duas variáveis com valores inteiros e a tentativa da soma de duas variáveis, uma com valor inteiro e outra com uma *string* ou cadeia de caracteres. Note que ao tentar somar variáveis com valores de tipos diferentes a linguagem imprime uma mensagem de erro.

3.2.2 *Funções*

Python nos permite criar funções para modular nossos códigos. A modulação nos permite a separação do programa em módulos cuja responsabilidades podem ficar separada umas das outras. A definição de uma função começa com a palavra chave `def` seguido do nome da função e da lista de parâmetros escrita entre parênteses. A definição da função termina com dois pontos. Depois de definida, as linhas de código pertencentes a função devem vir indentadas ou alinhadas. O alinhamento identifica um bloco de códigos que devem ser feitos em sequência. Isso também serve para estruturas condicionais (`if then esle`) e laços de repetição (`for` e `while`). Ou seja, as linhas de código devem estar alinhadas apropriadamente para o Python executar o código corretamente. Vejamos um exemplo:

Código 3.2: Uma função para imprimir asteriscos

```
1  def imprime_astericos(n): # definicao da funcao
2     # inicio do comentario
3     """
4     Imprime n asteriscos ate um limite maximo de 10
5
6     """
7     # fim do comentario
8
9     if n > 10:# limita o valor de n a 10
10       n = 10 # atribuicao de 10 a n no caso de que n for maior do que 10
11    for i in range(1,n+1): #para todo i de 0 ate n fazemos uma iteracao
12       print(f"%s" % ('*'),end='') # impressao formatada
13    print()
14
15 for i in range(10):
16    imprime_astericos(i) # chama a funcao
```

A linha 1 traz a definição da função. Observe a palavra chave `def` e o nome da função `imprime_asteriscos`. Esta função possui um único parâmetro de nome `n`. Este parâmetro será usado internamente na função para imprimir *n* asteriscos. Repare o alinhamento do bloco de comandos ao longo do código todo. Os comandos da função só serão executados quando a função for chamada na linha 16. O Python vai entender isso ao observar a indentação do arquivo *.py*.

Depois de definida o cabeçalho de uma função, normalmente introduzimos um breve comentário sobre o que a função faz. Isso permite entender o código futuramente sem perder muito tempo quebrando a cabeça sobre o que o código da função faz. Há duas formas de se introduzir comentários ao longo do código para nos auxiliar nesta documentação de cada parte do código.

A primeira é usando o símbolo de *hashtag* ou #, e o outro é através de um bloco de comentários que começa e termina com três aspas duplas ou ". Veja entre as linhas 2-7. Aqui falamos que a função `imprime_asteriscos` imprime até um máximo de `n` asteriscos. Isso facilita a documentação e entendimentos futuros do código.

Para imprimir os asteriscos, a função verifica, através da estrutura de condição do tipo *if then* da linha 9, se o parâmetro ou variável *n* é maior do que 10. Caso seja, o valor de 10 é atribuído a *n* na linha 10. Note aqui o alinhamento deste comando da linha 10. Este comando só é executado, se a condição da linha 9 for verdadeira; caso contrário, esta linha nem é lida pelo Python.

Depois da verificação do valor de n, temos uma estrutura de laço do tipo `for` ou **para todo** na linha 11. Esta estrutura de comando atribui a variável i uma sequência de valores inteiros através da função interna do Python chamada `range`. A função `range` neste caso gera uma sequência de valores inteiros desde 1 até o valor n. Repare que para imprimir exatamente n asteriscos, tivemos de começar `range` com o valor 1 e somar 1 a n para termos o n-ésimo asterisco impresso. Caso colocássemos apenas `range(n)`, a função retornaria uma sequência de valores inteiros começando de 0 até $n-1$.

Na linha 12, fazemos a impressão formatada dos asteriscos. Usamos a função `print` do Python que imprime uma sequência de caracteres ou *string* ou linha de texto. Para formatarmos a saída, usamos o comando `f` e o texto que queremos formatado.

No nosso caso, vamos imprimir apenas um único asterisco, então usamos um rótulo no *string* entre aspas simples ou '%s' para indicar que um valor do tipo *string* substituirá este rótulo. Poderíamos ter usado apenas o comento `print('*',end=")` que teríamos obtido o mesmo resultado.

Repare que passamos como parâmetro para a função `print` a instrução `end="`. Isso faz com que não haja uma quebra de linha ao final da impressão. Fazemos isso para termos os asteriscos impressos na mesma linha. Caso contrário, teríamos um asterisco por linha. Depois dos asteriscos impressos, aí sim, informamos ao Python para fazer uma quebra de linha. A Saída do Terminal 3.2 mostra o resulado do nosso código.

Saída do Terminal 3.3: Execução do Código 3.2

```
*
**
***
****
*****
******
*******
********
*********
**********
```

3.2.3 *Strings*

Python tem alguns tipos de dados e seus respectivos métodos que ajudam muito na codificação de nossos programas. Por exemplo, temos *strings*, listas, e dicionário de dados. Uma *string* é sequência imutável de caracteres entre aspas simples ou duplas, sendo a simples a mais usada. Uma vez criada, uma string não pode ter os caracteres individualmente alterados, apesar de se poder acessá-los. Para mudar uma variável do tipo *string* requer-se a criação de uma nova *string*. Vejamos alguns exemplos.

Código 3.4: Manipulação de *strings*

```
1  s = 'isto e uma string' # criamos uma string
2
3  print(len(s)) # imprimimos o comprimento ou numero de caracteres da string
4
5  print(s[7]) # acessamos a letra na 7 posicao ou u e a imprimimos
6
7  s = s + ' modificada' # criamos uma nova string subscrevendo a antiga, porem concatenada com outra string
8
9  print(s)
10
11 s = s + str(10) # concatena a string com o valor 10 convertido para string
12
13 print(s)
14
15 print(s[:7]) # imprime ate o 6o caracter
16
17 print(s[-7:]) # imprime a partir do 7o caracter a partir do final da string
18
19 s[0] = 'P' # mensagem de erro. isso nao e possivel. strings sao imutaveis
```

A linha 1 do Código 3.4 cria uma *string*, enquanto as linhas 3 imprimem o comprimento desta *string* *s* e a letra *u* que está na sétima posição, respectivamente. Note que a indexação em Python sempre começa de 0. Na linha 7, concatenamos duas *strings* subscrevendo a *string* s, enquanto na linha 11, adicionamos ao final da variável *s* o valor inteiro transformardo em *string*.

Podemos ainda trabalhar com a *string* de forma parcial ou em cortes. As linhas 15 e 17 mostram como fazer isso ao imprimirmos a *string* até o sexto caracter e a partir do sétimo, olhando a partir final da variável *s*, respectivamente. Finalmente, mostramos a imutabilidade de uma *string* ao tentarmos modificar o caractere na posição 0. Não é possivel se fazer isso. Teremos a seguinte mensagem. A Saída do Terminal 3.4 traz a execução deste código.

```
s[0] = 'P' # mensagem de erro. isso nao e possivel. strings sao imutaveis
  ~^^^
TypeError: 'str' object does not support item assignment
```

Saída do Terminal 3.5: Execução do Código 3.4

```
17
u
isto e uma string modificada
isto e uma string modificada10
isto e
icada10
```

3.2.4 *Função* `print()`

A função `print()` permite a impressão de uma mensagem ou texto com valores formatados na janela de terminal ou para um arquivo do tipo texto. A mensagem pode ser qualquer *string* ou objeto que possa ser convertido para uma *string* antes de ser escrito na janela do seu terminal.

A sintaxe da função é `print(mensagem, sep=separador, end=final da mensagem, file=arquivo de saída, flush=flush)`. A lista de parâmetros é mostrada abaixo:

- mensagem : *string* ou qualquer objeto que deve ser convertido para `string` antes de ser impresso;
- sep : argumento opcional que indica como os objetos serão separados na impressão. O separador padrão é um espaço em branco (' ');
- end : argumento opcional que indica o que será impresso ao final da mensagem. O padrão é imprimir um quebra de linha ou o comando
  n
- file : argumento opcional. Pode ser usado para direcionar a mensagem para um arquivo do tipo texto. O padrão é imprimir para o objeto `sys.stdout`;
- flush: argumento do tipo verdadeiro (*true*) ou falso (*false*). Quando verdadeiro imprime diretamente no terminal ou arquivo sem armazenar primeiro; quando falso, armazena primeiro em um *buffer* antes de imprimir. O padrão é o valor falso.

O Código 3.6 mostra alguns exemplos da função `print()`.

Código 3.6: Exemplo básico de um código em Python

```
print('Oi','como vai')
# Oi como vai
print('Oi','como vai',sep='---')
# Oi---como vai

# imprime 10
print(a)

b = a + 2
# imprime 12
print(b)

c = 'Ola'
# mensagem de erro :
#TypeError: can only concatenate str (not "int") to str
# tipos de dados incompativeis
```

```
# valor inteiro com tipo string
d = c + a
```

Para formatar o *string* da mensagem, a linguagem Python oferece diversas formas para formatarmos a mensagem que será impressa na janela do terminal. Podemos usar:

- o operador de módulo % para *string*:
- o método `format()` de *string*;
- o método literal para *f-string*;

Operador de módulo % para string

Este operador é um conversor de tipo que permite substituir o especificador presente na *string* por valores passados no lado direito da mensagem após o operador %. Vejamos alguns exemplos.

```
print("Idade: %2d Salario: %5.2f" % (52, 17500.333))
# Idade: 52 Salario: 17500.33

print("Numero de alunos/alunas : %3d/%3d" % (27, 23))
# Numero de alunos/alunas : 240/120

print("%8.4o" % (250)) # print octal value
# 0062
print("%10.3E" % (356.08977))
# 3.507E+07
```

A sintaxe geral para formatar uma *string* é:

```
%[flags][largura][.precisao]tipo
```

Por exemplo, o comando:

```
print("O valor e: \%10.2f. Esta correto?" % (6885.8488))
```

imprimirá o valor real 6885.8488 usando no mínimo dez espaços (largura), com precisão de duas casas decimais (precisão) ou

```
O valor e: 6885.85. Esta correto?
```

Note os espaços em branco depois dos dois pontos (:), o valor foi impresso alinhado à direita dos dez espaços. O último caractere 'f' indica que o espaço reservado representa um valor real de ponto flutuante. Se fôssemos alinhar a esquerda, no local dos flags, colocaríamos o símbolo '-' ou:

```
print("O valor e: \%-10.2f. Esta correto?" % (6885.8488))
```

Isto resultaria na seguinte impressão.

```
O valor e: 6885.85 . Esta correto?
```

A Tabela 3.2.1 lista os especificadores para converter os diversos valores para *string*.

Tabela 3.2.1: Lista de especificadores para converter os valores para *string*

tipo	conversão de valor
d, i, u	inteiro
x, X	inteiro hexadecimal
o	inteiro impresso com largura de oito bits (octeto)
f, F	real do tipo ponto flutuante
e, E	inteiro em notação científica
g, G	real do tipo ponto flutuante em notação científica
c	único caractere
s	*string*

O método `format()` *de string*

Uma *string* tem o método chamado `format()` que nos permite formatar o texto dela. Um exemplo básico seria:

```
print('O nome do aluno e {}. Ele tem {} anos.'.format('Joao',10))
#O nome do aluno e Joao. Ele tem 10 anos.
```

As chaves permitem substituir os objetos passados como parâmetro na função no corpo do texto da *string*. É ainda possível usar números para indicar a posição do objeto passado como parâmetro na função a ser inserida no lugar das chaves. Vejamos um exemplo:

```
print('Nos gostamos de {0} com {1}'.format('pipoca','guarana'))
#Nos gostamos de pipoca com guarana
print('Nos gostamos de {1} com {0}'.format('pipoca','guarana'))
#Nos gostamos de guarana com pipoca
```

Podemos também nomear as chaves de forma a usar estes nomes na hora de passar os valores na função `format`.

```
print('Nos gostamos de {primeiro} com {segundo}'.format(primeiro='pipoca',segundo='guarana'))
#Nos gostamos de pipoca com guarana
print('Nos gostamos de {segundo} com {primeiro}'.format(primeiro='pipoca',segundo='guarana'))
#Nos gostamos de guarana com pipoca
```

Podemos também usar especificadores para auxiliar na formatação da *string* que será impressa. A sintaxe básica é:

```
{:[[<preenchimento>]<alinhamento>][<sinal>][\#][0][<largura>][<grupo>][.<precisao>][<tipo>]}
```

Os componentes desta sintaxe são listadas na Tabela 3.2.2. Listamos apenas alguns especificadores básicos que podem ser usados para formatar uma *string* para ser usada com o a função *print()*. Vamos a alguns exemplos:

```
print('{:g}'.format(10.8577))
#10.8577

print('{:G}'.format(10.8577))
#10.8577

print('{:f}'.format(10.8577))
#10.857700

print('{:F}'.format(10.8577))
#10.857700

print('{:.1%}'.format(.8577))
#85.8%

print('{:8.2f}'.format(-10.8577))
#  -10.86

print('{:08.2f}'.format(-10.8577))
#-0010.86

print('{:+8.2f}'.format(-10.8577))
#  -10.86

print('{:-8.2f}'.format(-10.8577))
#  -10.86

print('{:=+8.2f}'.format(-10.8577))
#-  10.86

print('Valor e:{:18.2f}'.format(-10857000.687))
#Valor e:    -10857000.69

print('Valor e:{:<18.2f}'.format(-10857000.687))
#Valor e:-10857000.69

print('Valor e: {:>+18,.2f}'.format(-10857000.687))
#Valor e:  -10,857,000.69

print('Valor e:{:,.2f}'.format(-10857000.687))
#Valor e:-10,857,000.69

print('Valor e:{:_.2f}'.format(-10857000.687))
#Valor e:-10_857_000.69

print('{:<8s}'.format('bola'))
#bola

print('{0:<8s}'.format('bola'))
```

```
#bola

print('{:>8s}'.format('bola'))
#   bola

print('{0:>8s}'.format('bola'))
#   bola

print('{0:^8s}'.format('bola'))
# bola

print('{:^8s}'.format('bola'))
# bola

print('{:->8s}'.format('bola'))
#----bola

print('{:_>8s}'.format('bola'))
#____bola

print('{:_<8s}'.format('bola'))
#bola____
```

O método literal para f-string

Há uma forma de formatar o texto de uma *string* usando a sintaxe conhecida como *f-string*. É semelhante ao método *format*, exceto não se usa o termo *format* mas a letra 'f' no início da *string*. Ele pode usar os mesmos especificadores do método *format*, mas de forma mais simples. Vamos ver alguns exemplos:

```
s = f'meu valor: '
print(s)
#meu valor:

a = 10
print(f'Veja o {s}{a}!')
#Veja o meu valor: 10!

b = 3.5
c = a * b
print(f'{a} x {b} = {c}')
#10 x 3.5 = 35.0

print(f'{a} ao quadrado e {a**2}')
#10 ao quadrado e 100

d = ['jose','maria', 'simao']
print(f'd = {d}')
#d = ['jose', 'maria', 'simao']

print(f'1o d e {d[0]}')
#1o d e jose

```

Tabela 3.2.2: Lista os especificadores padrão para o método `print`

componente	efeito
preenchimento	especifica como preencher os espaços não preenchidos pelo valor a ser formatado no espaço reservado para a impressão
alinhamento	indica qual será o alinhamento do valor a ser impresso (a esquerda ou a direita ou no centro)
sinal	controla se um sinal (-/+) deve ser incluído ou não para valores numéricos
#	seleciona uma forma de saída alternativa para alguns tipos de apresentação
0	faz com que os valores sejam preenchidos à esquerda com zeros em vez de caracteres de espaço
largura	especifica a largura mínima que a impressão do valor terá
grupo	especifica o caractere de agrupamento para valores numéricos (e.g.,',' ou '.')
precisão	especifica o número de dígitos após o ponto/vírgula decimal a ser mostrado para valores de ponto flutuante ou a largura máxima de saída para *strings*.
tipo	especifica o tipo de conversão a ser feita

tipo	conversão
b	binária
c	único caractere
d	inteiro
e ou E	notação exponencial
f ou F	ponto flutuante (números reais)
g ou G	ponto flutuante ou notação exponencial
o	inteiro no formato de octeto
s	*string*
x ou X	hexadecimal
%	em percentagem

```
print(f'meu valor e {c:=+9g}')
#meu valor e + 35

print(f'meu valor e {c:<+9.2g}')
#meu valor e +35

print(f'meu valor e {c:>9f}')
#meu valor e 35.000000

print(f'meu valor e {c:>9.2f}')
#meu valor e 35.00
```

3.2.5 *Listas*

Python tem um tipo de dado chamado de lista que pode armazenar valores e outros tipos de dados. A criação de uma variável do tipo lista ou `list` é identificado pelo uso de colchetes ou []. Podemos armazenar em um lista valores do mesmo tipo ou não. Podemos ainda ter lista de listas. Podemos acessar, modificar, aumentar, reduzir, inverter a ordem dos elementos em um lista. Podemos ainda usar estruturas de laço como `for` ou `while` para iterar pelos elementos de uma lista. Os principais métodos usados com listas são:

- `append(elem)` : adiciona um único elemento ao final da lista. Erro comum: não retorna a nova lista, apenas modifica a original.
- `insert(index, elem)` : insere o elemento no índice fornecido, deslocando os elementos para a direita.
- `extend(list2)` : adiciona os elementos da list2 ao final da lista. Usar + ou += em uma lista é semelhante a usar *extend()*.
- `index(elem)` : procura o elemento fornecido desde o início da lista e retorna seu índice. Retorna um ValueError se o elemento não existir(use "in"para verificar sem existe o elemento para não se ter um ValueError).
- `remove(elem)` : procura a primeira instância do elemento fornecido e o remove (Retorna um ValueError se o elemento não estiver presente)
- `sort()` : ordenda a lista no lugar (*in place*) (não retorna uma nova lista). (Use de preferência a função *sorted()*)
- `reverse()` : inverte a lista no lugar (*in place*) (não retorna uma nova lista)
- `pop(index)` : remove e retorna o elemento no índice fornecido. Retorna o elemento mais à direita se o índice for omitido (É aproximadamente o oposto do método *append*()).

Vejamos alguns exemplos:

Código 3.7: Operações com listas

```
n = 5  # tamanho da lista a ser criada
minha_lista = [i for i in range(n)] # cria uma lista com 5 elementos
print(len(minha_lista)) # imprime o comprimento ou numero de elementos da lista
print(minha_lista) # [0, 1, 2, 3, 4]
for i in range(n): # for usando o range
  minha_lista[i] = i**2 # atribui o i ao quadrado a cada posicao i da lista
```

```

print(minha_lista) # [0, 1, 4, 9, 16]

soma = 0
for val in minha_lista: # itera diretamente nos valoes da lista
   soma += val
print(soma) ## 30

i = 0
while i < len(minha_lista): # itera usando o incremento do indice da lista
   print(minha_lista[i], ' ',end='') # 0 1 4 9 16
   i += 1
print()

for i,val in enumerate(minha_lista): # itera diretamente nos indices (i) e valores (val) da lista
   print('elemento {:d} e igual a {:d}'.format(i,val))

minha_lista = ['joao', 'maria', 'jose'] # sobrescrevemos a lista original
if 'jose' in minha_lista: # checa se um elemento pertence a lista
   print('Jose esta na lista') # Jose esta na lista

if 'tobias' not in minha_lista: # checa se um elemento nao pertence a lista
   print('Tobias nao esta na lista') # Tobias nao esta na lista

print(minha_lista) # ['joao', 'maria', 'jose']

minha_lista.append('jorge') # coloca o string jorge ao final da lista
print(minha_lista) # ['joao', 'maria', 'jose', 'jorge']

minha_lista.insert(0, 'pedro') # inserte o string pedro na posicao 0
print(minha_lista) # ['pedro', 'joao', 'maria', 'jose', 'jorge']

minha_lista.insert(2, 'tina') # inserte o string tina na posicao 2
print(minha_lista) # ['pedro', 'joao', 'tina', 'maria', 'jose', 'jorge']

minha_lista.extend(['bia', 'katia']) # coloca lista de elementos no final da lista
print(minha_lista) # ['pedro', 'joao', 'tina', 'maria', 'jose', 'jorge', 'bia', 'katia']


print(minha_lista.index('maria')) # retorna o indice 3

minha_lista.remove('jose') # remove o elemento jose
print(minha_lista) # ['pedro', 'joao', 'tina', 'maria', 'jorge', 'bia', 'katia']

nome = minha_lista.pop(1) # remove o elemento no indice 1
print(nome)          # joao
print(minha_lista) # ['pedro', 'tina', 'maria', 'jorge', 'bia', 'katia']

print(minha_lista[1:-1]) # imprime do indice 1 ate o penultimo nome
                         # ['tina', 'maria', 'jorge', 'bia']

print(minha_lista) # ['pedro', 'tina', 'maria', 'jorge', 'bia', 'katia']
minha_lista[0:2] = ['beto'] # substitui ['pedro', 'tina'] por ['beto']
print(minha_lista) # ['beto', 'maria', 'jorge', 'bia', 'katia']

```

```
62 minha_lista.sort() # ordenda o menor para o maior
63 print(minha_lista) # ['beto', 'bia', 'jorge', 'katia', 'maria']
64
65 minha_lista.reverse() # inverte a lista
66 print(minha_lista) # ['maria', 'katia', 'jorge', 'bia', 'beto']
67
68 A = [ [1,3,7], # lista de listas (matrix 2D)
69       [2,5,9],
70       [4,6,8] ]
71
72 nlinhas,ncolunas=len(A),len(A[0]) # pegando o numero de linhas e de colunas
73 for i in range(nlinhas):
74    for j in range(ncolunas):
75       print(' %3d ' % (A[i][j]),end='') # impressao por indices (i,j)
76    print()
77
78 print()
79 for linha in A: # iterando diretamente por linha
80    for v in linha:
81       print(' %3d ' % (v),end='') # impressao por iteracao direta nos valores da linha
82    print()
83 print()
84
85 H = [ [ [1,3,7], # lista de listas de listas (matrix 3D)
86         [2,5,9],
87         [4,6,8] ],
88       [ [3,4,5],
89         [2,0,1],
90         [1,3,1] ],
91       [ [7,1,7],
92         [4,1,1],
93         [2,2,9] ] ]
94
95 nsubmat,nlinhas,ncolunas = len(H),len(H[0]),len(H[0][0]) # pegando o numero de submatrizes, de
       linhas e de colunas
96 for m in range(nsubmat):
97    print('submatriz %d:' %(m))
98    S = H[m]               # seleciona a submatriz m
99    for i in range(nlinhas):
100      for j in range(ncolunas):
101         print(' %3d ' % (S[i][j]),end='') # impressao por indices (i,j)
102      print()
103   print()
```

Na linha 1, atribuímos o valor cinco a variável n. Esta variável será usada para criar uma lista chamada de `minha_lista` com cinco elementos, linha 2, cada elemento assumindo o valor do seu índice. Na linha 3, imprimimos o comprimento ou tamanho da lista `minha_lista`.

Na linha 5, mostramos como podemos usar a função `range` para iterar pela lista `minha_lista`. Neste caso, atribuímos a cada elemento da lista o índice dele elevado ao quadrado na linha 6. Outra forma de se iterar pela lista, usando índices, é usando a estrutura `while`, veja na linha 16. Começando com o índice i igual a zero, acessamos os elementos da `minha_lista` a cada iteração. Note que a cada laço incrementamos o índice de um.

Podemos também ter acesso direto aos valores da lista, sem necessariamente usar os índices. Neste `for` da linha 11 não há a presença dos índices. Já iteramos diretamente nos valores da `minha_lista`. De modo semelhante, usando a função *enumerate*, podemos iterar diretamente nos índices e valores da lista (linha 21). A função *enumerate* retorna tanto o índice quanto respectivo o valor do elemento ao se iterar pela lista `minha_lista`.

Podemos sobrescrever a variável `minha_lista` com novos valores, mesmo que de tipos de dados diferentes (linha 24). Podemos também verificar se um elemento pertence ou não a uma lista, veja as linhas 25 e 28, respectivamente. A linha 33 mostramos como adicionar um novo elemento ao final da lista `minha_lista`, enquanto que as linhas 36 e 39 demonstram como inserir um novo elemento na posição do índice passado na função. A linha 42 mostra como colocar no final uma outra da lista `minha_lista`, isto é, mostra como estender a lista original com outra lista.

É possível saber o índice de um dado elemento através do método `index`, veja a linha 46, assim como remover um elemento da lista `minha_lista`, como mostrado na linha 48. Podemos também pegar um elemento da lista, removendo-o da lista. Veja a linha 51. Essa função permite usar a lista `minha_lista` como uma pilha ao usarmo-la sem passarmos um índice.

Podemos ainda usar apenas recortes ou partes da lista através dos índices. Esta técnica é chamada de *slices* e a vemos em ação nas linhas 55 e 59. Nesta última, podemos substituir os valores de intervalo de elementos com uma única instrução. Temos ainda os métodos `sort` e `reverse` que nos permitem ordenar do menor para o maior e inverter os elementos da lista nas linhas 62 e 65, respectivamente.

Finalmente, temos a ideia de listas de listas e suas derivações como a lista de listas de listas, ou seja, matrizes de duas e três dimensões, respectivamente. A linha 68 mostra um exemplo de uma lista de listas ou uma matriz de duas dimensões. A variável A é uma lista de três elementos, cujos elementos são uma lista com três elementos ou valores cada.

Para se pegar o número de linhas desta matriz A, usamos o comando `len(A)` que me retorna quantas listas a lista A tem. Depois pegamos o número de elementos que a primeira linha, ou seja, a linha de índice zero, tem através do comando `len(A[0])` para saber o número de colunas da matriz. Veja alinha 72.

Temos algumas formas diferentes para imprimirmos ou iterarmos pelos valores da matriz A. Aqui apresentamos duas formas mais básicas. A primeira mostrada a partir da linha 72 mostra que primeiro iteramos pelo número de linhas e depois pelo de colunas usando dois `fors` aninhados. Note que na linha 75 para imprimir o valor na posição da linha i e coluna j acessamos o elemento através do duplo [] ou $A[i][j]$.

Outra forma de acessarmos os valores é através da iteração direta. A linha 79 itera por cada linha da matriz A, para depois iterarmos por cada elemento da linha da iteração, para finalmente imprimirmos o valor (linha 81).

Finalmente, temos como exemplo uma matriz de três dimensões na linha 85, ou seja, temos uma lista cujos elementos são uma lista de listas. Para iterarmos pelos valores da matriz H, primeiro vamos pegar o número de submatrizes de duas dimensões que a lista possui. Depois pegamos o número de linhas e colunas que estas submatrizes têm. Os comandos para pegar estes valores são mostrados na linha 95.

Vamos ter três `for`s aninhados para acessar os valores. O primeiro itera por cada submatriz m. Atribuímos os valores desta submatriz m a uma variável S na linha 98. Depois iteramos para cada linha e cada coluna desta coluna para imprimirmos o valor (i, j) da submatriz m. Veja a linha 101. Para modelarmos nossos problemas de programação matemática vamos usar muito estes conceitos de lista de listas.

3.2.6 *Dicionário de dados:* `dict`

Python tem uma estrutura de dados chamado de dicionário ou `dict` que permite organizar seu dados como numa tabela. Cada valor possui uma chave associada que permite recuperação ou acesso a este valor através dela. O conteúdo de um `dict` pode ser escrito como uma série de pares `chave:valor` entre colchetes {}, por exemplo: `dct = {chave1:valor1, chave2:valor2, ... }`. Para termos um dicionário vazio usamos `dct = {}`.

Para procurar ou definir um valor em um dicionário, usamos colchetes, por exemplo: `dct[chave1] = 10` atribui o valor 10 para a `chave1` do dicionário `dct`. Strings, números e tuplas (combinação de números e strings entre parêntesis e separados por vírgula, e.g., (1,2)) funcionam como chaves, enquanto o valor associado a uma chave pode ser de qualquer tipo de dado. Tipos de dados imutáveis são os mais indicados para serem usados como chave.

Procurar um valor que não está no `dict` gera um erro ou `KeyError`. Portanto, é aconselhável verificar primeiro se a chave existe no dicionário usando a função `in` ou ainda usar a função `get(key)`, por exemplo, `dct.get(chave)`, para retornar o valor associado a chave passada ou o valor `None`, se a chave não estiver presente no dicionário. A função `get` nos permite ainda especificar um valor a ser retornado quando uma chave não estiver presente no dicionário ou `dct.get(chave,valor para quando a chave não for encontrada)`.

Ao se iterar por um dicionário num laço `for`, por exemplo, o fazemos sobre chaves por padrão. As chaves aparecerão em ordem arbitrária. Entretanto, há dois métodos que retornam as listas de chaves (`keys()`) e de valores (`dict.values()`) explicitamente. Há também um método chamado `items()` que retorna uma lista de tuplas (chave, valor). Esta é a maneira mais eficiente de examinar todos os dados de valores-chave no dicionário. Para se apagar algum elemento de um dicionário, usamos a função `del`. Vamos a alguns exemplos do Código 3.8.

Código 3.8: Manipulação de *strings*

```
dct = {} # criamos um dicionario vazio
dct['jose'] = 10 # adicionamos chave e valor ao o dicionario
dct[1] = 'carro'
dct['maria'] = 3.14

print()
print(dct) # imprime {'jose': 10, 1: 'carro', 'maria': 3.14}

print()
print(dct[1]) # imprime carro

print()
print(dct['jose']) # imprime 10

print()
dct[1] = 500 # atribui novo valor para chave 1
print(dct[1]) # imprime 500

print()
if 'maria' in dct: # checa se maria e chave no dicionario
   print('maria esta presente no dicionario')
   print(dct['maria'])

print()
if 'fabio' in dct: # evita a mensagem KeyError
   print(dct['fabio'])

print()
print(dct.get('fabio')) # imprime None no lugar de KeyError
print()

for chave in dct: # itera pelas chaves e imprime os valores
   print(chave,' ',dct[chave])
#jose 10
#1  500
#maria 3.14

for chave in dct.keys(): # itera pelas chaves (lista) e imprime os valores
   print(chave,' ',dct[chave])

print()
for chave,valor in dct.items(): #itera diretamente nas chaves e valores
   print(chave,' ',valor)
print()

print(dct.keys()) # imprime lista de chaves
```

```
47 #dict_keys(['jose', 1, 'maria'])
48 print(dct.values()) # imprime lista de valores
49 #dict_values([10, 500, 3.14])
50
51
52 print()
53 del dct[1] # deleta o elemento da chave 1
54 print(dct)
```

Na linha 1 cria um dicionário de nome `dct` vazio. Depois, adicionamos a partir da linha 2 três elementos associados a três chaves `'jose'`, `1`, `'maria'`. Na linha 16, mudamos o valor associado a chave `1` para 500. Linhas 20 e 25 verifica se as chaves estão presentes no dicionário `dct` para acessar os valores diretamente. É interessante verificar se uma chave existe para não termos uma mensagem de erro ou `KeyError`. O método `get` na linha 29 imprime `None`, pois a chave `'fabio'` não existe no dicionário `dct`. Este método é muito interessante para evitar uma mensagem `KeyError`.

Para iterar por um dicionário podemos usar três maneiras diferentes. Pelas chaves, linha 32, pela lista de chaves usando o método `keys()`, linha 38, ou diretamente por chave-valor usando o método `items()`, linha 42. Podemos também ter acesso direto a lista de chaves, linha 46, ou aos valores, linha 48. Para apagar um elemento do dicionário, podemos usar o comando `del` como mostrado na linha 53.

O dicionário é uma estrutura bastante flexível e fácil de se usar para organizar os dados. Por exemplo, você pode guardar nome, telefone, endereço e e-mail de pessoas em um dicionário no qual as chaves são os CPFs delas. Dicionários e listas serão muito usados em programação matemática.

3.2.7 *Módulo numpy*

NumPy (Numerical Python) é um módulo numérico criado para ser usado como uma biblioteca do Python. De código aberto, este módulo é muito usado em diversas áreas da ciência e da engenharia. Desenvolvido especificamente para trabalhar com dados numéricos em Python, *numpy* é extensivamente usado em outros módulos de Python como Pandas, SciPy, Matplotlib, scikit-learn, scikit-image. A biblioteca oferece uma enorme variedade de maneiras rápidas e eficientes de criar vetores e matrizes e manipular dados numéricos dentro deles.

Embora uma lista Python possa conter diferentes tipos de dados em uma única lista, todos os elementos de um vetor *numPy* devem ser homogêneos, isto é, do mesmo tipo. Isso se deve ao fato de que se os vetores não fossem homogêneos, as operações matemáticas seriam executadas de forma ineficientes. Usamos o módulo *numpy* quando queremos um desempenho maior ao trabalhar com matrizes, pois a biblioteca consegue ser mais rápida e compacta do que as listas Python. Um vetor *numpy* consome menos memória e é mais fácil de usar. Um código usando a biblioteca *numpy* é mais otimizado do que um Python puro ao se trabalhar com matrizes. Para instalar usamos o comando:

```
pip install numpy
```

Os principais métodos de uma variável *numpy* ou do módulo são:

- `array(lista ou objeto,dtype=Tipo)`: usado para criar um array ou matriz de um determinado tipo, por exemplo, `int` ou `float`.

- `arange(inicio,fim,passo,dtype=Tipo)`: cria um vetor com valores começando do valor inicial `inicio`, incrementados pelo tamanho do `passo` até, mas não incluindo, o valor final `fim`.

- `cortes` (*slices*): permite operar com os índices dos vetores e matrizes de forma rápida para se obter linhas, colunas e submatrizes

- `eye(n,m)`: cria uma matriz de duas dimensões com n linhas e m colunas cujos elementos a_{ij} são iguais a um quando $i = j$ e a zero quando $i \neq j$.

- `zeros(formato,dtype=Tipo)`: cria uma matriz de dimensão especificada no `formato` e com valores iguais a zero, sendo estes valores do `Tipo` informado.

- `ones(formato,dtype=Tipo)`: cria uma matriz de dimensão especificada no `formato` e com valores iguais a um, sendo estes valores do `Tipo` informado.

- `copy(vetor)`: faz uma cópia do vetor passado como argumento.

- `diag(vetor da diagonal)`: cria uma matriz de duas dimensões cuja diagonal será o vetor informado, enquanto os demais elementos serão zero.

- `dot()`: faz a multiplicação de matrizes ou o produto escalar de vetores.

- `transpose()`: transpõe uma matriz.

- `linalg.inv()`: calcula a inversa de uma matriz.

- `linalg.det()`: calcula o determinante de uma matriz.

- `flatten()`: transforma uma matrix num vetor de uma dimensão.

- `random.randint(limite superior,size=Tamanho)`: criar um vetor ou uma matriz com valores inteiros gerados aleatoriamente até, mas não inclusive, o limite superior fornecido.

Vejamos alguns exemplos para entender a facilidade do uso do módulo *numpy*.

```
# importa o pacote numpy com o apelido de np
import numpy as np

# cria um vetor de uma lista
vetor1D = np.array([1, 2, 3, 4])
print()
print(vetor1D)
print()
# [1 2 3 4]

# cria uma matriz de uma lista de listas
matriz2D = np.array([[11, 12], [21, 22]])
print()
print(matriz2D)
print()
#[[11 12]
# [21 22]]

# cortes/slices da matriz
# pega linha 0
linha0 = matriz2D[0]
print(linha0)
#[11 12]

# pega coluna 0
col0 = matriz2D[:,0]
print(col0)
#[11 21]

# pegal elemento na posicao (0,0)
elem0 = matriz2D[0,0]
print(elem0)
print(matriz2D[0][0])
#11

matriz3D = np.array([[[111, 112], [121, 122]], [[211, 212], [221, 222]]])
print()
print(matriz3D)
print()
#[[[111 112]
# [121 122]]
#
# [[211 212]
# [221 222]]]

vetor1D = np.arange(5)
print(vetor1D)
#[0 1 2 3 4]

vetor1D = np.arange(5, 10, dtype=float)
print(vetor1D)
# [5. 6. 7. 8. 9.]

vetor1D = np.arange(5, 7, 0.2)
```

```
print(vetor1D)
#[5. 5.2 5.4 5.6 5.8 6. 6.2 6.4 6.6 6.8]

M = np.eye(3)
print(M)
#[[1. 0. 0.]
# [0. 1. 0.]
# [0. 0. 1.]]

M = np.eye(2,4)
print(M)
#[[1. 0. 0. 0.]
# [0. 1. 0. 0.]]

z2d = np.zeros((3, 4))
print(z2d)
#[[0. 0. 0. 0.]
# [0. 0. 0. 0.]
# [0. 0. 0. 0.]]

#matriz 3d com 3 submatrizes 2x2
z3d = np.zeros((3, 2, 2))
print(z3d)

#[[[0. 0.]
# [0. 0.]]
# [[0. 0.]
# [0. 0.]]
#
# [[0. 0.]
# [0. 0.]]]

z2d = np.ones((3, 4))
print(z2d)
#[[1. 1. 1. 1.]
# [1. 1. 1. 1.]
# [1. 1. 1. 1.]]

#matriz 3d com 3 submatrizes 2x2
z3d = np.ones((3, 2, 2))
print(z3d)
#[[[1. 1.]
# [1. 1.]]
#
# [[1. 1.]
# [1. 1.]]
#
# [[1. 1.]
# [1. 1.]]]

# faz uma copia fisica da matriz z2d
z2dc = np.copy(z2d)

# soma 1 em todos os elementos da matriz z2dc,
# mas nao na matriz z2d
```

```
z2dc += 1
print(z2dc)
#[[2. 2. 2. 2.]
# [2. 2. 2. 2.]
# [2. 2. 2. 2.]]

print(z2d)
#[[1. 1. 1. 1.]
# [1. 1. 1. 1.]
# [1. 1. 1. 1.]]

# z2dptr aponta para uma submatriz de z2d
z2dptr = z2d[:2,:3]

# soma 1 em todos os elementos desta submatriz
# isso afeta a matriz original z2d
z2dptr += 1

#imprime so a submatriz
print(z2dptr)
#[[2. 2. 2.]
# [2. 2. 2.]]

#imprime a matriz original
print(z2d)
#[[2. 2. 2. 1.]
# [2. 2. 2. 1.]
# [1. 1. 1. 1.]]

# cria uma matriz diagonal
diag = np.diag([1,2,3,4])
print(diag)
#[[1 0 0 0]
# [0 2 0 0]
# [0 0 3 0]
# [0 0 0 4]]

m1 = np.array( [ [1, 5, 3],
                 [7, 9, 11],
                 [13,17,19] ])
print(m1)
#[[ 1 5 3]
# [ 7 9 11]
# [13 17 19]]

m2 = np.array([ [2, 4, 6],
                [8, 10,12],
                [14, 16,18] ] )
print(m2)
#[[ 2 4 6]
# [ 8 10 12]
# [14 16 18]]

# faz o produto de matrizes (produto escalar)
pe = np.dot(m1,m2)
```

```
print(pe)
#[[ 84 102 120]
# [240 294 348]
# [428 526 624]]

# faz o produto das matrizes m1 e m2, porem
# elemento a elemento
pm = m1 * m2
print(pm)
#[[ 2 20 18]
# [ 56 90 132]
# [182 272 342]]

# soma as matrizes m1 e m2
sm = m1 + m2
print(sm)
#[[ 3 9 9]
# [15 19 23]
# [27 33 37]

# subtrai a matriz m2 da m1
mm = m1 - m2
print(mm)
#[[-1 1 -3]
# [-1 -1 -1]
# [-1 1 1]]

# calcula a transposta da matriz m1
tm1 = np.transpose(m1)
print(tm1)
#[[ 1 7 13]
# [ 5 9 17]
# [ 3 11 19]]

# calcula a inversa da matriz m1
inv = np.linalg.inv(m1)
print(inv)
#[[-0.4 -1.1 0.7 ]
# [ 0.25 -0.5 0.25]
# [ 0.05 1.2 -0.65]]

# calcula o determinante da matriz m1
det = np.linalg.det(m1)
print(det)
#39.99999999999993

# achata a matriz m1
fm1 = m1.flatten()
print(fm1)
#[ 1 5 3 7 9 11 13 17 19]

# cria uma matriz aleatoria 3x5 com valores
# inteiros ate 10, nao incluido
rm = np.random.randint(10,size=(3,5))
print(rm)
```

```
#[[8 1 9 1 1]
# [5 2 7 6 6]
# [5 4 4 5 3]]
```

3.3 PROGRAMAÇÃO MATEMÁTICA COM PYTHON USANDO O MÓDULO MIP

Após essa rápida introdução sobre a linguagem Python, vamos agora modelar e implementar um modelo para o problema do Exemplo 3.3.1.

Exemplo 3.3.1:

A empresa de móveis Rivadália fabrica dois tipos de mesas. Uma delas tem tampo redondo e a outra quadrado, porém usam o mesmo conjunto de pés. A mesa de tampo redondo requer duas horas para ser feita, enquanto a de tampo quadrado gasta uma hora apenas. A móveis Rivadália conta com quatro colaboradores que trabalham 40 horas por semana, ou seja, a empresa possui 160 homens-hora por semana para produzir as mesas. As mesas de tampo redondo e quadrado gastam 1 m^2 chapa de MDF cada uma para serem feitas. A empresa tem disponível em seu estoque 100 m^2 de MDF. Quando vendidas, a empresa obtém um lucro de R$ 350 e R$ 250 por mesa de tampo redondo e quadrado, respectivamente. A empresa deseja saber quantas mesas de cada tipo produzir para que maximize o lucro dela, porém sabendo que produção de qualquer um dos tampos deve ser de pelo menos 25% da produção total de mesas.

No Exemplo 3.3.1 temos os seguintes **parâmetros** listados na Tabela 3.3.1. Queremos maximizar o lucro que é constituído da soma do lucro unitário de cada mesa multiplicado pela respectiva produção. Desta forma, queremos saber o quanto produzir de cada tipo de mesa. Nossas **variáveis de decisão** são então as quantidades de mesas de tampo redondo e de tampo quadrado a serem produzidas. Estas variáveis são identificadas e listadas na Tabela 3.3.2

Tabela 3.3.1: Parâmetros do Exemplo 3.3.1

	mesa de tampo		
parâmetros	redondo	quadrado	disponibilidade
tempo de produção	2 h/unidade	1 h/unidade	160 Homens-hora
consumo de MDF	1 m^2/unidade	1 m^2/unidade	100 m^2 MDF
produção mínima	25% do total	25% do total	
lucro	R$ 350/unidade	R$ 250/unidade	

Tabela 3.3.2: Variáveis de decisão do Exemplo 3.3.1

$r \geq 0$	quantidade de mesas de tampo redondo a ser produzida,
$q \geq 0$	quantidade de mesas de tampo quadrado a ser produzida.

Este problema é modelado no programa MOD3.3.1. Para representar as condições da produção, criamos uma restrição para cada tipo de recurso: uma para o consumo de Homens-hora frente a disponibilidade total (3.3.1b) e outra para o consumo de MDF frente ao disponível em estoque (3.3.1c). Criamos também a restrição (3.3.1d) que calcula o total de mesas a serem produzidas. Representamos as cotas mínimas de produção de cada tipo de mesa através das restrições (3.3.1e) e (3.3.1f). A representação de não negatividade das variáveis, i.e., o domínio nos quais as variáveis de decisão são válidas, é dado pelas restrições (3.3.1g)-(3.3.1i). Finalmente, usamos (3.3.1a) para representar a função objetivo de maximizar o lucro oriundo da produção das mesas. Para uma explicação mais detalhada da modelagem deste problema, veja o Exemplo 1.2.1 do Capítulo 1.

$$
\textbf{MOD3.3.1} \begin{cases}
\max \ell = 350\, r + 250\, q & (3.3.1a) \\
\text{sujeito a: } 2\, r + 1\, q \leq 160 & (3.3.1b) \\
1\, r + 1\, q \leq 100 & (3.3.1c) \\
r + q = t & (3.3.1d) \\
r \geq \frac{1}{4}\, t & (3.3.1e) \\
q \geq \frac{1}{4}\, t & (3.3.1f) \\
r \geq 0 & (3.3.1g) \\
q \geq 0 & (3.3.1h) \\
t \geq 0 & (3.3.1i)
\end{cases}
$$

Apresentamos o Código 3.9 que traz o modelo implementado em Python usando o módulo *mip*. Na linha 1, importamos do módulo *mip* os submódulos, funções, e constantes necessárias para montarmos nosso modelo em Python. Cada um será explicado ao usarmos ao longo do código.

O primeiro passo, depois de importar os módulos necessários, é criar um objeto que armazenará o modelo de programação matemática, informando o nome do problema e o resolvedor a ser usado, linha 3. O pacote *mip* pode usar os resolvedores CBC e Gurobi. Aqui vamos usar o CBC.

Nas linhas 4-6, criamos as variáveis de decisão chamando o método `add_var` do objeto `model`. Como as variáveis de decisão são não-negativas, informamos que o limite inferior ou *lower bound* (parâmetro lb) é igual a zero. Se não informarmos o limite inferior nem o superior (parâmetro ub), o modelo assumirá que a variável de decisão é irrestrita em sinal.

Na linha 8, criamos a função objetivo atribuindo à variável `objective` do objeto `model` a expressão retornada pela função `maximize`. Esta função recebe a soma do produto dos coeficientes (350 e 250) pelas variáveis de decisão (r e q). Para adicionarmos as restrições ao modelo, usamos o operador +=. As linhas 9-13 adicionam as restrições ao modelos. Repare os símbolos <=, == e >= para representar restrições de menor igual, igual, e maior igual.

Uma vez que o modelo foi criado com as variáveis de decisão, função objetivo e as restrições, chamamos o método `optimize()` para que o resolvedor CBC, informado na hora de criar o modelo, linha 3, resolva o problema modelado. O resolvedor retornará sucesso ou não colocando a informação na variável `status`, linha 17. Se a solução achada for ótima, linha 19, imprimimos o valor da solução ótima armazenada na variável `objective_value` do objeto `model` e os valores ótimos das variáveis de decisão através da variável $.x$ de cada uma. Veja as linhas 22-30.

Código 3.9: Modelo feito em Python com o módulo MIP

```
1  from mip import Model, xsum, maximize,CBC, OptimizationStatus, BINARY # inclusao dos modulos
2
3  model = Model('Exemplo Producao',solver_name=CBC) # cria um objeto para se criar um modelo
4  q = model.add_var(lb=0.0) # qtde de mesas quadradadas a serem produzidas
5  r = model.add_var(lb=0.0) # qtde de mesas redondas a serem produzidas
6  t = model.add_var(lb=0.0) # qtde total de mesas produzidas
7
8  model.objective = maximize(350 * r + 250 * q) # funcao objetivo
9  model += 2 * r + 1 * q <= 160     # restricao consumo de Homens-hora
10 model += 1 * r + 1 * q <= 100     # restricao consumo de MDF
11 model += r + q == t               # restricao para computo da producao total
12 model += r >= t/4                 # restricao para cota de mesas redondas
13 model += q >= t/4                 # restricao para cota de mesas quadradas
14
15
16
17 status = model.optimize() # chama o resolvedor cbc para resolver o modelo
18
19 if status == OptimizationStatus.OPTIMAL: # testa se a solucao obtida e otima
20   print()
21   print("Lucro            : {:10.2f}".format(model.objective_value)) # impressao formatada dos
       valores
22   print(f"Producao total  : %10.2f" % t.x) # impressao do valor otimo da variavel t
23
24   print()
25   print(f"Producao mesas redondas : %10.2f" % r.x)
26   print(f"Producao mesas quadradas: %10.2f" % q.x)
27
28   print()
29   print(f"Sobra de Homens-hora : %10.2f" % (160 - (2 * r.x + 1 * q.x)))
30   print(f"Sobra de MDF     : %10.2f" % (100 - (1 * r.x + 1 * q.x))) # fim impressao formatada
```

O resultado com a impressão dos valores é mostrado na Saída de Terminal 3.10.

Saída do Terminal 3.10: Execução do Código 3.9 e impressão dos resultados

```
Welcome to the CBC MILP Solver
Version: Trunk
Build Date: Oct 24 2021
```

```

Starting solution of the Linear programming problem using Primal Simplex

Coin0506I Presolve 4 (-1) rows, 2 (-1) columns and 8 (-3) elements
Clp1000I sum of infeasibilities 4.26326e-14 - average 1.06581e-14, 0 fixed columns
Coin0506I Presolve 4 (0) rows, 2 (0) columns and 8 (0) elements
Clp0029I End of values pass after 2 iterations
Clp0000I Optimal - objective value 31000
Clp0000I Optimal - objective value 31000
Clp0000I Optimal - objective value 31000
Coin0511I After Postsolve, objective 31000, infeasibilities - dual 0 (0), primal 0 (0)
Clp0032I Optimal objective 31000 - 0 iterations time 0.002, Presolve 0.00, Idiot 0.00

Lucro                  :  31000.00
Producao total         :    100.00
Producao mesas redondas : 60.00
Producao mesas quadradas: 40.00
Sobra de Homens-hora :  0.00
Sobra de MDF        :    0.00
```

3.4 CODIFICAÇÃO ORIENTADA A DADOS

Qualquer mudança nos dados do modelo do Código 3.9 faz com que tenhamos de alterar todo o modelo em si. Além disso, se precisarmos de aumentar o número de produtos a serem feitos ou de recursos ou de matéria-prima necessários para a fabricação, teríamos de mudar toda a codificação do modelo também. Uma forma de se evitar isso é usar a modelagem orientada a dados. Este tipo de modelagem permite fazer uma abstração do modelo separada do dados. Desta forma, quando precisarmos modificar algum dado não mexemos no modelo que permanece inalterado.

Vamos criar os conjuntos $P = \{$"mesas redondas","mesas quadradas"$\}$ e $R = \{$ "Homens-hora","MDF"$\}$ para representar os produtos a serem fabricados e os recursos a serem utilizados, respectivamente, para o Exemplo **??**. Vamos representar o consumo de cada recurso $r \in R$ por cada produto $p \in P$ como $a_{rp} \geq 0$. A disponibilidade de cada recurso $r \in R$ será representada por $b_r \geq 0$. As porcentagens mínimas de produção de cada produto $p \in P$ serão representadas por $u_p \geq 0$, enquanto o lucro unitário será dado por l_p. Finalmente, vamos agora criar uma variável de decisão $x_p \geq 0$ representando a quantidade de cada produto $p \in P$ a ser feita, e outra $t \geq 0$ para representar a produção total. As Tabelas 3.4.1 e 3.4.2 listam estas definições.

A notação e definições acima nos permite montar nosso modelo baseado em dados ou:

Tabela 3.4.1: Parâmetros do Exemplo 3.3.1 representados para uma modelagem baseado em dados

P	conjunto de produtos a serem fabricados
R	conjunto de recursos a serem usados
a_{rp}	quantidade consumida do recurso $r \in R$ para produzir uma unidade do produto $p \in p$
b_r	disponibilidade total do recurso $r \in R$
u_p	porcentagem miníma da produção total a ser produzida do produto $p \in P$
l_p	lucro unitário do produto $p \in P$

Tabela 3.4.2: Variáveis de decisão do Exemplo 3.3.1 representados para uma modelagem baseado em dados

$x_p \geq 0$	quantidade do produto $p \in P$ a ser produzida
$t \geq 0$	produção total a ser feita

$$
\textbf{MODIND3.4.1}\begin{cases}
\max \ell = \sum_{p \in P} l_p x_p & & (3.4.1a)\\
\text{sujeito a: } \sum_{p \in P} a_{rp} x_p \leq b_r & \forall r \in R & (3.4.1b)\\
\sum_{p \in P} x_p = t & & (3.4.1c)\\
x_p \geq u_p t & \forall p \in P & (3.4.1d)\\
x_p \geq 0 & \forall p \in P & (3.4.1e)\\
t \geq 0 & & (3.4.1f)
\end{cases}
$$

A função objetivo (3.4.1a) maximiza o lucro da produção; enquanto as restrições (3.4.1b) garantem que a produção dos produtos respeitem a disponibilidade de cada recurso. As restrições (3.4.1c) e (3.4.1d) asseguram o calculo da produção total e a produção mínima de cada produto, respectivamente. Finalmente, as restrições (3.4.1e) e (3.4.1f) mostram o domínio das variáveis de decisão.

O Código 3.11 apresenta o modelo MODIND3.4.1 em Python. A linha 1 importa os módulos, funções e parâmetros necessários para usar o módulo *mip*. Após a importação, temos uma seção de dados entre as linhas 3-15. Introduzimos duas listas para os nomes dos produtos e recursos e dois *ranges* para representar os conjuntos P e R. Os demais parâmetros b, l, u, e a são criados usando listas com os valores do problema.

Na linha 17 criamos o objeto `model` da classe *Model*, informando o nome do modelo e o resolvedor a ser usado (*CBC*). Criamos as variáveis de decisão não negativas (parâmetro $lb = 0$) t e x nas linhas 18 e 19. Note que a variável x é uma lista de variáveis de decisão.

A função objetivo é criada na linha 21 através da função `xsum` que permite fazer a soma do produto das variáveis de decisão pelos respectivos coeficientes de lucro unitário. Usamos a função `maximize` para que atribuir a função objetivo a variável `objective` do objeto `model`. Na linha 23, criamos uma lista `constr` de restrições usando o método `add_constr` do objeto `model`. Outra forma de criar as restrições é através do operador +=. Veja as linhas 25 e 28.

Uma vez criado o modelo, chamamos a função 31 para resolvê-lo através do resolvedor `CBC`. Esta função retorna se a solução obtida é ótima ou não. Caso seja ótima, linha 32, imprimimos os valores ótimos da função ótima e das variáveis de decisão. Na linha 41, imprimimos também a sobra (folga) dos recursos representados pelas restrições da lista `constr`.

Código 3.11: Modelo orientado a dados feito em Python

```
1  from mip import Model, xsum, maximize,CBC, OptimizationStatus # importacao do modulo mip
2
3  # secao de dados
4  nomeProdutos = ["mesa redonda", "mesa quadrada"]
5  nomeRecursos = ["homem-hora", "MDF"]
6
7  P = range(len(nomeProdutos))
8  R = range(len(nomeRecursos))
9
10 l = [350, 250]
11 u = [.25,.25]
12 b = [160,100]
13
14 a = [ [2, 1],
15      [1, 1] ] # fim secao de dados
16
17 model = Model('Exemplo Producao',solver_name=CBC) # cria um objeto para se criar um modelo
18 t = model.add_var(lb=0.0)       # qtde total de mesas produzidas
19 x = [model.add_var(lb=0.0) for p in P] # qtde de mesas redondas e quadradas a serem produzidas
20
21 model.objective = maximize(xsum(l[p] * x[p] for p in P)) # funcao objetivo
22
23 constr = [model.add_constr(xsum(a[r][p] * x[p] for p in P) <= b[r]) for r in R] # restricao consumo
      de Homens-hora
24
25 model += xsum(x[p] for p in P) == t # restricao para computo da producao total
```

```

for p in P:
   model += x[p] >= u[p] * t # # restricao para cota de producao


status = model.optimize() # chama o resolvedor glpsol para resolver o modelo acima
if status == OptimizationStatus.OPTIMAL: # testa se a solucao obtida e otima
   print()
   print("Lucro             : {:10.2f}".format(model.objective_value))
   print(f"Producao total   : %10.2f" % t.x)
   print()
   for idx,nome in enumerate(nomeProdutos):
      print(f"Producao %14s : %10.2f" % (nome,x[idx].x))
   print()
   for idx,nome in enumerate(nomeRecursos):
      print(f"Sobra de %14s : %10.2f" % (nome,constr[idx].slack)) # imprime as folgas das restricoes
```

Para resolver o modelo, entramos com a seguinte linha de comando na janela de terminal à direita da tela:

```
> python/exprodod.py
```

cujo resultado é apresentado na Saída do Terminal 3.12.

Saída do Terminal 3.12: Execução do resolvedor *CBC* e impressão dos resultados

```
Welcome to the CBC MILP Solver
Version: Trunk
Build Date: Oct 24 2021

Starting solution of the Linear programming problem using Primal Simplex


Lucro             :  31000.00
Producao total    :    100.00

Producao mesa redonda : 60.00
Producao mesa quadrada : 40.00

Sobra de  homem-hora :   0.00
Sobra de       MDF :    0.00
Coin0506I Presolve 4 (-1) rows, 2 (-1) columns and 8 (-3) elements
Clp1000I sum of infeasibilities 4.26326e-14 - average 1.06581e-14, 0 fixed columns
Coin0506I Presolve 4 (0) rows, 2 (0) columns and 8 (0) elements
Clp0029I End of values pass after 2 iterations
Clp0000I Optimal - objective value 31000
Clp0000I Optimal - objective value 31000
Clp0000I Optimal - objective value 31000
Coin0511I After Postsolve, objective 31000, infeasibilities - dual 0 (0), primal 0 (0)
Clp0032I Optimal objective 31000 - 0 iterations time 0.002, Presolve 0.00, Idiot 0.00
```

Para maiores informações, sugerimos os links abaixo:

- **Python**: `https://python.org.br/introducao/`
- **python-mip**: `https://python-mip.readthedocs.io/en/latest/`
- **numpy**: `http://www.opl.ufc.br/en/post/numpy/`

Parte II

PROBLEMAS LOGÍSTICOS

4

PROBLEMA DE LOCALIZAÇÃO NÃO CAPACITADO

Fátima M. de Souza Lima
fatimamslima@face.ufmg.br
Universidade Federal de Minas Gerais

Ricardo Camargo
rcamargo@dep.ufmg.br
Universidade Federal de Minas Gerais

Luiza Bernardes Real
luizabernardesreal@gmail.com
Instituto Federal de Minas Gerais

Thaís Fernandes Oliveira
tatafernandesoliveira9@gmail.com
Instituto Federal de Minas Gerais

4.1 INTRODUÇÃO

O problema de localização consiste em instalar uma planta (como fábricas, armazéns ou lojas) em cada local selecionado de um conjunto de locais candidatos para atender às demandas de clientes espalhados geograficamente ao menor custo total possível. O custo total é composto pelos custos de instalação das plantas e de transporte. As demandas dos clientes são atendidas pela planta instalada de menor custo de transporte. Para mais informações sobre este problema, veja o trabalho de Drezner (1995). Todos os códigos deste capítulo estão disponíveis no link: `https://pifop.com/app/view/sdbnmftOXPv8H6I06ONY`.

4.2 O CASO

A fábrica de móveis Rivadália enfrenta um desafio com a expansão de sua operação de armazenamento devido ao aumento significativo na demanda por seus produtos. Com o espaço de armazenamento atual sob pressão, a empresa embarcou em uma jornada para otimizar sua política de localização, focando especialmente na instalação de lojas em locais estratégicos.

Com o intuito de não apenas expandir fisicamente, mas também consolidar relações mais sólidas com os clientes, o gerente decidiu estudar potenciais novos pontos comerciais em diferentes regiões da cidade. Essa expansão visava atender não só ao aumento de demanda, mas também fortalecer a confiança dos clientes. A escolha precisa dos locais tornou-se, assim, uma prioridade.

Para identificar as regiões com maior potencial de retorno, a equipe da Rivadália coletou dados sobre localização e demanda dos clientes. Essa estratégia envolveu a análise das transações de compras efetuadas como uma fonte valiosa de informações, proporcionando insights cruciais para fundamentar as decisões de localização. Na busca por locais estratégicos para a instalação das novas plantas, a Rivadália deparou-se com 10 opções de galpões disponíveis para aluguel na cidade. Cada um desses espaços apresentava desafios únicos, desde possíveis reformas necessárias até adaptações específicas para atender aos elevados padrões de qualidade da Rivadália. A Figura 4.2.1 mostra como os clientes e os locais potenciais de instalação estão distribuídos geograficamente. As Tabelas 4.2.1 e 4.2.2 mostram as informações disponíveis dos clientes e das plantas, respectivamente.

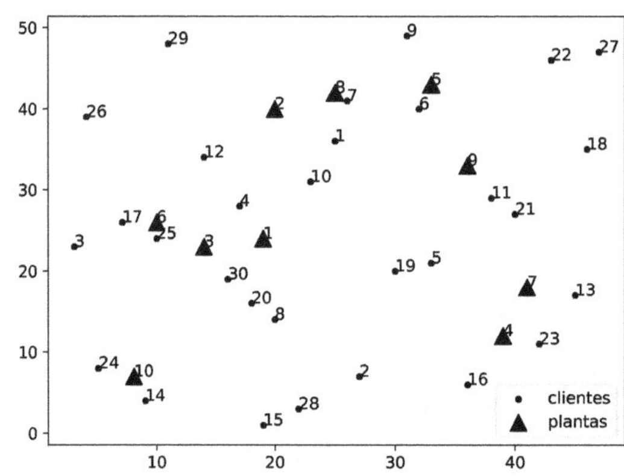

Figura 4.2.1: Localização dos clientes e dos locais para se instalar as plantas

Após a coleta dos dados, surge a pergunta: dentre os locais disponíveis, quais são os melhores para a abertura das plantas para minimizar os custos de instalação e de transporte? Nesse contexto, a empresa Rivadália optou por empregar técnicas de programação matemática para esse processo de tomada de decisão.

4.3 NOTAÇÃO, DEFINIÇÕES E MODELO

Para o problema de localização, consideramos um conjunto de clientes $I = \{1, \ldots, n_i\}$ e um conjunto de locais propícios para a instalação das plantas $J = \{1, \ldots, n_j\}$. A demanda de cada cliente $i \in I$, é quantificada por d_i, enquanto f_j representa o custo de estabelecer uma planta no local $j \in J$. Ao abordar o custo unitário de transporte c_{ij} é relevante destacar que neste capítulo ele foi calculado pela

Tabela 4.2.1: Dados dos clientes contendo o número de cada cliente, sua respectiva posição e demanda.

Id	Coordenadas	Demanda
1	(25, 36)	10
2	(27, 7)	7
3	(3, 23)	6
4	(17, 28)	10
5	(33, 21)	4
6	(32, 40)	5
7	(26, 41)	3
8	(20, 14)	4
9	(31, 49)	3
10	(23, 31)	1
11	(38, 29)	10
12	(14, 34)	5
13	(45, 17)	8
14	(9, 4)	2
15	(19, 1)	2
16	(36, 6)	3
17	(7, 26)	3
18	(46, 35)	1
19	(30, 20)	2
20	(18, 16)	9
21	(40, 27)	7
22	(43, 46)	9
23	(42, 11)	5
24	(5, 8)	9
25	(10, 24)	4
26	(4, 39)	4
27	(47, 47)	10
28	(22, 3)	7
29	(11, 48)	10
30	(16, 19)	5

Tabela 4.2.2: Dados das plantas contendo o número de cada planta, sua respectiva posição e custo de instalação.

Id	Coordenadas	Custo
1	(19, 24)	430
2	(20, 40)	452
3	(14, 23)	382
4	(39, 12)	242
5	(33, 43)	366
6	(10, 26)	259
7	(41, 18)	449
8	(25, 42)	500
9	(36, 33)	371
10	(8, 7)	297

distância euclidiana entre a localização de um cliente específico $i \in I$ e o potencial local de instalação da planta $j \in J$.

Definimos x_{ij} como uma variável contínua que representa a porcentagem da demanda $i \in I$ atendida pela planta $j \in J$. Além disso, a variável binária y_j indica se a planta for instalada no local $j \in J$. A Tabela 4.3.1 resume os parâmetros e as variáveis do problema:

Tabela 4.3.1: Lista de parâmetros e variáveis.

Conjuntos

$I : \{1, \ldots, n_i\}$: conjunto de clientes,

$J : \{1, \ldots, n_j\}$: conjunto de locais candidatos.

Parâmetros

n_i : número de clientes,

n_j : número de locais candidatos a se instalar uma planta,

d_i : demanda do cliente $i \in I$,

f_j : custo de instalação da planta $j \in J$,

c_{ij} : custo unitário de transporte desde a planta em $j \in J$ até o cliente $i \in I$.

Variáveis de Decisão

$x_{ij} \geq 0$: Porcentagem da demanda $i \in I$ atendidada pela planta $j \in J$,

$y_j \in \{0,1\}$: igual a 1, se uma planta é instalada em $j \in J$; 0, caso contrário.

A formulação do problema de localização pode ser expressa da seguinte forma:

$$\min \sum_{j \in J} f_j y_j + \sum_{i \in I} \sum_{j \in J} d_i c_{ij} x_{ij} \tag{4.3.1}$$

$$\text{sujeito a: } \sum_{i \in I} x_{ij} = 1 \qquad \forall\, i \in I \tag{4.3.2}$$

$$x_{ij} \leq y_j \qquad \forall\, i \in I, j \in J \tag{4.3.3}$$

$$x_{ij} \geq 0 \qquad \forall\, i \in I, j \in J \tag{4.3.4}$$

$$y_j \in \{0,1\} \qquad \forall\, j \in J \tag{4.3.5}$$

A função objetivo (4.3.1) minimiza o custo total composto pelos custos de instalação e de transporte. As restrições (4.3.2) asseguram que a demanda de cada cliente $i \in I$ será totalmente atendida por alguma facilidade $j \in J$; enquanto as restrições (4.3.3) garantem que o atendimento de um cliente $i \in I$ por uma facilidade $j \in J$ só acontecerá se esta facilidade j estiver instalada. As restrições (4.3.4) e (4.3.5) mostram o domínio de cada variável de decisão.

Analisando a formulação (4.3.1) - (4.3.5), notamos que o problema sempre terá uma solução viável, pois restrições de capacidade nas plantas não são consideradas.

A inclusão dessas restrições pode fazer com que a capacidade disponível não seja suficiente para atender às necessidades dos clientes, resultando na inviabilidade do modelo. Com isso, ao considerar a capacidade limitada, é necessário analisar quais clientes têm maior potencial de retorno, priorizando aqueles que contribuem mais para o resultado financeiro.

4.4 CÓDIGOS E RESULTADOS DO MODELO

O código e o resultado do modelo implementado em MathProg são apresentados a seguir:

Código 4.1: Modelo feito em MathProg

```
# numero de clientes
param ni;

# numero de plantas
param nj;

# conjunto de clientes
set I := 1..ni;

# conjunto de locais candidatos
set J := 1..nj;

# custo de instalacao das facilidades
param f{J};

# demanda dos clientes
param d{I};

# posicao geografica das plantas
param pospx{J};
param pospy{J};

# posicao geografica dos clientes
param poscx{I};
param poscy{I};

# distancia Euclidiana entre i e j para encontrar custo unitario de transporte
param c{i in I,j in J} := sqrt( (poscx[i] - pospx[j])^2 + (poscy[i] - pospy[j])^2 );

# variavel: igual a 1 se uma planta e instalada em j; 0, caso contrario
var y{J} binary;

# variavel: proporcao da demanda do cliente i atendida pela facilidade j
var x{I,J} >= 0;

# funcao objetivo: minimizar o custo total
minimize of : sum{j in J} f[j] * y[j] + sum{i in I,j in J} d[i] * c[i,j] * x[i,j];

```

```
# restricao: a demanda do cliente deve ser totalmente atendida por alguma facilidade j
s.t. restricao_demanda{i in I}: sum{j in J} x[i,j] = 1;

# restricao: o cliente i so pode ser atendido por j, se j estiver instalado
s.t. restricao_ativacao{i in I,j in J}: x[i,j] <= y[j];


solve;


printf '\n\n';
printf 'Custo de instalacao : %12.2f\n', sum{j in J} f[j] * y[j];
printf 'Custo total de transporte: %12.2f\n', sum{i in I,j in J} d[i] * c[i,j] * x[i,j];
printf 'Custo total      : %12.2f\n', of;
printf 'facilidades : demanda : clientes\n';
for{j in J: y[j] > 1-1e-6}
{
  printf " %11d : %7.0f : ",j,sum{i in I} d[i] * x[i,j];
  for{i in I}
  {
     if x[i,j] > 1e-3 then
     {
       printf " %d",i;
     }
  }
  printf "\n";
}


data;

param ni := 30;

param nj := 10;

param : pospx pospy f :=
1 19 24 430
2 20 40 452
3 14 23 382
4 39 12 242
5 33 43 366
6 10 26 259
7 41 18 449
8 25 42 500
9 36 33 371
10 8 7 297
;

param : poscx poscy d :=
1 25 36 10
2 27 7 7
3  3 23 6
4 17 28 10
5 33 21 4
6 32 40 5
```

```
7 26 41 3
8 20 14 4
9 31 49 3
10 23 31 1
11 38 29 10
12 14 34 5
13 45 17 8
14 9 4 2
15 19 1 2
16 36 6 3
17 7 26 3
18 46 35 1
19 30 20 2
20 18 16 9
21 40 27 7
22 43 46 9
23 42 11 5
24 5 8 9
25 10 24 4
26 4 39 4
27 47 47 10
28 22 3 7
29 11 48 10
30 16 19 5
;

end;
```

Código 4.2: Resultados do modelo em Mathprog

```
GLPSOL: GLPK LP/MIP Solver, v4.65
Parameter(s) specified in the command line:
 -m mathprog/problema_de_localizacao.mod
Reading model section from mathprog/problema_de_localizacao.mod...
Reading data section from mathprog/problema_de_localizacao.mod...
mathprog/problema_de_localizacao.mod:97: warning: final NL missing before end of file
97 lines were read
Generating of...
Generating restricao_demanda...
Generating restricao_ativacao...
Model has been successfully generated
GLPK Integer Optimizer, v4.65
331 rows, 310 columns, 1210 non-zeros
10 integer variables, all of which are binary
Preprocessing...
330 rows, 310 columns, 900 non-zeros
10 integer variables, all of which are binary
Scaling...
 A: min|aij| = 1.000e+00 max|aij| = 1.000e+00 ratio = 1.000e+00
Problem data seem to be well scaled
Constructing initial basis...
Size of triangular part is 330
Solving LP relaxation...
GLPK Simplex Optimizer, v4.65
330 rows, 310 columns, 900 non-zeros
```

```
     0: obj = 4.945282359e+03 inf = 3.000e+01 (30)
     1: obj = 5.242282359e+03 inf = 0.000e+00 (0)
*  190: obj = 2.875312287e+03 inf = 0.000e+00 (0)
OPTIMAL LP SOLUTION FOUND
Integer optimization begins...
Long-step dual simplex will be used
+  190: mip = not found yet >=        -inf     (1; 0)
+  190: >>>>> 2.875312287e+03 >= 2.875312287e+03 0.0% (1; 0)
+  190: mip = 2.875312287e+03 >= tree is empty 0.0% (0; 1)
INTEGER OPTIMAL SOLUTION FOUND
Time used: 0.0 secs
Memory used: 0.7 Mb (765613 bytes)


Custo de instalacao :    872.00
Custo total de transporte: 2003.31
Custo total           :    2875.31
facilidades : demanda : clientes
         4 :    38 : 2 5 13 15 16 19 23 28
         6 :    71 : 3 4 8 12 14 17 20 24 25 26 29 30
         9 :    59 : 1 6 7 9 10 11 18 21 22 27
Model has been successfully processed
```

O código e o resultado do modelo implementado em Python são apresentados a seguir:

Código 4.3: Modelo feito em Python

```python
from mip import Model, xsum, minimize, CBC, OptimizationStatus, BINARY
from itertools import product
import matplotlib.pyplot as plt
from math import sqrt
import numpy as np

# parametros

# numero de clientes,numero de plantas
ni,nj = 30,10
I,J = range(ni),range(nj)

# custo de instalacao das facilidades
f = [430, 452, 382, 242, 366, 259, 449, 500, 371, 297]

# demanda dos clientes
d = [10, 7, 6, 10, 4, 5, 3, 4, 3, 1, 10, 5, 8, 2, 2, 3, 3, 1, 2, 9, 7, 9, 5, 9, 4, 4, 10, 7, 10, 5]

# posicao geografica dos clientes
posc = np.array([(25, 36), (27, 7), (3, 23), (17, 28), (33, 21), (32, 40), (26, 41), (20, 14), (31, 49), (23, 31), (38, 29), (14, 34), (45, 17), (9, 4), (19, 1), (36, 6), (7, 26), (46, 35), (30, 20), (18, 16), (40, 27), (43, 46), (42, 11), (5, 8), (10, 24), (4, 39), (47, 47), (22, 3), (11, 48), (16, 19)])

# posicao geografica das plantas
posp = np.array([(19, 24), (20, 40), (14, 23), (39, 12), (33, 43), (10, 26), (41, 18), (25, 42), (36, 33), (8, 7)])
```

```

# distancia Euclidiana entre i e j para encontrar custo unitario de transporte
c = [ [ sqrt( (posc[i][0] - posp[j][0])**2 + (posc[i][1] - posp[j][1])**2 ) for j in J ] for i in I]

# declaracao do modelo
model = Model('Problema de Localizacao',solver_name=CBC)

# declaracao das variaveis

# variavel: igual a 1 se uma planta e instalada em j; 0, caso contrario
y = [model.add_var(var_type=BINARY) for j in J]

# variavel: proporcao da demanda do cliente i atendida pela facilidade j
x = {(i,j) : model.add_var(lb=0.0) for j in J for i in I}

# definicao da funcao objetivo
# funcao objetivo: minimizar o custo total
model.objective = minimize(xsum(f[j] * y[j] for j in J) + xsum(d[i] * c[i][j] * x[i,j] for (i,j) in product(I,J)))

# restricoes

# restricao: a demanda do cliente deve ser totalmente atendida por alguma facilidade j
# s.t. restricao_demanda{i in I}: sum{j in J} x[i,j] = 1;
for i in I:
   model += xsum(x[i,j] for j in J) == 1

# restricao: o cliente i so pode ser atendido por j, se j estiver instalado
# s.t. restricao_ativacao{i in I,j in J}: x[i,j] <= y[j];
for (i,j) in product(I,J):
   model += x[i,j] <= y[j]

# otimiza o modelo chamando o resolvedor
status = model.optimize()

# imprime solucao
if status == OptimizationStatus.OPTIMAL:
   print("Custo total de instalacao: {:12.2f}".format(sum([y[j].x * f[j] for j in J])))
   print("Custo total de transporte: {:12.2f} ".format(sum([x[i,j].x * d[i] * c[i][j] for (i,j) in product(I,J)])))
   print("Custo total      : {:12.2f}.".format(model.objective_value))

   print( "facilidades : demanda : clientes ")
   for j in J:
      if y[j].x > 1e-6:
         print("{:11d} : {:7.0f} : ".format(j+1,sum([x[i,j].x * d[i] for i in I])),end='')
         for i in I:
            if x[i,j].x > 1e-6:
               print(" {:d}".format(i+1),end='')
         print()

   fig, ax = plt.subplots()
   plt.scatter(posc[:,0],posc[:,1],marker="o",color='black',s=10,label="clientes")
   for i in I:
      plt.text(posc[i,0],posc[i,1], "{:d}".format(i + 1))
```

```

    for (i, j) in [(i, j) for (i, j) in product(I, J) if x[(i, j)].x >= 1e-6]:
        plt.plot((posc[i][0], posp[j][0]), (posc[i][1], posp[j][1]), linestyle="--", color="black")

    plt.scatter(posp[:,0],posp[:,1],marker="^",color='black',s=100,label="plantas")
    for j in J:
        plt.text(posp[j][0]+.5,posp[j][1], "{:d}".format(j+1))
    plt.legend()
    plt.plot()
    plt.savefig("exemplo_solucao.pdf")
    #plt.show()
```

Código 4.4: Resultados do modelo em Python

```
Welcome to the CBC MILP Solver
Version: Trunk
Build Date: Oct 24 2021

Starting solution of the Linear programming relaxation problem using Primal Simplex

Coin0506I Presolve 330 (0) rows, 310 (0) columns and 900 (0) elements
Clp1000I sum of infeasibilities 3.98319e-05 - average 1.20703e-07, 179 fixed columns
Coin0506I Presolve 148 (-182) rows, 128 (-182) columns and 357 (-543) elements
Clp0029I End of values pass after 128 iterations
Clp0014I Perturbing problem by 0.001% of 1.0000062 - largest nonzero change 2.8981471e-05 (
    0.0014490735%) - largest zero change 2.9576128e-05
Clp0000I Optimal - objective value 2875.3123
Clp0000I Optimal - objective value 2875.3123
Coin0511I After Postsolve, objective 2875.3123, infeasibilities - dual 0 (0), primal 0 (0)
Clp0014I Perturbing problem by 0.001% of 1.00001 - largest nonzero change 1.8272045e-05 (
    0.00091360227%) - largest zero change 2.982246e-05
Clp0000I Optimal - objective value 2875.3123
Clp0000I Optimal - objective value 2875.3123
Clp0000I Optimal - objective value 2875.3123
Clp0032I Optimal objective 2875.312287 - 0 iterations time 0.082, Idiot 0.08

Starting MIP optimization
Cgl0004I processed model has 330 rows, 310 columns (10 integer (10 of which binary)) and 900
    elements
Coin3009W Conflict graph built in 0.000 seconds, density: 0.005%
Cgl0015I Clique Strengthening extended 0 cliques, 0 were dominated
Cbc0045I Nauty did not find any useful orbits in time 0.003251
Cbc0038I Initial state - 0 integers unsatisfied sum - 0
Cbc0038I Solution found of 2875.31
Cbc0038I Relaxing continuous gives 2875.31
Cbc0038I Before mini branch and bound, 10 integers at bound fixed and 300 continuous
Cbc0038I Mini branch and bound did not improve solution (0.03 seconds)
Cbc0038I After 0.03 seconds - Feasibility pump exiting with objective of 2875.31 - took 0.01 seconds
Cbc0012I Integer solution of 2875.3123 found by feasibility pump after 0 iterations and 0 nodes
    (0.03 seconds)
Cbc0001I Search completed - best objective 2875.312287398181, took 0 iterations and 0 nodes (0.03
    seconds)
Cbc0035I Maximum depth 0, 0 variables fixed on reduced cost
Total time (CPU seconds): 0.03 (Wallclock seconds): 0.04

```

```
Custo total de instalacao: 872.00
Custo total de transporte: 2003.31
Custo total          :    2875.31
facilidades : demanda : clientes
      4 :    38 : 2 5 13 15 16 19 23 28
      6 :    71 : 3 4 8 12 14 17 20 24 25 26 29 30
      9 :    59 : 1 6 7 9 10 11 18 21 22 27
```

Na solução ótima obtida pela formulação (4.3.1)-(4.3.5), as plantas selecionadas foram: 4, 6 e 9. Cada uma dessas plantas foi estrategicamente associada aos seguintes clientes:

- Facilidade $4 : 2, 5, 13, 15, 16, 19, 23, 28$
- Facilidade $6 : 3, 4, 8, 12, 14, 17, 20, 24, 25, 26, 29, 30$
- Facilidade $9 : 1, 6, 7, 9, 10, 11, 18, 21, 22, 27$

A Figura 4.4.1 mostra a representação gráfica dos clientes associados às plantas que serão responsáveis por atendê-los. Essas escolhas foram baseadas na busca por eficiência nos custos totais, considerando não apenas os custos de instalação, mas também os custos de transporte relacionados à abertura de novas lojas. A loja Rivadália, ao adotar técnicas de programação matemática, foi capaz de tomar decisões precisas e eficientes na seleção de instalações estratégicas, assegurando, assim, o atendimento completo das demandas dos clientes e cumprindo os elevados padrões de qualidade estabelecidos pela empresa.

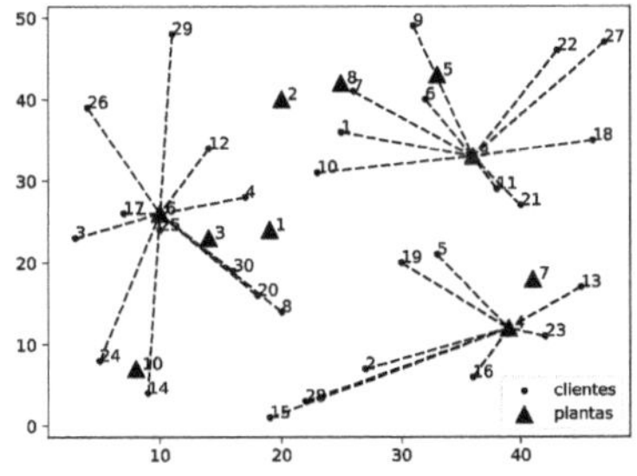

Figura 4.4.1: Solução mostrando a localização dos clientes e dos locais instalados para atender aos clientes.

4.5 CONCLUSÃO

Neste capítulo, discutimos o problema de localização não capacitado. Vimos a aplicação do mesmo na expansão da fábrica de móveis Rivadália, como implementar o modelo em MathProg e Python e apresentamos os resultados encontrados.

Você é capaz de adicionar restrições de capacidade ao modelo? Após realizar essas considerações, a relação entre as plantas e os clientes continuaria a mesma?

REFERÊNCIAS

Drezner, Z. (1995). *Facility Location: A Survey of Applications and Methods*. Springer Series in Operations Research and Financial Engineering. Springer New York.

5

PROBLEMA DE LOCALIZAÇÃO DE COBERTURA MÁXIMA

Fátima M. de Souza Lima
fatimamslima@face.ufmg.br
Universidade Federal de Minas Gerais
Luiza Bernardes Real
luizabernardesreal@gmail.com
Instituto Federal de Minas Gerais
Thaís Fernandes Oliveira
tatafernandesoliveira9@gmail.com
Instituto Federal de Minas Gerais

Guilherme de Souza Ferreira
ferreira.guilherme@gmail.com
Universidade Federal de Minas Gerais
Ricardo Camargo
rcamargo@dep.ufmg.br
Universidade Federal de Minas Gerais

5.1 INTRODUÇÃO

No capítulo 4, exploramos o problema de localização, em que o objetivo é localizar facilidades para minimizar o custo de atendimento de um conjunto de clientes. Para algumas situações, no entanto, selecionar locais que minimizem o custo de atendimento pode não ser apropriado. Suponhamos, por exemplo, que uma cidade esteja planejando a abertura de instalações de serviços de emergência, como postos de bombeiros ou Samu. Nesses casos, a natureza crítica das demandas pelo serviço ditará uma distância ou tempo máximo "aceitável" de viagem. A localização desses tipos de instalações exigirá, portanto, uma medida diferente de eficiência de localização.

Neste capítulo, discutimos uma variação desse problema, o problema de localização de cobertura máxima. Neste problema, devemos localizar as facilidades para maximizar a cobertura de clientes. Dizemos que um cliente está coberto se ele está localizado a no máximo uma distância predefinida de alguma facilidade aberta. Este número predefinido é denominado distância de cobertura ou raio de cobertura (Owen e Daskin (1998)).

A Figura 5.1.1 ilustra uma solução para esse problema. Duas facilidades foram instaladas (círculos cinza). Uma facilidade é capaz de cobrir 11 clientes e outra cobre 8 clientes. Porém, 11 clientes deixam de ser cobertos.

Normalmente, o problema de localização de cobertura máxima é considerado sempre que há limitação de recurso para o atendimento de todos os clientes. Dessa forma, o tomador de decisão determina um orçamento para cobrir ao máximo as demandas. Em geral, esse problema aparece na localização de escolas públicas,

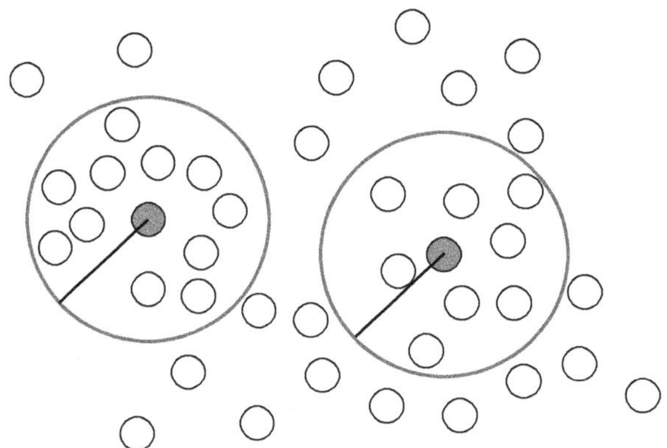

Figura 5.1.1

postos policiais, hospitais, edifícios públicos, correios, instalações de radar, agências bancárias, etc (Farahani et al. (2012)).

Mais detalhes sobre o problema de localização de cobertura máxima podem ser encontrados em Church e ReVelle (1974). Os códigos do capítulo estão disponíveis em `https://pifop.com/app/view/uibj07FoWkhq3s9QzF3N`.

5.2 O CASO

Para melhorar o seu atendimento a 30 cidades, a empresa Rivadália deseja abrir 3 novas filiais. Para isso, foram listados 10 locais candidatos disponíveis para potenciais instalações. Vamos considerar como estimativa de demanda a população de cada cidade, conforme detalhado na Tabela 5.2.1. Adicionalmente, a Tabela 5.2.2 apresenta as distâncias entre as cidades e os locais candidatos à instalação das filiais.

Além disso, conscientes da necessidade de garantir eficiência operacional, a empresa definiu uma distância máxima de 75 km entre as instalações e as cidades. Ou seja, consideraremos que a empresa atende uma cidade apenas se existir uma filial aberta a no máximo 75km dessa cidade. Surge então a pergunta: Entre os locais candidatos, quais devem ser selecionados para assegurar a máxima cobertura dos clientes?

5.3 NOTAÇÃO, DEFINIÇÕES E MODELO

Vamos considerar o conjunto de clientes $I = \{1, \ldots, n_i\}$ e o conjunto de locais candidatos para instalar filiais $J = \{1, \ldots, n_j\}$. A distância entre o cliente $i \in I$ e a filial $j \in J$ é dada por d_{ij}. Para cada cliente $i \in I$, temos o conjunto J_i que contém

Tabela 5.2.1: Dados das cidades e suas respectivas populações.

Id	Cidades	População	Id	Cidades	População
1	Afonso Cláudio	32361	16	Iúna	29896
2	Alegre	32146	17	Jaguaré	29642
3	Anchieta	28546	18	Linhares	169048
4	Aracruz	98393	19	Marataízes	38670
5	Baixo Guandu	31794	20	Mimoso do Sul	27388
6	Barra de São Francisco	45283	21	Nova Venécia	50991
7	Cachoeiro de Itapemirim	211649	22	Pinheiros	27130
8	Cariacica	387368	23	Santa Maria de Jetibá	39928
9	Castelo	38304	24	São Gabriel da Palha	37375
10	Colatina	124525	25	São Mateus	128449
11	Conceição da Barra	31574	26	Serra	502618
12	Domingos Martins	34757	27	Sooretama	29038
13	Guaçuí	31201	28	Viana	76776
14	Guarapari	123166	29	Vila Velha	486388
15	Itapemirim	34628	30	Vitória	363140

todas as instalações que estão a uma distância inferior a uma distância máxima Dx previamente definida entre os clientes e as filiais, ou seja, $j \in J_i$ se $d_{ij} \leq Dx$. O parâmetro p determina o número de instalações que a empresa deve abrir e w_i representa a demanda do cliente $i \in I$. Seja x_j e y_i variáveis binárias que indicam, respectivamente, se uma facilidade é instalada em $j \in J$ e se a demanda $i \in I$ é atendida. A Tabela 5.3.1 resume os parâmetros e as variáveis do problema.

Tabela 5.3.1: Lista de parâmetros e variáveis.

Conjuntos

$I : \{1, \ldots, n_i\}$: conjunto de clientes,

$J : \{1, \ldots, n_j\}$: conjunto dos locais candidatos,

J_i : conjunto de instalações que estão a uma distância inferior a distância máxima permitida do cliente $i \in I$.

Parâmetros

n_i : número de clientes,

n_j : número de locais candidatos a se instalar uma facilidade,

D_x : distância máxima entre o cliente $i \in I$ e a facilidade $j \in J$,

d_{ij} : distância entre o cliente $i \in I$ e a facilidade $j \in J$,

p : número de instalações a serem localizadas,

w_i : demanda do cliente $i \in I$.

Variáveis de Decisão

$x_j \in \{0,1\}$: igual a 1, se uma facilidade é instalada em $j \in J$; 0, caso contrário,

$y_i \in \{0,1\}$: igual a 1, se o pondo de demanda $i \in I$ está coberto; 0, caso contrário.

A formulação do problema de localização de cobertura máxima pode ser expressa da seguinte forma:

$$\max Z = \sum_{i \in I} w_i y_i \tag{5.3.1}$$

$$\text{sujeito a: } \sum_{j \in J_i} x_j \geq y_i \qquad \forall\, i \in I \tag{5.3.2}$$

$$\sum_{j \in J} x_j = p \tag{5.3.3}$$

$$x_j \in \{0,1\} \qquad \forall\, j \in J \tag{5.3.4}$$

$$y_i \in \{0,1\} \qquad \forall\, i \in I \tag{5.3.5}$$

A função objetivo (5.3.1) maximiza o atendimento da demanda. As restrições (5.3.2) asseguram que a cobertura de um cliente é possível apenas se existir uma ou mais instalações em locais próximos (distância inferior a Dx) a esse cliente. A restrição (5.3.3) garante que o número de instalações abertas seja igual à quantidade planejada. As restrições (5.3.4) e (5.3.5) definem o domínio das variáveis.

5.4 CÓDIGOS E RESULTADOS DO MODELO

O código e o resultado do modelo implementado em MathProg são apresentados a seguir:

Código 5.1: Modelo feito em MathProg

Tabela 5.2.2: Distância entre os clientes e os locais para se instalar as facilidades.

	Facilidades									
Clientes	1	2	3	4	5	6	7	8	9	10
1	0,00	105,70	99,98	98,07	114,78	166,32	248,60	111,01	113,75	109,49
2	115,76	0,00	161,80	204,92	135,56	267,17	354,78	183,40	171,24	168,68
3	142,68	56,24	0,00	173,54	27,48	206,76	303,26	101,00	78,63	78,64
4	208,03	177,39	77,39	0,00	118,65	64,29	160,58	45,59	70,45	68,19
5	104,73	183,08	133,86	49,84	0,00	124,44	185,85	130,03	146,34	142,09
6	166,09	287,30	219,79	60,54	265,71	0,00	135,15	207,22	229,46	225,88
7	177,39	60,41	120,45	190,19	171,18	240,61	0,00	144,07	127,02	125,40
8	66,13	120,45	66,13	108,27	52,53	129,66	226,37	0,00	152,90	9,53
9	160,61	135,87	113,36	163,56	92,06	138,72	311,35	134,81	0,00	120,47
10	60,54	190,19	108,27	111,54	155,43	76,04	150,55	96,59	118,05	0,00
11	182,11	356,69	247,47	174,19	299,79	117,89	23,70	224,68	249,05	247,80
12	89,15	88,61	36,17	113,25	46,43	153,02	248,03	57,38	47,56	44,17
13	223,88	74,19	179,57	217,41	154,15	281,87	367,79	24,08	189,29	186,64
14	118,65	83,76	52,53	155,43	83,76	182,10	278,85	75,22	51,82	52,32
15	177,89	41,92	113,69	203,38	64,62	242,16	338,25	137,57	115,72	115,57
16	178,40	87,62	148,45	161,58	141,40	230,94	311,91	165,39	160,80	157,18
17	128,57	298,07	194,68	112,25	247,15	68,09	38,83	173,50	198,43	196,50
18	64,29	240,61	129,66	76,04	182,10	221,21	96,77	107,25	131,93	130,40
19	181,56	44,99	117,09	207,60	67,37	245,82	342,00	140,89	118,76	118,72
20	220,81	43,97	164,37	229,73	125,07	283,56	375,92	188,03	170,60	169,14
21	152,67	306,44	216,24	116,45	267,27	103,46	71,09	198,07	222,65	219,96
22	192,90	352,89	258,17	162,70	310,06	136,09	62,89	238,45	263,35	261,03
23	111,73	122,12	58,32	68,87	92,80	123,24	212,98	63,08	71,92	67,48
24	114,42	261,14	174,92	71,52	224,79	79,48	97,09	158,63	182,55	179,51
25	160,58	333,98	226,37	150,55	278,85	96,77	180,70	204,00	228,61	227,16
26	145,59	144,07	24,08	96,59	75,22	107,25	204,00	200,81	24,94	23,15
27	89,43	262,31	155,53	84,04	208,06	28,47	71,83	133,93	158,81	157,00
28	82,66	101,59	18,94	118,13	37,61	146,80	243,24	42,93	27,14	24,49
29	70,45	127,02	13,89	118,05	51,82	131,93	228,61	24,94	158,15	4,43
30	168,19	125,40	9,53	114,41	52,32	130,40	227,16	23,15	4,43	99,15

```
# numero de clientes
param ni > 0;

# numero de facilidades
param nj > 0;

# conjunto de clientes
set I := {1..ni};

# conjunto de locais candidatos
set J := {1..nj};

# distancia maxima permitida
param Dx default 75;

# numero de facilidades
param p default 3;

# populacao a ser atendida pelo cliente i
```

```
param w{I};

# conjunto de combinacoes (clientes, facilidades)
set A within {I cross J};

# distancia entre o cliente i e a facilidade j
param d{A} default 0;

# conjunto de instalacoes dentro da distancia maxima permitida entre i e j
set Ji{i in I} := setof{j in J: d[i,j] <= Dx} j;

# variavel: igual a 1 se uma facilidade e instalada em j; 0, caso contrario
var x{J}, binary;

# variavel: igual a 1 se o ponto de demanda i e coberto; 0, caso contrario
var y{I}, binary;

# funcao objetivo: maximizar a cobertura da facilidade
maximize of : sum{i in I} w[i] * y[i];

# restricao: a cobertura so e possivel se tiver uma instalacao proxima instalada
s.t. r1{i in I}: sum{j in Ji[i]} x[j] >= y[i];

# restricao: numero de instalacao deve ser igual a quantidade definida
s.t. r2: sum{j in J} x[j] = p;


solve;


printf 'Facilidades : clientes\n';
for {j in J: x[j] > 0.5} {
   printf " %10d : ", j;
   for {i in I: y[i] > 0.5 && j in Ji[i]} {
      printf " %d",i;
   }
   printf "\n";
}
display of;
display x;
display y;
data;

param ni := 30;

param nj := 10;

param : w:=
1   32361
2   32146
3   28546
4   98393
5   31794
6   45283
7   211649
```

```
8  387368
9  38304
10  124525
11  31574
12  34757
13  31201
14  123166
15  34628
16  29896
17  29642
18  169048
19  38670
20  27388
21  50991
22  27130
23  39928
24  37375
25  128449
26  502618
27  29038
28  76776
29  486388
30  363140
;

param: A: d:=
1  1  0.00
1  2  105.70
1  3  99.98
1  4  98.07
1  5  114.78
1  6  166.32
1  7  248.60
1  8  111.01
1  9  113.75
1  10  109.49
2  1  115.76
2  2  0.00
2  3  161.80
2  4  204.92
2  5  135.56
2  6  267.17
2  7  354.78
2  8  183.40
2  9  171.24
2  10  168.68
3  1  142.68
3  2  56.24
3  3  0.00
3  4  173.54
3  5  27.48
3  6  206.76
3  7  303.26
3  8  101.00
3  9  78.63
```

```
3  10  78.64
4  1  208.03
4  2  177.39
4  3  77.39
4  4  0.00
4  5  118.65
4  6  64.29
4  7  160.58
4  8  45.59
4  9  70.45
4  10  68.19
5  1  104.73
5  2  183.08
5  3  133.86
5  4  49.84
5  5  0.00
5  6  124.44
5  7  185.85
5  8  130.03
5  9  146.34
5  10  142.09
6  1  166.09
6  2  287.30
6  3  219.79
6  4  60.54
6  5  265.71
6  6  0.00
6  7  135.15
6  8  207.22
6  9  229.46
6  10  225.88
7  1  177.39
7  2  60.41
7  3  120.45
7  4  190.19
7  5  171.18
7  6  240.61
7  7  0.00
7  8  144.07
7  9  127.02
7  10  125.40
8  1  66.13
8  2  120.45
8  3  66.13
8  4  108.27
8  5  52.53
8  6  129.66
8  7  226.37
8  8  0.00
8  9  152.90
8  10  9.53
9  1  160.61
9  2  135.87
9  3  113.36
9  4  163.56
```

```
9  5  92.06
9  6  138.72
9  7  311.35
9  8  134.81
9  9  0.00
9  10  120.47
10  1  60.54
10  2  190.19
10  3  108.27
10  4  111.54
10  5  155.43
10  6  76.04
10  7  150.55
10  8  96.59
10  9  118.05
10  10  0.00
11  1  182.11
11  2  356.69
11  3  247.47
11  4  174.19
11  5  299.79
11  6  117.89
11  7  23.70
11  8  224.68
11  9  249.05
11  10  247.80
12  1  89.15
12  2  88.61
12  3  36.17
12  4  113.25
12  5  46.43
12  6  153.02
12  7  248.03
12  8  57.38
12  9  47.56
12  10  44.17
13  1  223.88
13  2  74.19
13  3  179.57
13  4  217.41
13  5  154.15
13  6  281.87
13  7  367.79
13  8  0.00
13  9  189.29
13  10  186.64
14  1  118.65
14  2  83.76
14  3  52.53
14  4  155.43
14  5  83.76
14  6  182.10
14  7  278.85
14  8  75.22
14  9  51.82
```

```
14  10  52.32
15  1  177.89
15  2  41.92
15  3  113.69
15  4  203.38
15  5  64.62
15  6  242.16
15  7  338.25
15  8  137.57
15  9  115.72
15  10  115.57
16  1  178.40
16  2  87.62
16  3  148.45
16  4  161.58
16  5  141.40
16  6  230.94
16  7  311.91
16  8  165.39
16  9  160.80
16  10  157.18
17  1  128.57
17  2  298.07
17  3  194.68
17  4  112.25
17  5  247.15
17  6  68.09
17  7  38.83
17  8  173.50
17  9  198.43
17  10  196.50
18  1  64.29
18  2  240.61
18  3  129.66
18  4  76.04
18  5  182.10
18  6  221.21
18  7  96.77
18  8  107.25
18  9  131.93
18  10  130.40
19  1  181.56
19  2  44.99
19  3  117.09
19  4  207.60
19  5  67.37
19  6  245.82
19  7  342.00
19  8  140.89
19  9  118.76
19  10  118.72
20  1  220.81
20  2  43.97
20  3  164.37
20  4  229.73
```

```
20  5   125.07
20  6   283.56
20  7   375.92
20  8   188.03
20  9   170.60
20  10   169.14
21  1   152.67
21  2   306.44
21  3   216.24
21  4   116.45
21  5   267.27
21  6   103.46
21  7   71.09
21  8   198.07
21  9   222.65
21  10   219.96
22  1   192.90
22  2   352.89
22  3   258.17
22  4   162.70
22  5   310.06
22  6   136.09
22  7   62.89
22  8   238.45
22  9   263.35
22  10   261.03
23  1   111.73
23  2   122.12
23  3   58.32
23  4   68.87
23  5   92.80
23  6   123.24
23  7   212.98
23  8   63.08
23  9   71.92
23  10   67.48
24  1   114.42
24  2   261.14
24  3   174.92
24  4   71.52
24  5   224.79
24  6   79.48
24  7   97.09
24  8   158.63
24  9   182.55
24  10   179.51
25  1   160.58
25  2   333.98
25  3   226.37
25  4   150.55
25  5   278.85
25  6   96.77
25  7   180.70
25  8   204.00
25  9   228.61
```

```
25  10  227.16
26  1  145.59
26  2  144.07
26  3  24.08
26  4  96.59
26  5  75.22
26  6  107.25
26  7  204.00
26  8  200.81
26  9  24.94
26  10  23.15
27  1  89.43
27  2  262.31
27  3  155.53
27  4  84.04
27  5  208.06
27  6  28.47
27  7  71.83
27  8  133.93
27  9  158.81
27  10  157.00
28  1  82.66
28  2  101.59
28  3  18.94
28  4  118.13
28  5  37.61
28  6  146.80
28  7  243.24
28  8  42.93
28  9  27.14
28  10  24.49
29  1  70.45
29  2  127.02
29  3  13.89
29  4  118.05
29  5  51.82
29  6  131.93
29  7  228.61
29  8  24.94
29  9  158.15
29  10  4.43
30  1  168.19
30  2  125.40
30  3  9.53
30  4  114.41
30  5  52.32
30  6  130.40
30  7  227.16
30  8  23.15
30  9  4.43
30  10  99.15
;

end;
```

Código 5.2: Resultados em Mathprog

```
> glpsol -m "mathprog/mclp.md" -d "mathprog/es.dat"
GLPSOL--GLPK LP/MIP Solver 5.0
Parameter(s) specified in the command line:
 -m mathprog/mclp.md -d mathprog/es.dat
Reading model section from mathprog/mclp.md...
mathprog/mclp.md:61: warning: final NL missing before end of file
61 lines were read
Reading data section from mathprog/es.dat...
mathprog/es.dat:348: warning: final NL missing before end of file
348 lines were read
Generating of...
Generating r1...
Generating r2...
Model has been successfully generated
GLPK Integer Optimizer 5.0
32 rows, 40 columns, 140 non-zeros
40 integer variables, all of which are binary
Preprocessing...
9 hidden packing inequaliti(es) were detected
29 rows, 38 columns, 108 non-zeros
38 integer variables, all of which are binary
Scaling...
 A: min|aij| = 1.000e+00 max|aij| = 1.000e+00 ratio = 1.000e+00
Problem data seem to be well scaled
Constructing initial basis...
Size of triangular part is 29
Solving LP relaxation...
GLPK Simplex Optimizer 5.0
29 rows, 38 columns, 108 non-zeros
      0: obj = -0.000000000e+00 inf = 2.000e+00 (1)
      2: obj = -0.000000000e+00 inf = 0.000e+00 (0)
*    43: obj = 2.881000000e+06 inf = 0.000e+00 (0)
OPTIMAL LP SOLUTION FOUND
Integer optimization begins...
Long-step dual simplex will be used
+    43: mip = not found yet <=        +inf      (1; 0)
+    43: >>>>> 2.881000000e+06 <= 2.881000000e+06 0.0% (1; 0)
+    43: mip = 2.881000000e+06 <= tree is empty 0.0% (0; 1)
INTEGER OPTIMAL SOLUTION FOUND
Time used: 0.0 secs
Memory used: 0.3 Mb (305587 bytes)
Facilidades : clientes
         1 : 1 8 10 18 29
         2 : 2 3 7 13 15 19 20
         9 : 4 9 12 14 23 26 28 30
Display statement at line 58
of.val = 2881000
Display statement at line 59
x[1].val = 1
x[2].val = 1
x[3].val = 0
x[5].val = 0
x[4].val = 0
x[6].val = 0
```

```
x[8].val = 0
x[9].val = 1
x[10].val = 0
x[7].val = 0
Display statement at line 60
y[1].val = 1
y[2].val = 1
y[3].val = 1
y[4].val = 1
y[5].val = 0
y[6].val = 0
y[7].val = 1
y[8].val = 1
y[9].val = 1
y[10].val = 1
y[11].val = 0
y[12].val = 1
y[13].val = 1
y[14].val = 1
y[15].val = 1
y[16].val = 0
y[17].val = 0
y[18].val = 1
y[19].val = 1
y[20].val = 1
y[21].val = 0
y[22].val = 0
y[23].val = 1
y[24].val = 0
y[25].val = 0
y[26].val = 1
y[27].val = 0
y[28].val = 1
y[29].val = 1
y[30].val = 1
Model has been successfully processed

>
```

O código e o resultado do modelo implementado em Python são apresentados a seguir:

Código 5.3: Modelo feito em Python

```
from mip import Model, xsum, maximize, CBC, OptimizationStatus, BINARY
from itertools import product
import matplotlib.pyplot as plt
from math import sqrt
import numpy as np
import networkx as nx

# parametros

# numero de clientes, numero de facilidades
ni,nj = 30,10
```

```
I,J = range(ni), range(nj)

# distancia maxima permitida, numero maximo de facilidades
Dx,p = 75,3

# populacao a ser atendida pelo cliente i
w = [32361, 32146, 28546, 98393, 31794, 45283, 211649, 387368, 38304, 124525,
    31574, 34757, 31201, 123166, 34628, 29896, 29642, 169048, 38670, 27388,
    50991, 27130, 39928, 37375, 128449, 502618, 29038, 76776, 486388, 363140]

# conjunto de combinacoes (clientes, facilidades)
A = {(i, j) for i in I for j in J}

# distancia entre o cliente i e a facilidade j
d = np.array([[0.00, 105.70, 99.98, 98.07, 114.78, 166.32, 248.60, 111.01, 113.75, 109.49],
[115.76, 0.00, 161.80, 204.92, 135.56, 267.17, 354.78, 183.40, 171.24, 168.68],
[142.68, 56.24, 0.00, 173.54, 27.48, 206.76, 303.26, 101.00, 78.63, 78.64],
[208.03, 177.39, 77.39, 0.00, 118.65, 64.29, 160.58, 45.59, 70.45, 68.19],
[104.73, 183.08, 133.86, 49.84, 0.00, 124.44, 185.85, 130.03, 146.34, 142.09],
[166.09, 287.30, 219.79, 60.54, 265.71, 0.00, 135.15, 207.22, 229.46, 225.88],
[177.39, 60.41, 120.45, 190.19, 171.18, 240.61, 0.00, 144.07, 127.02, 125.40],
[66.13, 120.45, 66.13, 108.27, 52.53, 129.66, 226.37, 0.00, 152.90, 9.53],
[160.61, 135.87, 113.36, 163.56, 92.06, 138.72, 311.35, 134.81, 0.00, 120.47],
[60.54, 190.19, 108.27, 111.54, 155.43, 76.04, 150.55, 96.59, 118.05, 0.00],
[182.11, 356.69, 247.47, 174.19, 299.79, 117.89, 23.70, 224.68, 249.05, 247.80],
[89.15, 88.61, 36.17, 113.25, 46.43, 153.02, 248.03, 57.38, 47.56, 44.17],
[223.88, 74.19, 179.57, 217.41, 154.15, 281.87, 367.79, 24.08, 189.29, 186.64],
[118.65, 83.76, 52.53, 155.43, 83.76, 182.10, 278.85, 75.22, 51.82, 52.32],
[177.89, 41.92, 113.69, 203.38, 64.62, 242.16, 338.25, 137.57, 115.72, 115.57],
[178.40, 87.62, 148.45, 161.58, 141.40, 230.94, 311.91, 165.39, 160.80, 157.18],
[128.57, 298.07, 194.68, 112.25, 247.15, 68.09, 38.83, 173.50, 198.43, 196.50],
[64.29, 240.61, 129.66, 76.04, 182.10, 221.21, 96.77, 107.25, 131.93, 130.40],
[181.56, 44.99, 117.09, 207.60, 67.37, 245.82, 342.00, 140.89, 118.76, 118.72],
[220.81, 43.97, 164.37, 229.73, 125.07, 283.56, 375.92, 188.03, 170.60, 169.14],
[152.67, 306.44, 216.24, 116.45, 267.27, 103.46, 71.09, 198.07, 222.65, 219.96],
[192.90, 352.89, 258.17, 162.70, 310.06, 136.09, 62.89, 238.45, 263.35, 261.03],
[111.73, 122.12, 58.32, 68.87, 92.80, 123.24, 212.98, 63.08, 71.92, 67.48],
[114.42, 261.14, 174.92, 71.52, 224.79, 79.48, 97.09, 158.63, 182.55, 179.51],
[160.58, 333.98, 226.37, 150.55, 278.85, 96.77, 180.70, 204.00, 228.61, 227.16],
[145.59, 144.07, 24.08, 96.59, 75.22, 107.25, 204.00, 200.81, 24.94, 23.15],
[89.43, 262.31, 155.53, 84.04, 208.06, 28.47, 71.83, 133.93, 158.81, 157.00],
[82.66, 101.59, 18.94, 118.13, 37.61, 146.80, 243.24, 42.93, 27.14, 24.49],
[70.45, 127.02, 13.89, 118.05, 51.82, 131.93, 228.61, 24.94, 158.15, 4.43],
[168.19, 125.40, 9.53, 114.41, 52.32, 130.40, 227.16, 23.15, 4.43, 99.15]])

# conjunto instalacoes dentro da distancia maxima permitida entre i e j
Ji = {i: {j for j in J if d[i, j] <= Dx} for i in I}

# declaracao do modelo
model = Model('Problema de Localizacao de cobertura maxima',solver_name=CBC)

# declaracao das variaveis

# variavel: igual a 1 se uma facilidade e instalada em j; 0, caso contrario
x = [model.add_var(var_type=BINARY) for j in J]
```

```

# variavel: igual a 1 se o ponto de demanda i e coberto; 0, caso contrario
y = [model.add_var(var_type=BINARY) for i in I]

# definicao da funcao objetivo
# funcao objetivo: maximizar a cobertura da facilidade
model.objective = maximize(xsum(w[i] * y[i] for i in I))

# restricoes

# restricao: a cobertura so e possivel se tiver uma facilidade proxima instalada
# s.t. r1{i in I}: sum{j in Ji[i]} x[j] >= y[i];
for i in I:
    model += xsum(x[j] for j in Ji[i]) >= y[i]

# restricao: numero de instalacao deve ser igual a quantidade definida
# s.t. r2: sum{j in J} x[j] = p;
model += sum(x[j] for j in J) == p

# otimiza o modelo chamando o resolvedor
status = model.optimize()

# imprime solucao
if status == OptimizationStatus.OPTIMAL:
    print('Facilidades : clientes');
    for j in J:
        if x[j].x > 0.5:
            print("{:11d} : ".format(j+1), end='');
            for i in I:
                if y[i].x > 0.5 and j in Ji[i]:
                    print("{:d} ".format(i+1), end='');

            print()
```

Código 5.4: Resultados em Python

```
> python/mclp.py
Welcome to the CBC MILP Solver
Version: Trunk
Build Date: Oct 24 2021

Starting solution of the Linear programming relaxation problem using Primal Simplex

Coin0506I Presolve 29 (-2) rows, 38 (-2) columns and 108 (-2) elements
Clp1000I sum of infeasibilities 0 - average 0, 38 fixed columns
Coin0506I Presolve 0 (-29) rows, 0 (-38) columns and 0 (-108) elements
Clp0000I Optimal - objective value -0
Clp0000I Optimal - objective value -0
Coin0511I After Postsolve, objective 0, infeasibilities - dual 0 (0), primal 0 (0)
Clp0014I Perturbing problem by 0.001% of 1.0000026 - largest nonzero change 8.7405247e-05 (
    0.0087405247%) - largest zero change 0
Clp0000I Optimal - objective value 2881000
Clp0000I Optimal - objective value 2881000
Clp0000I Optimal - objective value 2881000
Coin0511I After Postsolve, objective 2881000, infeasibilities - dual 0 (0), primal 0 (0)
```

```
Clp0032I Optimal objective 2881000 - 0 iterations time 0.002, Presolve 0.00, Idiot 0.00

Starting MIP optimization
Cgl0002I 2 variables fixed
Cgl0004I processed model has 29 rows, 38 columns (38 integer (38 of which binary)) and 108 elements
Coin3009W Conflict graph built in 0.000 seconds, density: 1.606%
Cgl0015I Clique Strengthening extended 0 cliques, 0 were dominated
Cbc0045I Nauty did not find any useful orbits in time 0
Cbc0038I Initial state - 0 integers unsatisfied sum - 2.22045e-16
Cbc0038I Solution found of -2.881e+06
Cbc0038I Before mini branch and bound, 38 integers at bound fixed and 0 continuous
Cbc0038I Mini branch and bound did not improve solution (0.00 seconds)
Cbc0038I After 0.00 seconds - Feasibility pump exiting with objective of -2.881e+06 - took 0.00
    seconds
Cbc0012I Integer solution of -2881000 found by feasibility pump after 0 iterations and 0 nodes
    (0.00 seconds)
Cbc0001I Search completed - best objective -2881000, took 0 iterations and 0 nodes (0.00 seconds)
Cbc0035I Maximum depth 0, 0 variables fixed on reduced cost
Total time (CPU seconds): 0.00 (Wallclock seconds): 0.00

Facilidades : clientes
       1 : 1 8 10 18 29
       2 : 2 3 7 13 15 19 20
       9 : 4 9 12 14 23 26 28 30

>
```

Através da aplicação da formulação matemática (5.3.1)-(5.3.5), obtivemos uma solução ótima onde as instalações escolhidas foram 1, 2 e 9. Cada cliente foi conectado a uma dessas instalações, considerando fatores como a distância e a quantidade de pessoas a serem atendidas da seguinte forma:

- Facilidade 1 : 1, 8, 10, 18, 29
- Facilidade 2 : 2, 3, 7, 13, 15, 19, 20
- Facilidade 9 : 4, 9, 12, 14, 23, 26, 28, 30

5.5 CONCLUSÃO

Este capítulo abordou o problema de cobertura máxima. Através do caso da empresa de móveis, ilustramos como este problema pode ser aplicado para melhorar o atendimento aos clientes. O modelo de programação matemática proposto foi implementado nas linguagens MathProg e Python e os resultados obtidos foram apresentados.

No exemplo da Rivadália, definiu-se o número de filiais a serem abertas e o objetivo era maximizar a cobertura das cidades. E se o objetivo fosse garantir a cobertura de todas as cidades ao menor custo de localização das filiais? Como a formulação matemática se alteraria nesse caso?

REFERÊNCIAS

Church, Richard e Charles ReVelle (1974). "The maximal covering location problem". Em: *Papers of the regional science association*. Vol. 32. 1. Springer-Verlag Berlin/Heidelberg, pp. 101–118.

Farahani, Reza Zanjirani et al. (2012). "Covering problems in facility location: A review". Em: *Computers & Industrial Engineering* 62.1, pp. 368–407.

Owen, Susan Hesse e Mark S Daskin (1998). "Strategic facility location: A review". Em: *European journal of operational research* 111.3, pp. 423–447.

6

PROBLEMA DE LOCALIZAÇÃO HIERÁRQUICO COM DOIS NÍVEIS

Fátima M. de Souza Lima
fatimamslima@face.ufmg.br
Universidade Federal de Minas Gerais

Luiza Bernardes Real
luizabernardesreal@gmail.com
Instituto Federal de Minas Gerais

Thaís Fernandes Oliveira
tatafernandesoliveira9@gmail.com
Instituto Federal de Minas Gerais

Guilherme de Souza Ferreira
ferreira.guilherme@gmail.com
Universidade Federal de Minas Gerais

Ricardo Camargo
rcamargo@dep.ufmg.br
Universidade Federal de Minas Gerais

6.1 INTRODUÇÃO

Os capítulos 4 e 5 apresentaram modelos de localização em que apenas um tipo de instalação deve ser aberta. No entanto, alguns sistemas que fornecem serviços e/ou produtos são compostos por dois ou mais níveis de instalações. Então, neste capítulo, apresentamos o problema de localização hierárquico em dois níveis.

Para entender este problema, vamos primeiro explorar o conceito de hierarquia. A hierarquia implica em uma organização estrutural onde os elementos estão dispostos em diferentes níveis de importância ou precedência. No contexto da localização, cada nível é caracterizado pelo tipo de serviço que oferece. Por exemplo, na área de logística, a cadeia de suprimentos é composta pelas fábricas (nível superior), os centros de distribuição (nível intermediário) e os pontos de venda (nível inferior). Em sistemas de saúde, temos os hospitais (nível superior) e os postos de saúde (nível inferior). Em serviços de atendimento bancário, destacamos as agências bancárias (nível superior) e os postos de atendimento menores com apenas caixas eletrônicos (nível inferior) (Farahani et al. (2014)).

Para todos os exemplos, o problema consiste em escolher, dentre um conjunto de locais candidatos, onde serão instaladas as facilidades de cada nível para atender os clientes ao menor custo total (custos fixos de instalação e custos variáveis de transporte).

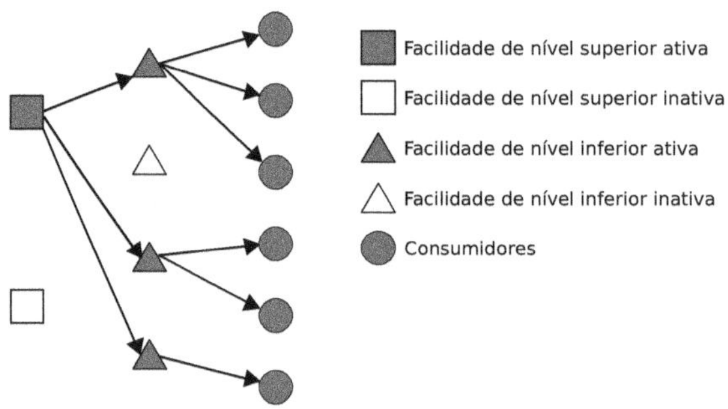

Figura 6.1.1: Representação gráfica do problema

A Figura 6.1.1 ilustra uma solução para um exemplo de rede de dois níveis, em que existem 2 potenciais facilidades de nível superior, 4 potenciais facilidades de nível inferior e 6 clientes. As setas direcionam a rota de atendimento de cada cliente. Note que uma facilidade de nível superior atende às três facilidades de nível inferior, que atendem todos os clientes.

O problema de localização hierárquica com dois níveis, deste capítulo, pode ser caracterizado como:

- Existem dois níveis de facilidades que devem ser abertos: nível superior ou nível um e nível inferior ou nível dois;
- As facilidades do nível superior atendem às facilidades do nível inferior que atendem os clientes;
- Não são consideradas restrições de capacidade;
- Existe um custo fixo conhecido para abrir cada facilidade;
- Existe um custo variável conhecido para atender uma unidade de demanda de um ponto A para um ponto B;
- O objetivo é minimizar o custo total.

Uma revisão sobre o problema de localização hierárquica pode ser encontrada em Contreras e Ortiz-Astorquiza (2019). Os códigos do capítulo estão disponíveis em `https://pifop.com/app/view/sdbnmft0XPv8H6I06ONY`.

6.2 O CASO

A empresa Rivadália está empenhada em otimizar a localização de suas lojas e centros de distribuição (CDs), buscando minimizar os custos totais associados à instalação e transporte. O principal objetivo é atender de forma eficaz às necessidades dos clientes, assegurando uma distribuição eficiente de móveis. No nível 1, a empresa decide a localização estratégica de centros de distribuição, garantindo maior eficiência operacional. Para se instalar cada centro de distribuição e cada loja existe um custo apresentado nas Tabelas 6.2.1 e 6.2.2, respectivamente. Já no nível 2, as decisões concentram-se na instalação de lojas, onde cada localidade representa uma parte única do quebra-cabeça, visando atender às demandas dos clientes. Além disso, para o atendimento do cliente, há custos de transporte entre os CDs e as lojas e entre as lojas e os clientes que podem ser visualizados nas Tabelas 6.2.3 e 6.2.4, respectivamente.

Surge então a pergunta: Qual é a configuração mais eficiente e economicamente vantajosa para a localização das lojas e centros de distribuição da empresa Rivadália?

Tabela 6.2.1: Dados das plantas de nível 1 contendo o número de cada planta e o custo de instalação.

Id	Custos
1	4100
2	2900
3	1700
4	4200
5	4400

Tabela 6.2.2: Dados das plantas de nível 2 contendo o número de cada planta e o custo de instalação.

Id	Custos
1	350
2	180
3	470
4	490
5	150
6	390
7	330
8	210
9	240
10	270

6.3 NOTAÇÃO, DEFINIÇÕES E MODELO

Para este problema, vamos considerar um conjunto de clientes $I = \{1, \ldots, n_i\}$, um conjunto de locais candidatos para instalação de plantas de nível 1 $K = \{1, \ldots, n_k\}$ e um conjunto de locais candidatos para instalação de plantas de nível 2 $J = \{1, \ldots, n_j\}$. As plantas de nível 1 têm um custo de instalação f_k enquanto as plantas de nível 2 têm um custo de instalação a_j. O custo de transportar uma unidade até um cliente i (c_{ijk}) é dado pelo custo de transportar uma unidade da planta de nível 1 k até a planta de nível 2 j (c^2_{kj}) mais o custo de transportar uma unidade da planta de nível 2 j até o cliente i (c^1_{ji}).

Seja y_j e z_k variáveis binárias que indicam, respectivamente, se uma planta foi instalada em $j \in J$ ou em $k \in K$. Definimos também x_{ijk} como uma variável contínua

Tabela 6.2.3: Custo para transportar uma unidade da planta de nível 1 e para a planta de nível 2.

	Plantas de nível 1				
Plantas de nível 2	1	2	3	4	5
1	2316	2596	4790	2852	3899
2	4302	3305	4542	1562	629
3	2010	1095	4841	2019	4166
4	679	2742	4882	4349	4576
5	2598	3561	2134	3706	4169
6	3670	2283	3259	1163	3984
7	2760	1121	2164	3124	4694
8	3381	2163	4125	3421	2978
9	892	4992	2382	463	3571
10	2265	354	548	226	1087

que representa a porcentagem da demanda $i \in I$ atendida pelas plantas $j \in J$ e $k \in K$. A Tabela 6.3.1 resume os parâmetros e as variáveis do problema:

A formulação do problema de localização hierárquico de dois níveis pode ser expressa da seguinte forma:

$$\min \sum_{k \in K} f_k z_k + \sum_{j \in J} a_j y_j + \sum_{i \in I} \sum_{j \in J} \sum_{k \in K} c_{ijk} x_{ijk} \tag{6.3.1}$$

$$\text{sujeito a: } \sum_{j \in J} \sum_{k \in K} x_{ijk} = 1 \qquad \forall\, i \in I \tag{6.3.2}$$

$$y_j - \sum_{k \in K} x_{ijk} \geq 0 \qquad \forall\, i \in I, j \in J \tag{6.3.3}$$

$$z_k - \sum_{j \in J} x_{ijk} \geq 0 \qquad \forall\, i \in I, k \in K \tag{6.3.4}$$

$$x_{ijk} \geq 0 \qquad \forall\, i \in I, j \in J, k \in K \tag{6.3.5}$$

$$y_j \in \{0,1\} \qquad \forall\, j \in J \tag{6.3.6}$$

$$z_k \in \{0,1\} \qquad \forall\, k \in K \tag{6.3.7}$$

A função objetivo (6.3.1) minimiza o custo total composto pelos custos de instalação e de deslocamento. As restrições (6.3.2) garantem que toda demanda $i \in I$ seja atendida por um par de facilidade de nível 1 e 2 (k,j). Enquanto as restrições (6.3.3) e (6.3.4) asseguram que o cliente seja atendido somente se as facilidades estiverem instaladas. As restrições (6.3.5), (6.3.6) e (6.3.7) mostram o domínio de cada variável de decisão.

Tabela 6.2.4: Custo de transporte entre os clientes e os locais para se instalar as plantas de nível 2.

	Plantas de nível 2									
Clientes	1	2	3	4	5	6	7	8	9	10
1	233	1731	4050	3239	3797	2485	296	3307	2443	1634
2	381	1630	814	1622	3963	2598	1398	3953	3411	1373
3	4245	2064	2671	4902	4717	2015	431	796	3091	4247
4	2041	429	4054	1263	111	3505	2393	4173	818	1716
5	2717	3653	4348	2528	2561	3541	3653	2949	3272	1170
6	2759	2653	1758	165	884	1887	2037	4923	4777	4941
7	610	2196	184	2583	2487	732	3595	3551	4104	2464
8	2931	3635	608	4819	4193	430	987	3367	3721	3708
9	2798	4927	3856	4547	2382	4297	2081	1593	4885	4808
10	601	1841	4055	908	3694	2905	2045	4250	179	2317
11	750	1712	1777	314	3151	2788	2770	1960	2755	1521
12	2557	2137	2222	945	2973	4996	3472	193	1661	375
13	1991	1134	3303	4036	4902	2556	2575	3632	2706	3547
14	837	4369	2595	4312	2475	2763	3835	4894	2901	4061
15	2867	4319	4428	3704	2311	3795	4521	4911	3425	511
16	268	2470	3333	2659	978	4011	1830	998	3554	4412
17	1961	4188	4647	1444	3200	1047	2049	486	1939	2309
18	330	3766	460	641	151	4577	3111	1564	174	4419
19	2936	3241	289	637	3652	2857	3745	2911	4216	4005
20	4443	4316	411	3461	527	4860	4280	938	634	574
21	2765	2326	1018	2280	2653	3150	4857	1047	3537	3287
22	1584	2857	1775	833	478	3056	1537	3547	1512	244
23	2450	2983	4364	3704	309	1101	1064	2105	4248	3781
24	2542	3676	1281	1887	1007	701	783	3607	2007	3348
25	3198	758	4343	1352	4214	2617	4522	1563	4511	4413
26	2041	4454	1221	2168	4196	4703	1523	2366	2624	1339
27	3930	554	224	1260	586	705	4063	4241	4960	4189
28	102	2422	1428	3990	1731	2737	2613	2866	2975	1854
29	4245	932	3506	4020	807	594	1950	241	3537	1339
30	1402	3389	497	511	4163	1165	2917	4249	1345	4386

6.4 CÓDIGOS E RESULTADOS DO MODELO

O código e o resultado do modelo implementado em MathProg são apresentados a seguir:

Código 6.1: Modelo feito em MathProg

```
# numero de clientes
```

Tabela 6.3.1: Lista de parâmetros e variáveis.

Conjuntos

$I : \{1, \ldots, n_i\}$: conjunto de clientes,

$K : \{1, \ldots, n_k\}$: conjunto de locais candidatos de nível 1,

$J : \{1, \ldots, n_j\}$: conjunto de locais candidatos de nível 2.

Parâmetros

n_i : número de clientes,

n_k : número de locais candidatos para instalação de plantas do nível 1,

n_j : número de locais candidatos para instalação de plantas do nível 2,

f_k : custo fixo de instalação de planta do nível 1,

a_j : custo fixo de instalação de planta do nível 2,

c_{ijk} : custo de transportar uma unidade até o cliente i passando pelas plantas j e k.

Variáveis de Decisão

$x_{ijk} \geq 0$: porcentagem da demanda $i \in I$ atendida pelas plantas j e k ,

$y_j \in \{0, 1\}$: igual a 1, se a planta de nível 1 estiver instalada em $j \in J$; 0, caso contrário,

$z_k \in \{0, 1\}$: igual a 1, se a planta de nível 2 estiver instalada em $j \in J$; 0, caso contrário.

```
param ni;

# numero de plantas de nivel 2
param nj;

# numero de plantas de nivel 1
param nk;

# conjunto dos clientes
set I := {1..ni};
```

```

# conjunto de plantas de nivel 2
set J := {1..nj};

# conjunto de plantas de nivel 1
set K := {1..nk};

# custo de transporte de j para i
param c1{I,J};

# custo de transporte de k para j
param c2{J,K};

# custo de instalacao da planta j de nivel 2
param a{J};

# custo de instalacao da planta k de nivel 1
param f{K};

# custo total de transporte da planta k para facilidade j e de j para o cliente i
param c{i in I, j in J, k in K} := (c1[i,j] + c2[j,k]);

# variavel: igual a 1 se uma planta de nivel 2 e instalada em j; 0, caso contrario
var y{J}, binary;

# variavel: igual a 1 se uma planta de nivel 1 e instalada em k; 0, caso contrario
var z{K}, binary;

# variavel: porcentagem da demanda i atendida pelas plantas j e de j pela planta k
var x{I,J,K}, >= 0;

# funcao objetivo: minimizar o custo total
minimize of : sum{k in K} f[k] * z[k]
         + sum{j in J} a[j] * y[j]
         + sum{i in I, j in J, k in K} c[i,j,k] * x[i,j,k];

# restricao: todos os clientes devem ser atendidos
s.t. r1{i in I}: sum{j in J, k in K} x[i,j,k] = 1;

# restricao: o cliente so pode ser atendido por j, se j estiver instalado
s.t. r2{i in I, j in J}: y[j] - sum{k in K} x[i,j,k] >= 0;

# restricao: o cliente so pode ser atendido por k, se k estiver instalado
s.t. r3{i in I, k in K}: z[k] - sum{j in J} x[i,j,k] >= 0;

solve;

printf 'Custo total : %12.2f\n', of;
display z;
display y;
data;

param ni :=    30;

param nj :=    10;
```

```

param nk :=   5;

param a :=
   1 350
   2 180
   3 470
   4 490
   5 150
   6 390
   7 330
   8 210
   9 240
  10 270
 ;

param f :=
  1 4100
  2 2900
  3 1700
  4 4200
  5 4400
;

param c1 : 1  2  3  4  5  6  7  8  9  10  :=
1  233  1731  4050  3239  3797  2485  296  3307  2443  1634
2  381  1630  814  1622  3963  2598  1398  3953  3411  1373
3  4245  2064  2671  4902  4717  2015  431  796  3091  4247
4  2041  429  4054  1263  111  3505  2393  4173  818  1716
5  2717  3653  4348  2528  2561  3541  3653  2949  3272  1170
6  2759  2653  1758  165  884  1887  2037  4923  4777  4941
7  610  2196  184  2583  2487  732  3595  3551  4104  2464
8  2931  3635  608  4819  4193  430  987  3367  3721  3708
9  2798  4927  3856  4547  2382  4297  2081  1593  4885  4808
10  601  1841  4055  908  3694  2905  2045  4250  179  2317
11  750  1712  1777  314  3151  2788  2770  1960  2755  1521
12  2557  2137  2222  945  2973  4996  3472  193  1661  375
13  1991  1134  3303  4036  4902  2556  2575  3632  2706  3547
14  837  4369  2595  4312  2475  2763  3835  4894  2901  4061
15  2867  4319  4428  3704  2311  3795  4521  4911  3425  511
16  268  2470  3333  2659  978  4011  1830  998  3554  4412
17  1961  4188  4647  1444  3200  1047  2049  486  1939  2309
18  330  3766  460  641  151  4577  3111  1564  174  4419
19  2936  3241  289  637  3652  2857  3745  2911  4216  4005
20  4443  4316  411  3461  527  4860  4280  938  634  574
21  2765  2326  1018  2280  2653  3150  4857  1047  3537  3287
22  1584  2857  1775  833  478  3056  1537  3547  1512  244
23  2450  2983  4364  3704  309  1101  1064  2105  4248  3781
24  2542  3676  1281  1887  1007  701  783  3607  2007  3348
25  3198  758  4343  1352  4214  2617  4522  1563  4511  4413
26  2041  4454  1221  2168  4196  4703  1523  2366  2624  1339
27  3930  554  224  1260  586  705  4063  4241  4960  4189
28  102  2422  1428  3990  1731  2737  2613  2866  2975  1854
29  4245  932  3506  4020  807  594  1950  241  3537  1339
30  1402  3389  497  511  4163  1165  2917  4249  1345  4386
```

```
;

param c2 : 1  2  3  4  5 :=
1  2316  2596  4790  2852  3899
2  4302  3305  4542  1562  629
3  2010  1095  4841  2019  4166
4  679  2742  4882  4349  4576
5  2598  3561  2134  3706  4169
6  3670  2283  3259  1163  3984
7  2760  1121  2164  3124  4694
8  3381  2163  4125  3421  2978
9  892  4992  2382  463  3571
10  2265  354  548  226  1087

;

end;
```

Código 6.2: Resultados em Mathprog

```
> glpsol -m "mathprog/tluflp.md"
GLPSOL--GLPK LP/MIP Solver 5.0
Parameter(s) specified in the command line:
 -m mathprog/tluflp.md
Reading model section from mathprog/tluflp.md...
Reading data section from mathprog/tluflp.md...
140 lines were read
Generating of...
Generating r1...
Generating r2...
Generating r3...
Model has been successfully generated
GLPK Integer Optimizer 5.0
481 rows, 1515 columns, 6465 non-zeros
15 integer variables, all of which are binary
Preprocessing...
480 rows, 1515 columns, 4950 non-zeros
15 integer variables, all of which are binary
Scaling...
 A: min|aij| = 1.000e+00 max|aij| = 1.000e+00 ratio = 1.000e+00
Problem data seem to be well scaled
Constructing initial basis...
Size of triangular part is 480
Solving LP relaxation...
GLPK Simplex Optimizer 5.0
480 rows, 1515 columns, 4950 non-zeros
      0: obj = 1.149020000e+05 inf = 6.000e+01 (60)
      2: obj = 1.195720000e+05 inf = 0.000e+00 (0)
*   167: obj = 5.946800000e+04 inf = 0.000e+00 (0) 1
OPTIMAL LP SOLUTION FOUND
Integer optimization begins...
Long-step dual simplex will be used
+   167: mip = not found yet >=        -inf      (1; 0)
+   167: >>>>> 5.946800000e+04 >= 5.946800000e+04 0.0% (1; 0)
+   167: mip = 5.946800000e+04 >= tree is empty 0.0% (0; 1)
```

```
INTEGER OPTIMAL SOLUTION FOUND
Time used: 0.0 secs
Memory used: 3.1 Mb (3213620 bytes)
Custo total : 59468.00
Display statement at line 60
z[1].val = 1
z[2].val = 1
z[3].val = 0
z[4].val = 0
z[5].val = 0
Display statement at line 61
y[1].val = 1
y[2].val = 0
y[3].val = 1
y[4].val = 1
y[5].val = 0
y[6].val = 0
y[7].val = 1
y[8].val = 0
y[9].val = 1
y[10].val = 1
Model has been successfully processed

>
```

O código e o resultado do modelo implementado em Python são apresentados a seguir:

Código 6.3: Modelo feito em Python

```
from mip import Model, xsum, minimize, CBC, OptimizationStatus, BINARY
from itertools import product
import matplotlib.pyplot as plt
from math import sqrt
import numpy as np

# parametros

# numero de clientes,numero de plantas nivel 2, numero de planta de nivel 1
ni,nj,nk = 30,10,5
I,J,K= range(ni),range(nj),range(nk)

# custo de instalacao da planta K de nivel 2
f = [4100,2900,1700,4200,4400]

# custo de instalacao da planta J de nivel 1
a = [350,180,470,490,150,390,330,210,240,270]

# custo de transporte dej para i
c1 = np.array([[233, 1731, 4050, 3239, 3797, 2485, 296, 3307, 2443, 1634],
[381, 1630, 814, 1622, 3963, 2598, 1398, 3953, 3411, 1373],
[4245, 2064, 2671, 4902, 4717, 2015, 431, 796, 3091, 4247],
[2041, 429, 4054, 1263, 111, 3505, 2393, 4173, 818, 1716],
[2717, 3653, 4348, 2528, 2561, 3541, 3653, 2949, 3272, 1170],
[2759, 2653, 1758, 165, 884, 1887, 2037, 4923, 4777, 4941],
```

```
[610, 2196, 184, 2583, 2487, 732, 3595, 3551, 4104, 2464],
[2931, 3635, 608, 4819, 4193, 430, 987, 3367, 3721, 3708],
[2798, 4927, 3856, 4547, 2382, 4297, 2081, 1593, 4885, 4808],
[601, 1841, 4055, 908, 3694, 2905, 2045, 4250, 179, 2317],
[750, 1712, 1777, 314, 3151, 2788, 2770, 1960, 2755, 1521],
[2557, 2137, 2222, 945, 2973, 4996, 3472, 193, 1661, 375],
[1991, 1134, 3303, 4036, 4902, 2556, 2575, 3632, 2706, 3547],
[837, 4369, 2595, 4312, 2475, 2763, 3835, 4894, 2901, 4061],
[2867, 4319, 4428, 3704, 2311, 3795, 4521, 4911, 3425, 511],
[268, 2470, 3333, 2659, 978, 4011, 1830, 998, 3554, 4412],
[1961, 4188, 4647, 1444, 3200, 1047, 2049, 486, 1939, 2309],
[330, 3766, 460, 641, 151, 4577, 3111, 1564, 174, 4419],
[2936, 3241, 289, 637, 3652, 2857, 3745, 2911, 4216, 4005],
[4443, 4316, 411, 3461, 527, 4860, 4280, 938, 634, 574],
[2765, 2326, 1018, 2280, 2653, 3150, 4857, 1047, 3537, 3287],
[1584, 2857, 1775, 833, 478, 3056, 1537, 3547, 1512, 244],
[2450, 2983, 4364, 3704, 309, 1101, 1064, 2105, 4248, 3781],
[2542, 3676, 1281, 1887, 1007, 701, 783, 3607, 2007, 3348],
[3198, 758, 4343, 1352, 4214, 2617, 4522, 1563, 4511, 4413],
[2041, 4454, 1221, 2168, 4196, 4703, 1523, 2366, 2624, 1339],
[3930, 554, 224, 1260, 586, 705, 4063, 4241, 4960, 4189],
[102, 2422, 1428, 3990, 1731, 2737, 2613, 2866, 2975, 1854],
[4245, 932, 3506, 4020, 807, 594, 1950, 241, 3537, 1339],
[1402, 3389, 497, 511, 4163, 1165, 2917, 4249, 1345, 4386]])

# custo de transporte de k para j
c2 = np.array([[2316, 2596, 4790, 2852, 3899],
[4302, 3305, 4542, 1562, 629],
[2010, 1095, 4841, 2019, 4166],
[679, 2742, 4882, 4349, 4576],
[2598, 3561, 2134, 3706, 4169],
[3670, 2283, 3259, 1163, 3984],
[2760, 1121, 2164, 3124, 4694],
[3381, 2163, 4125, 3421, 2978],
[892, 4992, 2382, 463, 3571],
[2265, 354, 548, 226, 1087]])

# custo total de transporte da planta k para facilidade j e de j para o cliente i
c = {(i, j, k): c1[i, j] + c2[j, k] for i in I for j in J for k in K}

# declaracao do modelo
model = Model('Problema de Localizacao com dois niveis',solver_name=CBC)

# declaracao das variaveis

# variavel: igual a 1 se uma planta de nivel 2 e instalada em j; 0, caso contrario
y = [model.add_var(var_type=BINARY) for j in J]

# variavel: igual a 1 se uma planta de nivel 1 e instalada em k; 0, caso contrario
z = [model.add_var(var_type=BINARY) for k in K]

# variavel: porcentagem da demanda i atendida pelas plantas j e de j pela planta k
x = {(i,j,k) : model.add_var(lb=0.0) for j in J for i in I for k in K}

# definicao da funcao objetivo
```

```
# funcao objetivo: minimizar o custo total
model.objective = minimize(xsum(f[k] * z[k] for k in K) + xsum(a[j] * y[j] for j in J) +
    xsum(c[i,j,k] * x[i,j,k] for (i,j,k)
in product(I,J,K)))

# restricoes
# restricao: todos os clientes devem ser atendidos
#s.t. r1{i in I}: sum{j in J, k in K} x[i,j,k] = 1;
for i in I:
   model += xsum(x[i,j,k] for j in J for k in K) == 1

# restricao: o cliente so pode ser atendido por j, se j estiver instalado
#s.t. r2{i in I, j in J}: y[j] - sum{k in K} x[i,j,k] >= 0;
for i in I:
   for j in J:
      model += y[j] - xsum(x[i,j,k] for k in K) >= 0
# restricao: o cliente so pode ser atendido por k, se k estiver instalado
#s.t. r3{i in I, k in K}: z[k] - sum{j in J} x[i,j,k] >= 0;
for i in I:
   for k in K:
      model += z[k] - xsum(x[i,j,k] for j in J) >= 0

# otimiza o modelo chamando o resolvedor
status = model.optimize()

# imprime solucao
if status == OptimizationStatus.OPTIMAL:
   print("Custo total : {:12.2f}.".format(model.objective_value))
   print( "Facilidades nivel 2 : Clientes ")
   for j in J:
      if y[j].x > 0.5:
         print("{:20d}: ".format(j+1), end = '')
         for i in I:
            for k in K:
               if x[i,j,k].x > 0.5:
                  print(" {:d}".format(i+1), end ='')
         print()
   print( "Facilidades nivel 1 : Facilidades de nivel 2 ")
   v = set()
   for k in K:
      if z[k].x > 0.5:
         print("{:20d}: ".format(k+1), end = '')
         for i in I:
            for j in J:
               if x[i,j,k].x > 0.5:
                  v.add(j+1)
         for vv in v:
            print(" {:d}".format(vv), end = '')
         v.clear()

         print()
```

Código 6.4: Resultados em Python

```
> python/tluflp.py
```

```
Welcome to the CBC MILP Solver
Version: Trunk
Build Date: Oct 24 2021

Starting solution of the Linear programming relaxation problem using Primal Simplex

Coin0506I Presolve 480 (0) rows, 1515 (0) columns and 4950 (0) elements
Clp1000I sum of infeasibilities 5.21825e-05 - average 1.08713e-07, 1441 fixed columns
Coin0506I Presolve 60 (-420) rows, 41 (-1474) columns and 127 (-4823) elements
Clp0029I End of values pass after 41 iterations
Clp0014I Perturbing problem by 0.001% of 1.000002 - largest nonzero change 2.8834042e-05 (
    0.0014417021%) - largest zero change 2.8167904e-05
Clp0000I Optimal - objective value 59468
Clp0000I Optimal - objective value 59468
Coin0511I After Postsolve, objective 59468, infeasibilities - dual 0 (0), primal 0 (0)
Clp0014I Perturbing problem by 0.001% of 1.0000067 - largest nonzero change 2.5735924e-05 (
    0.0012867962%) - largest zero change 2.9597463e-05
Clp0000I Optimal - objective value 59468
Clp0000I Optimal - objective value 59468
Clp0000I Optimal - objective value 59468
Clp0032I Optimal objective 59468 - 0 iterations time 0.042, Idiot 0.04

Starting MIP optimization
Cgl0004I processed model has 480 rows, 1515 columns (15 integer (15 of which binary)) and 4950
    elements
Coin3009W Conflict graph built in 0.002 seconds, density: 0.000%
Cgl0015I Clique Strengthening extended 0 cliques, 0 were dominated
Cbc0045I Nauty did not find any useful orbits in time 0.013085
Cbc0038I Initial state - 0 integers unsatisfied sum - 0
Cbc0038I Solution found of 59468
Cbc0038I Relaxing continuous gives 59468
Cbc0038I Before mini branch and bound, 15 integers at bound fixed and 1500 continuous
Cbc0038I Mini branch and bound did not improve solution (0.08 seconds)
Cbc0038I After 0.09 seconds - Feasibility pump exiting with objective of 59468 - took 0.00 seconds
Cbc0012I Integer solution of 59468 found by feasibility pump after 0 iterations and 0 nodes (0.09
    seconds)
Cbc0001I Search completed - best objective 59468, took 0 iterations and 0 nodes (0.09 seconds)
Cbc0035I Maximum depth 0, 0 variables fixed on reduced cost
Total time (CPU seconds): 0.05 (Wallclock seconds): 0.12

Custo total : 59468.00.
Facilidades nivel 2 : Clientes
              1: 14 16
              3: 7 8 21 27
              4: 6 11 17 19 25 30
              7: 1 3 9 23 24
              9: 4 10 13 18
             10: 2 5 12 15 20 22 26 28 29
Facilidades nivel 1 : Facilidades de nivel 2
              1: 9 4 1
              2: 10 3 7

>
```

Na solução ótima encontrada usando a formulação (6.3.1)-(6.3.7), as plantas de nível 2 escolhidas foram as de número $1, 3, 4, 7, 9, 10$. Cada uma dessas lojas foi conectada aos seguintes clientes:

- $1 : 14, 16$
- $3 : 7, 8, 21, 27$
- $4 : 6, 11, 17, 19, 25, 30$
- $7 : 1, 3, 9, 23, 24$
- $9 : 4, 10, 13, 18$
- $10 : 2, 5, 12, 15, 20, 22, 26, 28, 29$

Já os centros de distribuição escolhidos foram os de número 1 e 2. A conexão entre os CDs e as lojas é dada da seguinte forma:

- $1 : 1, 4, 9$
- $2 : 3, 7, 10$

6.5 CONCLUSÃO

Este capítulo abordou o problema de localização hierárquico com dois níveis. Através do caso da empresa de móveis, ilustramos como este problema pode ser aplicado para reduzir os custos fixos de instalação e os custos variáveis de transporte. O modelo de programação matemática proposto foi implementado nas linguagens MathProg e Python e os resultados obtidos foram apresentados.

No exemplo da Rivadália, consideramos que a demanda deve ser atendida seguindo o fluxo planta de nível 1, planta de nível 2 e então cliente e capacidade ilimitada em cada planta. E se houvesse a possibilidade dos CDs atenderem aos clientes diretamente? E se adicionássemos limitações de capacidade? Como a formulação matemática se alteraria nesses casos?

REFERÊNCIAS

Contreras, Ivan e Camilo Ortiz-Astorquiza (2019). "Hierarchical facility location problems". Em: *Location science*, pp. 365–389.

Farahani, Reza Zanjirani et al. (2014). "Hierarchical facility location problem: Models, classifications, techniques, and applications". Em: *Computers & Industrial Engineering* 68, pp. 104–117.

7

PROBLEMA DO CAMINHO MÍNIMO

Isadora Helena Dornas
isadorahelena10@gmail.com
Universidade Federal de Minas Gerais

Luiza Bernardes Real
luizabernardesreal@gmail.com
Instituto Federal de Minas Gerais

Débora A. Ribeiro
deboralvesribeiro@gmail.com

7.1 INTRODUÇÃO

O problema do caminho mínimo, também conhecido como shortest path problem, é um problema clássico da otimização em redes. O objetivo é encontrar o caminho mais eficiente entre dois pontos em uma rede, minimizando algum critério de desempenho, como distância, tempo, ou custo. Uma grande variedade de sistemas em engenharia e logística apresentam uma estrutura de rede, como redes de transporte, redes de distribuição de energia, redes de telecomunicações, entre outras.

Uma rede pode ser representada como um grafo, onde os pontos (nós) na rede representam localizações (cidades, fábricas, clientes) e os arcos representam as conexões entre esses pontos (como estradas, ou vias de trânsito). Cada arco tem um peso associado, que pode representar a distância física, o tempo necessário para percorrer o caminho, o custo financeiro da viagem, ou qualquer outra métrica relevante para o problema em questão. Assim, o problema do caminho mínimo pode ser usado em diversos contextos, por exemplo, em uma rede de transporte para otimizar rotas de entrega, em uma rede de telecomunicações para rotear dados, em uma rede de transporte público para otimizar o tráfego.

Como o problema aborda várias possibilidades de sair de uma origem para chegar a um destino, há diversos algoritmos para achar a solução desse problema. Destacamos o Algoritmo de Dijkstra, o Algoritmo de Floyd-Warshall, o Algoritmo de Bellman-Ford. Porém, neste capítulo, nos ateremos a explicar a modelagem matemática desse problema.

Mais detalhes sobre o problema do caminho mínimo pode ser encontrado em Dijkstra (1959). Os códigos do capítulo estão disponíveis em `https://pifop.com/app/view/JtbebAX2QV5GznePDSy2`.

7.2 O CASO

A empresa Rivadália está estabelecida em Contagem–MG e precisa fazer uma entrega urgente a um cliente importante em Juiz de Fora–MG. O setor de logística, então, decidiu aproveitar esse transporte para entregar a outros clientes convenientes que estão ao longo do caminho. A Figura 7.2.1 mostra a rede de transporte que liga a empresa (nó 4) e seus clientes (nós de 1 a 3 e nós de 5 a 11, sendo o nó 11 o cliente de Juiz de Fora). O tempo em minutos de uma cidade a outra está escrito em cada conexão da rede.

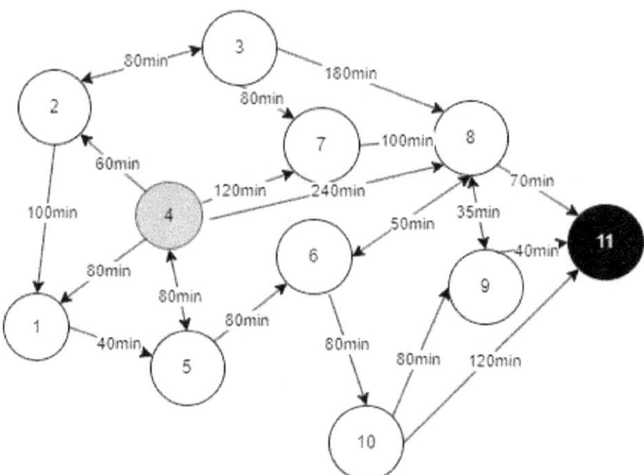

Figura 7.2.1: Rede de transporte que liga a empresa Rivadália e seus clientes.

Assim, dada a rede da Figura 7.2.1, o setor desenvolveu um modelo para analisar quais clientes seriam convenientes de serem atendidos no meio do caminho, para sair da empresa e chegar ao cliente em Juiz de Fora no menor tempo possível.

7.3 NOTAÇÃO, DEFINIÇÕES E MODELO

Na modelagem do problema do caminho mínimo, primeiro, é necessário estabelecer a quantidade de nós n, o conjunto de nós $N = \{1, \ldots, n\}$, o conjunto de arcos $A \subset \{(i,j) \in N \times N : i \neq j\}$ que representa as conexões entre os nós. O número de nós seria a quantidade de cidades, o conjunto de nós seriam todas as cidades e o conjunto de arcos seriam o conjunto de rotas que ligam uma cidade à outra.

A partir dessas definições, o problema do caminho mínimo, como falado, busca achar o caminho que minimize alguma medida, podendo ser distância, tempo, custo, etc. Por isso, na modelagem, iremos definir um peso, c_{ij}, para cada arco $(i, j) \in A$ para representar essa medida. No modelo que estamos representando, esse peso é dado pelo tempo de viagem entre duas cidades. Para finalizar a definição de parâmetros, resta apenas definir o ponto inicial e o ponto final do caminho, isto é, o nó de origem $o \in N$ e o nó de destino $d \in N$.

Por fim, a variável de decisão do problema do caminho mínimo x_{ij} é binária, recebendo o valor de 1 se o arco $(i, j) \in A$ for incluída no caminho; e 0, caso contrário. A Tabela 7.3.1 resume os parâmetros e as variáveis do problema.

Tabela 7.3.1: Lista de parâmetros e variáveis.

Conjuntos

$N : \{1, \ldots, n\}$: conjunto de nós,

$A \subset \{(i, j) \in N \times N : i \neq j\}$: conjunto de arcos.

Parâmetros

n : número de nós,

c_{ij} : tempo de passar pelo arco $(i, j) \in A$,

$o \in V$: nó inicial de origem do caminho,

$d \in V$: nó final do destino do caminho.

Variáveis

$x_{i,j} \in \{0, 1\}$: igual a 1 se o arco $(i, j) \in A$ é incluída no caminho;

0, caso contrário.

O problema do caminho mínimo pode ser formulado da seguinte forma:

$$\min \sum_{(i,j)\in A} c_{ij}x_{ij} \tag{7.3.1}$$

$$\text{sujeito a:} \sum_{(i,j)\in A} x_{ij} = 1 \qquad i = o \tag{7.3.2}$$

$$\sum_{(i,j)\in A} x_{ij} = 1 \qquad j = d \tag{7.3.3}$$

$$\sum_{(i,j)\in A} x_{ij} = \sum_{(j,i)\in A} x_{ji} \qquad j \in V \neq o, d \tag{7.3.4}$$

$$x_{ij} \in \{0,1\} \qquad \forall\ (i,j) \in A \tag{7.3.5}$$

A função objetivo (7.3.1) minimiza o tempo total de sair do nó de origem e chegar ao nó de destino. A restrição (7.3.2) garante que tenha exatamente um arco saindo do nó de origem. A restrição (7.3.3) faz o mesmo para o destino, isto é, garante que haja exatamente um arco atingindo o nó d. Já as restrições (7.3.4) definem a conservação de fluxo de entrada e saída em um nó. Elas garantem que, para nós que não são a origem nem o destino, o número de arcos que entram nesse nó deve ser o mesmo que o número de arcos que saem desse nó. Por fim, as restrições (7.3.5) garantem que a variável de decisão é binária.

7.4 CÓDIGOS E RESULTADOS DOS MODELOS

O código e o resultado do modelo implementado em MathProg são apresentados a seguir:

Código 7.1: Modelo feito em MathProg

```
#Caminho minimo Dijkstra
# Definindo conjuntos
param n;
set N default 1..n; #Conjunto de nos
set A within {i in N, j in N: i != j}; # Conjunto de arcos

# Parametros
param c {(i,j) in A} >= 0; # Custo dos arcos
param o within N; # No de origem
param d within N; # No de destino
# Variaveis de decisao
var x {(i,j) in A} >= 0;


# Funcao objetivo
minimize TempoTotal: sum {(i, j) in A} c[i, j] * x[i,j];
# Restricoes
```

```
subject to r1 : sum{(i, j) in A: i == o}x[i,j] = 1;
subject to r2 : sum{(i, j) in A: j == d}x[i,j] = 1;
subject to r3{j in N diff {o,d}}:
           sum{(i,j) in A} x[i,j] = sum{(j,i) in A} x[j,i];

# Resolva o modelo
solve;

printf "\n\n";
# Imprima os resultados
printf "Distancia minima entre nos %d e %d: %.0f:\n", o,d,TempoTotal;
for{(i,j) in A: x[i,j] > 1e-6}
{
  printf "Arcos utilizados: (%d,%d)\n",i,j;
}

data;

set N := 1 2 3 4 5 6  7  8  9  10 11;

set A := (1,5) (4,2) (4,1) (4,5) (4,7)
(4,8) (2,1) (2,3) (3,8) (3,7)
(3,2) (5,6) (5,4) (6,10) (6,8)
(7,8) (8,9) (8,11) (9,11) (9,8)
(10,11) (10, 9);

param c :=
1  5  40
4  2  60
4  1  80
4  5  80
4  7  120
4  8  240
2  1  100
2  3  80
3  8  180
3  7  80
3  2  80
5  6  80
5  4  80
6  10 80
6  8  50
7  8  100
8  9  35
8  11 70
9  8  35
9  11 40
10 11 120
10 9  80;


param o := 4;
param d := 11;

end;
```

```
> glpsol -m "Mathprog/problema_do_caminho_minimo.mod"

GLPSOL: GLPK LP/MIP Solver, v4.65
Parameter(s) specified in the command line:
 -m Mathprog/problema_do_caminho_minimo.mod
Reading model section from Mathprog/problema_do_caminho_minimo.mod...
Mathprog/problema_do_caminho_minimo.mod:9: warning: keyword within understood as in
Reading data section from Mathprog/problema_do_caminho_minimo.mod...
76 lines were read
Generating TempoTotal...
Generating r1...
Generating r2...
Generating r3...
Model has been successfully generated
GLPK Simplex Optimizer, v4.65
12 rows, 22 columns, 65 non-zeros
Preprocessing...
11 rows, 21 columns, 42 non-zeros
Scaling...
 A: min|aij| = 1.000e+00 max|aij| = 1.000e+00 ratio = 1.000e+00
Problem data seem to be well scaled
Constructing initial basis...
Size of triangular part is 10
      0: obj = 2.800000000e+02 inf = 1.000e+00 (1)
      3: obj = 3.600000000e+02 inf = 0.000e+00 (0)
*     5: obj = 2.800000000e+02 inf = 0.000e+00 (0)
OPTIMAL LP SOLUTION FOUND
Time used: 0.0 secs
Memory used: 0.1 Mb (109865 bytes)


Distancia minima entre nos 4 e 11: 280:
Arcos utilizados: (4,5)
Arcos utilizados: (5,6)
Arcos utilizados: (6,8)
Arcos utilizados: (8,11)
Model has been successfully processed
```

O código e o resultado do modelo implementado em Python são apresentados a seguir:

Código 7.2: Modelo feito em Python

```
from mip import Model, xsum, minimize, CBC, OptimizationStatus, BINARY
from itertools import product
import matplotlib.pyplot as plt
from math import sqrt
import numpy as np
# Parametros

#Vertices
N = {0, 1, 2, 3, 4, 5, 6, 7, 8, 9, 10}
#Arcos
#Arcos
A = [(0,4), (3,1), (3,0), (3,4), (3,6),
```

```
(3,7), (1,0), (1,2), (2,7), (2,6),
(2,1), (4,5), (4,3), (5,9), (5,7),
(6,7), (7,8), (7,10), (8,10), (8,7),
(9,10), (9, 8)]


c = {(0, 4): 40, (3, 1): 60, (3, 0): 80, (3, 4): 80, (3, 6): 120, (3, 7): 240, (1, 0): 100,
     (1, 2): 80, (2, 7): 180, (2, 6): 80, (2, 1): 80, (4, 5): 80, (4, 3): 80, (5, 9): 80,
     (5, 7): 50, (6, 7): 100, (7, 8): 35, (7, 10): 70, (8, 7): 35, (8, 10): 40, (9, 10): 120,
     (9, 8): 80}


o = 3
d = 10

# Modelo
model = Model('Caminho Minimo', solver_name=CBC)

# Variaveis de decisao
x = {(i, j): model.add_var(var_type=BINARY) for (i, j) in A}

# Funcao objetivo
model.objective = minimize(xsum(c[i, j] * x[i, j] for (i, j) in A))


# Restricoes
model += xsum(x[i, j] for (i, j) in A if i == o) == 1 # Garante que o fluxo sai de o
model += xsum(x[i, j] for (i, j) in A if j == d) == 1 # Garante que o fluxo chega em d

# Restricoes de fluxo de entrada/saida
for i in N:
    if i != o and i != d:
        model += xsum(x[j, i] for j in N if (j, i) in A) == xsum(x[i, j] for j in N if (i, j) in A)

#Resolver Modelo
status = model.optimize()

# Imprima os resultados
print("\nDistancia minima entre nos {} e {}: {:.0f}".format(o+1, d+1, model.objective_value))
print("Arcos selecionadas:")


for (i, j) in A:
    if x[i, j].x == 1:
        print("({}, {})".format(i+1, j+1))
```

```
> python/problema_do_caminho_minimo.py
Welcome to the CBC MILP Solver
Version: Trunk
Build Date: Oct 24 2021

Starting solution of the Linear programming relaxation problem using Primal Simplex

Coin0506I Presolve 10 (-1) rows, 21 (-1) columns and 41 (-2) elements
Clp1000I sum of infeasibilities 1.24904e-09 - average 1.24904e-10, 10 fixed columns
```

```
Coin0506I Presolve 0 (-10) rows, 0 (-21) columns and 0 (-41) elements
Clp0000I Optimal - objective value 280
Clp0000I Optimal - objective value 280
Coin0511I After Postsolve, objective 280, infeasibilities - dual 0 (0), primal 0 (0)
Clp0014I Perturbing problem by 0.001% of 1.0000048 - largest nonzero change 2.9031261e-05 ( 0.001451563%) - largest zero change 2.2470649e-05
Clp0000I Optimal - objective value 280
Clp0000I Optimal - objective value 280
Clp0000I Optimal - objective value 280
Coin0511I After Postsolve, objective 280, infeasibilities - dual 0 (0), primal 0 (0)
Clp0032I Optimal objective 280 - 0 iterations time 0.002, Presolve 0.00

Starting MIP optimization
Cgl0004I processed model has 10 rows, 21 columns (21 integer (21 of which binary)) and 41 elements
Coin3009W Conflict graph built in 0.000 seconds, density: 5.759%
Cgl0015I Clique Strengthening extended 0 cliques, 0 were dominated
Cbc0045I Nauty did not find any useful orbits in time 5e-05
Cbc0038I Initial state - 0 integers unsatisfied sum - 0
Cbc0038I Solution found of 280
Cbc0038I Before mini branch and bound, 21 integers at bound fixed and 0 continuous
Cbc0038I Mini branch and bound did not improve solution (0.00 seconds)
Cbc0038I After 0.00 seconds - Feasibility pump exiting with objective of 280 - took 0.00 seconds
Cbc0012I Integer solution of 280 found by feasibility pump after 0 iterations and 0 nodes (0.00 seconds)
Cbc0001I Search completed - best objective 280, took 0 iterations and 0 nodes (0.00 seconds)
Cbc0035I Maximum depth 0, 0 variables fixed on reduced cost
Total time (CPU seconds): 0.00 (Wallclock seconds): 0.00


Distancia minima entre nos 4 e 11: 280
Arcos selecionadas:
(4, 5)
(5, 6)
(6, 8)
(8, 11)
```

Discutiremos agora os resultados fornecidos pelos modelos. Ambos os modelos chegaram à mesma solução, isto é, um tempo total de 280 minutos de viagem de Contagem (nó 4) à Juiz de Fora (nó 11), passando pelos clientes 5, 6 e 8, nessa ordem. Esse foi o tempo mínimo, garantido pelo modelo, para sair da fábrica e chegar ao destino, fazendo entregas convenientes ao longo do caminho. Sendo assim, o setor de logística conseguiu fazer a entrega importante ao cliente de Juiz de Fora e ainda aproveitou para atender outros 4 clientes. A Figura 7.4.1 ilustra o caminho realizado para fazer a entrega no menor tempo possível.

7.5 CONCLUSÃO

Este capítulo abordou o problema do caminho mínimo. Com sua aplicabilidade abrangendo desde a otimização de rotas de entrega até o aprimoramento de redes de

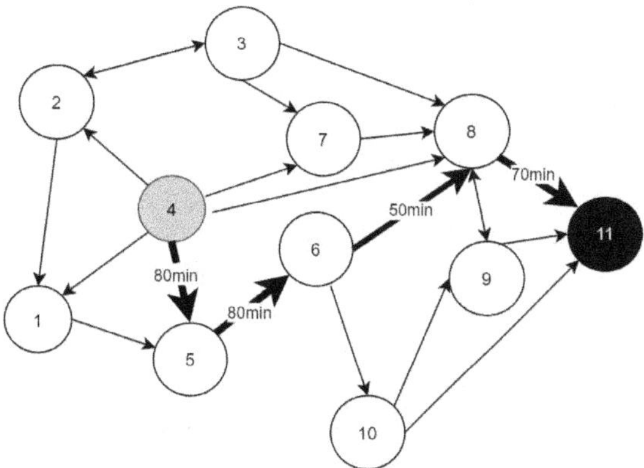

Figura 7.4.1: Solução mostrando o caminho realizado para fazer a entrega urgente.

comunicação e o planejamento urbano, ele se estabelece como um problema clássico na pesquisa operacional. Através do exemplo da empresa de móveis, destacamos como esse problema se manifesta na prática. O modelo de programação matemática proposto foi implementado nas linguagens MathProg e Python e os resultados obtidos foram apresentados.

No exemplo da Rivadália, consideramos apenas um tempo associado a cada arco. E se houvesse também limitação de carga entre cada nó da rede? Como a formulação matemática se alteraria?

REFERÊNCIAS

Dijkstra, Edsger W (1959). "A note on two problems in connexion with graphs". Em: *Numerische mathematik* 1.1, pp. 269–271.

8

PROBLEMA DA ÁRVORE GERADORA MÍNIMA

Isadora Helena Dornas
isadorahelena10@gmail.com
Universidade Federal de Minas Gerais

Luiza Bernardes Real
luizabernardesreal@gmail.com
Instituto Federal de Minas Gerais

Débora A. Ribeiro
deboralvesribeiro@gmail.com

Neste capítulo, apresentamos o problema da árvore geradora mínima (AGM). Para entender este problema, vamos começar exemplificando o que é uma árvore geradora. Imagine um mapa de cidades e estradas que as conectam. Assuma que você quer escolher algumas dessas estradas para conectar todas as cidades, de forma que seja possível viajar de qualquer cidade para outra usando apenas as estradas que você escolheu. Além disso, você quer fazer isso de maneira que não haja caminhos redundantes ou círculos; ou seja, sempre que você parte de uma cidade, há exatamente um caminho para chegar a qualquer outra cidade sem voltar por onde veio. Esse conjunto de estradas, que conecta todas as cidades sem formar ciclos, é o que chamamos de uma "árvore geradora"do mapa.

Em termos matemáticos, se pensarmos nas cidades como pontos e nas estradas que as conectam como arestas, uma árvore geradora é uma maneira de conectar todos os pontos com algumas dessas arestas, sem formar nenhum ciclo e garantindo que haja um caminho único entre qualquer par de pontos. Se associarmos um peso a cada aresta, a árvore geradora mínima é a árvore geradora cujo somatório dos pesos das arestas que a compõe é o menor possível.

O problema da AGM aplica-se em contextos de otimização no estabelecimento de infraestruturas de conexão eficiente entre pontos específicos, tais como rede de comunicação, logística, distribuição de energia, designs de circuitos, mapas, etc. Além da modelagem matemática apresentada neste capítulo, é importante ressaltar que o Algoritmo de Prim e o de Kruskal são os mais utilizados e conhecidos para resolver o problema da AGM.

Mais detalhes sobre o problema da AGM pode ser encontrado em Graham e Hell (1985). Os códigos do capítulo estão disponíveis em https://pifop.com/app/view/JtbeNg0vcFrCg6ageFSX.

8.1 O CASO

A fábrica da empresa Rivadália está fazendo uma expansão no tamanho da sua indústria para aumentar sua capacidade de produção e, para isso, precisa construir uma rede de tubulação para transportar fluidos essenciais entre essas áreas, minimizando o custo total de instalação. Cada conexão entre duas áreas diferentes da fábrica tem um custo associado. Os locais da fábrica a serem acessados são: a área de produção 1 (nó 1), a área de produção dois (nó 2), o armazém (nó 3), os escritórios (nó 4), a central de energia (nó 5) e a estação de tratamento de água (nó 6). A Figura 8.1.1 apresenta o layout da fábrica e a Tabela 8.1.1 mostra o custo de conexão entre as áreas. A empresa tem o desafio de projetar, então, a rede de tubulação com o menor custo possível e, para isso, usaram o modelo da árvore geradora mínima.

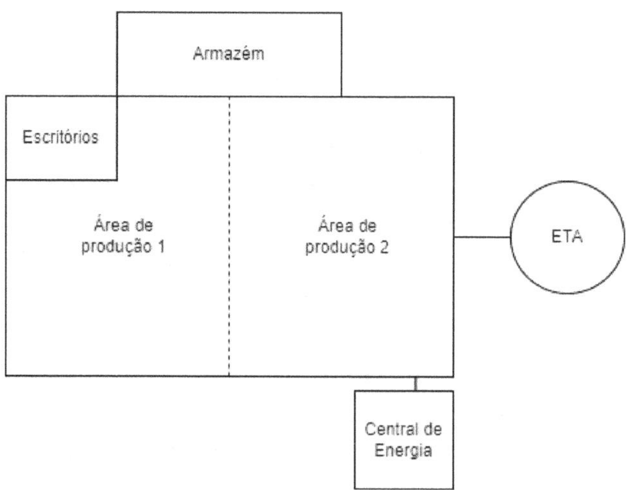

Figura 8.1.1: Planta da Fábrica Rivadália

8.2 NOTAÇÃO, DEFINIÇÕES E MODELO

Na modelagem do problema da árvore geradora mínima, primeiro, é necessário estabelecer a rede: a quantidade de nós n, o conjunto de nós $N = \{1, \ldots, n\}$ e o conjunto de arestas $E = \{(i, j) \in N \times N : i < j\}$ que representa as conexões entre os nós. O número de nós é a quantidade de locais da fábrica que precisam ser conectados e o conjunto de arestas são as opções de conexões da tubulação entre os locais da empresa.

Tabela 8.1.1: Dados do problema

Conexões	Custo
(1,2)	500
(1,3)	300
(1,4)	700
(2,5)	100
(3,4)	100
(3,5)	750
(4,6)	690
(5,6)	1000

O problema da AGM busca achar a árvore da rede que minimiza a soma total dos pesos (distância, tempo, custo, etc) das arestas. Por isso, na modelagem, iremos definir para cada aresta $(i,j) \in E$ um peso c_{ij}. No contexto do exemplo da Rivadália, o c_{ij} representa o custo da tubulação entre um local e outro da fábrica.

Em relação às variáveis de decisão temos $x_{ij} \in \{0,1\}$ que estabelece quais arcos serão usados, indicando 1 para uma aresta utilizada e, 0 caso contrário. Para garantir a inclusão de todos os nós na árvore, assumimos que cada nó precisa receber uma unidade de fluxo. Então, temos $y_{ij} \geq 0$ que representa a quantidade fictícia transportada na aresta $(i,j) \in E$. A Tabela (8.2.1) resume os parâmetros e variáveis do problema.

$$\min \sum_{(i,j) \in E} c_{ij} x_{ij} \tag{8.2.1}$$

$$\text{sujeito a: } \sum_{(1,j) \in E} y_{1j} = n - 1 \tag{8.2.2}$$

$$\sum_{(i,j) \in E} y_{ij} - \sum_{(j,k) \in E} y_{jk} = 1 \qquad j \in N : j \neq 1 \tag{8.2.3}$$

$$(n-1)x_{ij} \geq y_{ij} \qquad \forall (i,j) \in E \tag{8.2.4}$$

$$x_{ij} \leq y_{ij} \qquad \forall (i,j) \in E \tag{8.2.5}$$

$$x_{ij} \in \{0,1\} \qquad \forall\ (i,j) \in E \tag{8.2.6}$$

$$y_{ij} \geq 0 \qquad \forall\ (i,j) \in E \tag{8.2.7}$$

A função objetivo (8.2.1) minimiza a soma dos pesos das arestas c_{ij} ativadas na árvore. Para efeitos de modelagem, assumimos que o nó 1 começa com n unidades de fluxo fictício e que cada nó precisa receber uma unidade desse fluxo. Dessa forma, as restrições (8.2.2) garantem que $n-1$ unidade de fluxo fictício saem do nó 1. Para cada nó $j \neq 1$, as restrições (8.2.3) garantem que a quantidade de fluxo que chega

Tabela 8.2.1: Lista de parâmetros

Conjuntos

$N : \{0, \ldots, n\}$: conjunto de nós,

$E : \{(i,j) : i,j \in N \wedge i < j\}$: conjunto de arestas.

Parâmetros

n : número de nós,

c_{ij} : custo de instalação do arco $(i,j) \in E$.

Variáveis de Decisão

$x_{ij} \in \{0,1\}$: igual a 1, se a aresta $(i,j) \in E$ estiver presente na árvore;

0, caso contrário,

$y_{ij} \geq 0$: fluxo fictício que passa na aresta $(i,j) \in E$.

menos a quantidade de fluxo que sai desse nó será de uma unidade. As restrições (8.2.4) e (8.2.5) garantem que só pode passar fluxo fictício naquelas arestas que forem contabilizadas na função objetivo. Por fim, as restrições (8.2.6) e (8.2.7) representam o domínio das variáveis.

8.3 CÓDIGO E RESULTADO DO MODELO

O código e o resultado do modelo implementado em MathProg são apresentados a seguir:

Código 8.1: Modelo feito em MathProg

```
# Definindo o parametro n
param n;

# conjunto de nos
set N := {1..n};

# Definindo o conjunto de arestas E e o custo das arestas c
set E within {i in N, j in N: i < j};
param c{(i,j) in E} >= 0;

# Definindo as variaveis de decisao
```

```
var x{(i,j) in E} binary;
var y{(i,j) in E} >= 0;

# Funcao objetivo: Minimizar o custo total das arestas
minimize Fo: sum{(i,j) in E} c[i,j] * x[i,j];

# Restricoes

# Restricao 1: A soma do fluxo saindo do vertice 1 deve ser igual a (n-1)
s.t. R1: sum{(1,j) in E} y[1,j] = (n-1);

# Restricao 2: Para cada vertice j (exceto 1), a soma do fluxo que entra em j menos a soma que sai
    de j deve ser igual a 1
s.t. R2{j in N: j != 1}: sum{(i,j) in E} y[i,j] - sum{(j,k) in E} y[j,k] = 1;

# Restricoes 3 e 4: so pode passar fluxo se a aresta estiver ativada
s.t. R3{(i,j) in E}: (n-1) * x[i,j] >= y[i,j];
s.t. R4{(i,j) in E}: x[i,j] <= y[i,j];

# Resolvendo o modelo
solve;

display(Fo);
display{(i,j) in E} x[i,j];
display{(i,j) in E} y[i,j];

printf "O custo para a tubulacao da fabrica e: %.2f\n", Fo;
data;

param n := 6;

set E := (1,2) (1,3) (1,4) (2,5) (3,4) (3,5) (4,6) (5,6);

param c :=
1  2  500
1  3  300
1  4  700
2  5  100
3  4  100
3  5  750
4  6  690
5  6  1000;
```

```
> glpsol -m "arvore_geradora.mod"

GLPSOL: GLPK LP/MIP Solver, v4.65
Parameter(s) specified in the command line:
 -m arvore_geradora.mod
Reading model section from arvore_geradora.mod...
Reading data section from arvore_geradora.mod...
arvore_geradora.mod:54: warning: unexpected end of file; missing end statement inserted
54 lines were read
Generating Fo...
Generating R1...
Generating R2...
```

```
Generating R3...
Generating R4...
Model has been successfully generated
GLPK Integer Optimizer, v4.65
23 rows, 16 columns, 56 non-zeros
8 integer variables, all of which are binary
Preprocessing...
6 constraint coefficient(s) were reduced
20 rows, 14 columns, 42 non-zeros
6 integer variables, all of which are binary
Scaling...
 A: min|aij| = 1.000e+00 max|aij| = 3.000e+00 ratio = 3.000e+00
Problem data seem to be well scaled
Constructing initial basis...
Size of triangular part is 19
Solving LP relaxation...
GLPK Simplex Optimizer, v4.65
20 rows, 14 columns, 42 non-zeros
      0: obj = 8.000000000e+02 inf = 8.000e+00 (5)
      5: obj = 2.006666667e+03 inf = 0.000e+00 (0)
*     8: obj = 1.640000000e+03 inf = 0.000e+00 (0)
OPTIMAL LP SOLUTION FOUND
Integer optimization begins...
Long-step dual simplex will be used
+     8: mip =  not found yet >=        -inf     (1; 0)
+     9: >>>>> 1.690000000e+03 >= 1.690000000e+03 0.0% (2; 0)
+     9: mip = 1.690000000e+03 >= tree is empty 0.0% (0; 3)
INTEGER OPTIMAL SOLUTION FOUND
Time used: 0.0 secs
Memory used: 0.1 Mb (138162 bytes)
Display statement at line 35
Fo.val = 1690
Display statement at line 36
x[1,2].val = 1
x[1,3].val = 1
x[1,4].val = 0
x[2,5].val = 1
x[3,4].val = 1
x[3,5].val = 0
x[4,6].val = 1
x[5,6].val = 0
Display statement at line 37
y[1,2].val = 2
y[1,3].val = 3
y[1,4].val = 0
y[2,5].val = 1
y[3,4].val = 2
y[3,5].val = 0
y[4,6].val = 1
y[5,6].val = 0
O custo para a tubulacao da fabrica e: 1690.00
Model has been successfully processed
```

Código 8.2: Resultados do modelo em Mathprog

```
> glpsol -m "arvore_geradora.mod"

GLPSOL: GLPK LP/MIP Solver, v4.65
Parameter(s) specified in the command line:
 -m arvore_geradora.mod
Reading model section from arvore_geradora.mod...
Reading data section from arvore_geradora.mod...
arvore_geradora.mod:54: warning: unexpected end of file; missing end statement inserted
54 lines were read
Generating Fo...
Generating R1...
Generating R2...
Generating R3...
Generating R4...
Model has been successfully generated
GLPK Integer Optimizer, v4.65
23 rows, 16 columns, 56 non-zeros
8 integer variables, all of which are binary
Preprocessing...
6 constraint coefficient(s) were reduced
20 rows, 14 columns, 42 non-zeros
6 integer variables, all of which are binary
Scaling...
 A: min|aij| = 1.000e+00 max|aij| = 3.000e+00 ratio = 3.000e+00
Problem data seem to be well scaled
Constructing initial basis...
Size of triangular part is 19
Solving LP relaxation...
GLPK Simplex Optimizer, v4.65
20 rows, 14 columns, 42 non-zeros
    0: obj = 8.000000000e+02 inf = 8.000e+00 (5)
    5: obj = 2.006666667e+03 inf = 0.000e+00 (0)
*   8: obj = 1.640000000e+03 inf = 0.000e+00 (0)
OPTIMAL LP SOLUTION FOUND
Integer optimization begins...
Long-step dual simplex will be used
+    8: mip =  not found yet >=       -inf     (1; 0)
+    9: >>>>> 1.690000000e+03 >= 1.690000000e+03 0.0% (2; 0)
+    9: mip = 1.690000000e+03 >= tree is empty 0.0% (0; 3)
INTEGER OPTIMAL SOLUTION FOUND
Time used: 0.0 secs
Memory used: 0.1 Mb (138162 bytes)
Display statement at line 35
Fo.val = 1690
Display statement at line 36
x[1,2].val = 1
x[1,3].val = 1
x[1,4].val = 0
x[2,5].val = 1
x[3,4].val = 1
x[3,5].val = 0
x[4,6].val = 1
x[5,6].val = 0
Display statement at line 37
y[1,2].val = 2
```

```
y[1,3].val = 3
y[1,4].val = 0
y[2,5].val = 1
y[3,4].val = 2
y[3,5].val = 0
y[4,6].val = 1
y[5,6].val = 0
O custo para a tubulacao da fabrica e: 1690.00
Model has been successfully processed
```

O código e o resultado do modelo implementado em Python são apresentados a seguir:

Código 8.3: Modelo feito em Python

```
from mip import Model, xsum, minimize, CBC, OptimizationStatus, BINARY
from itertools import product
import matplotlib.pyplot as plt
from math import sqrt
import numpy as np

# Dados
n = 6
N = range(6)
E = [(0, 1), (0, 2), (0, 3), (1, 4), (2, 3), (2, 4), (3, 5), (4, 5)]


c = {(0, 1): 500, (0, 2): 300, (0, 3): 700, (1, 4): 100,
    (2, 3): 100, (2, 4): 750, (3, 5): 690, (4, 5): 1000}

# Modelo
model = Model('MST', solver_name=CBC)

# Variaveis de decisao
x = {(i, j): model.add_var(var_type=BINARY) for i, j in E}

y = {(i, j): model.add_var() for (i, j) in E}

# Funcao objetivo
model.objective = minimize(xsum(c[i, j] * x[i, j] for (i, j) in E))

# Restricoes
for i in E:
   if i == 0:
      model += xsum(y[i, j] for (i,j) in E) == n

for j in N:
   if j != 0:
      model += xsum(y[i, j] for i in range(n) if (i, j) in E) - xsum(y[j, k] for k in range(n) if
           (j, k) in E and k != j) == 1

for (i, j) in E:
   model += (n - 1) * x[i, j] >= y[i, j]
   model += x[i, j] <= y[i, j]

```

```python
# Resolvendo o modelo
status = model.optimize()

# Exibindo resultados
print("Valor da Funcao Objetivo e: {}".format(model.objective_value))

for (i, j) in E:
   if x[i,j].x >= 0:
      print("\n A aresta {} para {} e usada? {} ".format(i, j,x[i, j].x))

for(i,j) in E:
      if y[i,j].x > 0:
         print("\n A aresta {} para {}, de capacidade {}, e usada {} para tubulacao".format(i, j,
             c[i,j], y[i, j].x))
```

Código 8.4: Resultados do modelo em Python

```
> python/arvore_geradora.py
Welcome to the CBC MILP Solver
Version: Trunk
Build Date: Oct 24 2021

Starting solution of the Linear programming relaxation problem using Primal Simplex

Coin0506I Presolve 14 (-7) rows, 11 (-5) columns and 34 (-11) elements
Clp1000I sum of infeasibilities 1.0674e-05 - average 7.62429e-07, 4 fixed columns
Coin0506I Presolve 0 (-14) rows, 0 (-11) columns and 0 (-34) elements
Clp0000I Optimal - objective value 578
Clp0000I Optimal - objective value 578
Coin0511I After Postsolve, objective 578, infeasibilities - dual 0 (0), primal 0 (0)
Clp0014I Perturbing problem by 0.001% of 1.7178556 - largest nonzero change 2.1425135e-05 (
     0.00071417118%) - largest zero change 1.6275402e-05
Clp0000I Optimal - objective value 578
Clp0000I Optimal - objective value 578
Clp0000I Optimal - objective value 578
Coin0511I After Postsolve, objective 578, infeasibilities - dual 0 (0), primal 0 (0)
Clp0032I Optimal objective 578 - 0 iterations time 0.002, Presolve 0.00, Idiot 0.00

Starting MIP optimization
Cgl0004I processed model has 8 rows, 7 columns (7 integer (5 of which binary)) and 20 elements
Coin3009W Conflict graph built in 0.000 seconds, density: 4.762%
Cgl0015I Clique Strengthening extended 0 cliques, 0 were dominated
Cbc0045I Nauty did not find any useful orbits in time 4.2e-05
Cbc0038I Initial state - 1 integers unsatisfied sum - 0.5
Cbc0038I Pass 1: suminf. 0.50000 (1) obj. 1965 iterations 2
Cbc0038I Solution found of 2340
Cbc0038I Before mini branch and bound, 3 integers at bound fixed and 1 continuous
Cbc0038I Full problem 8 rows 7 columns, reduced to 0 rows 0 columns
Cbc0038I Mini branch and bound improved solution from 2340 to 1690 (0.00 seconds)
Cbc0038I Round again with cutoff of 1676
Cbc0038I Reduced cost fixing fixed 1 variables on major pass 2
Cbc0038I Pass 2: suminf. 0.50000 (1) obj. 1640 iterations 2
Cbc0038I Pass 3: suminf. 0.14000 (1) obj. 1676 iterations 2
Cbc0038I Pass 4: suminf. 0.14000 (1) obj. 1676 iterations 1
Cbc0038I Pass 5: suminf. 0.14000 (1) obj. 1676 iterations 1
```

```
Cbc0038I Pass 6: suminf. 0.14000 (1) obj. 1676 iterations 0
Cbc0038I Pass 7: suminf. 0.14000 (1) obj. 1676 iterations 0
Cbc0038I Pass 8: suminf. 0.50000 (1) obj. 1640 iterations 2
Cbc0038I Pass 9: suminf. 0.55000 (2) obj. 1676 iterations 3
Cbc0038I Pass 10: suminf. 0.50000 (1) obj. 1640 iterations 1
Cbc0038I Pass 11: suminf. 0.14000 (1) obj. 1676 iterations 3
Cbc0038I Pass 12: suminf. 0.14000 (1) obj. 1676 iterations 0
Cbc0038I Pass 13: suminf. 0.14000 (1) obj. 1676 iterations 0
Cbc0038I Pass 14: suminf. 0.14000 (1) obj. 1676 iterations 0
Cbc0038I Pass 15: suminf. 0.14000 (1) obj. 1676 iterations 0
Cbc0038I Pass 16: suminf. 0.14000 (1) obj. 1676 iterations 0
Cbc0038I Pass 17: suminf. 0.14000 (1) obj. 1676 iterations 0
Cbc0038I Pass 18: suminf. 0.14000 (1) obj. 1676 iterations 0
Cbc0038I Pass 19: suminf. 0.14000 (1) obj. 1676 iterations 0
Cbc0038I Pass 20: suminf. 0.50000 (1) obj. 1640 iterations 2
Cbc0038I Pass 21: suminf. 0.62000 (3) obj. 1676 iterations 2
Cbc0038I Pass 22: suminf. 0.50000 (1) obj. 1640 iterations 2
Cbc0038I Pass 23: suminf. 0.55143 (2) obj. 1676 iterations 1
Cbc0038I Pass 24: suminf. 0.14000 (1) obj. 1676 iterations 2
Cbc0038I Pass 25: suminf. 0.14000 (1) obj. 1676 iterations 0
Cbc0038I Pass 26: suminf. 0.61613 (3) obj. 1676 iterations 1
Cbc0038I Pass 27: suminf. 0.14000 (1) obj. 1676 iterations 1
Cbc0038I Pass 28: suminf. 0.14000 (1) obj. 1676 iterations 0
Cbc0038I Pass 29: suminf. 0.14000 (1) obj. 1676 iterations 0
Cbc0038I Pass 30: suminf. 0.14000 (1) obj. 1676 iterations 0
Cbc0038I Pass 31: suminf. 0.14000 (1) obj. 1676 iterations 0
Cbc0038I Before mini branch and bound, 1 integers at bound fixed and 1 continuous
Cbc0038I Mini branch and bound did not improve solution (0.01 seconds)
Cbc0038I Round again with cutoff of 1668.8
Cbc0038I Reduced cost fixing fixed 1 variables on major pass 3
Cbc0038I Pass 31: suminf. 0.50000 (1) obj. 1640 iterations 0
Cbc0038I Pass 32: suminf. 0.21200 (1) obj. 1668.8 iterations 2
Cbc0038I Pass 33: suminf. 0.21200 (1) obj. 1668.8 iterations 1
Cbc0038I Pass 34: suminf. 0.21200 (1) obj. 1668.8 iterations 1
Cbc0038I Pass 35: suminf. 0.21200 (1) obj. 1668.8 iterations 1
Cbc0038I Pass 36: suminf. 0.21200 (1) obj. 1668.8 iterations 1
Cbc0038I Pass 37: suminf. 0.21200 (1) obj. 1668.8 iterations 0
Cbc0038I Pass 38: suminf. 0.21200 (1) obj. 1668.8 iterations 0
Cbc0038I Pass 39: suminf. 0.21200 (1) obj. 1668.8 iterations 0
Cbc0038I Pass 40: suminf. 0.21200 (1) obj. 1668.8 iterations 0
Cbc0038I Pass 41: suminf. 0.21200 (1) obj. 1668.8 iterations 0
Cbc0038I Pass 42: suminf. 0.54114 (2) obj. 1668.8 iterations 3
Cbc0038I Pass 43: suminf. 0.59600 (3) obj. 1668.8 iterations 4
Cbc0038I Pass 44: suminf. 0.21200 (1) obj. 1668.8 iterations 1
Cbc0038I Pass 45: suminf. 0.50000 (1) obj. 1640 iterations 2
Cbc0038I Pass 46: suminf. 0.50000 (1) obj. 1640 iterations 0
Cbc0038I Pass 47: suminf. 0.21200 (1) obj. 1668.8 iterations 3
Cbc0038I Pass 48: suminf. 0.21200 (1) obj. 1668.8 iterations 0
Cbc0038I Pass 49: suminf. 0.21200 (1) obj. 1668.8 iterations 0
Cbc0038I Pass 50: suminf. 0.21200 (1) obj. 1668.8 iterations 0
Cbc0038I Pass 51: suminf. 0.59600 (3) obj. 1668.8 iterations 1
Cbc0038I Pass 52: suminf. 0.21200 (1) obj. 1668.8 iterations 2
Cbc0038I Pass 53: suminf. 0.21200 (1) obj. 1668.8 iterations 0
Cbc0038I Pass 54: suminf. 0.59290 (3) obj. 1668.8 iterations 1
Cbc0038I Pass 55: suminf. 0.59290 (3) obj. 1668.8 iterations 0
```

```
Cbc0038I Pass 56: suminf. 0.21200 (1) obj. 1668.8 iterations 1
Cbc0038I Pass 57: suminf. 0.21200 (1) obj. 1668.8 iterations 0
Cbc0038I Pass 58: suminf. 0.50000 (1) obj. 1640 iterations 2
Cbc0038I Pass 59: suminf. 0.59290 (3) obj. 1668.8 iterations 2
Cbc0038I Pass 60: suminf. 0.50000 (1) obj. 1640 iterations 2
Cbc0038I No solution found this major pass
Cbc0038I Before mini branch and bound, 1 integers at bound fixed and 1 continuous
Cbc0038I Mini branch and bound did not improve solution (0.01 seconds)
Cbc0038I After 0.01 seconds - Feasibility pump exiting with objective of 1690 - took 0.01 seconds
Cbc0012I Integer solution of 1690 found by feasibility pump after 0 iterations and 0 nodes (0.01 seconds)
Cbc0006I The LP relaxation is infeasible or too expensive
Cbc0013I At root node, 0 cuts changed objective from 1640 to 1640 in 1 passes
Cbc0014I Cut generator 0 (Probing) - 1 row cuts average 0.0 elements, 0 column cuts (0 active) in 0.000 seconds - new frequency is 1
Cbc0014I Cut generator 1 (Gomory) - 0 row cuts average 0.0 elements, 0 column cuts (0 active) in 0.000 seconds - new frequency is -100
Cbc0014I Cut generator 2 (Knapsack) - 0 row cuts average 0.0 elements, 0 column cuts (0 active) in 0.000 seconds - new frequency is -100
Cbc0014I Cut generator 3 (Clique) - 0 row cuts average 0.0 elements, 0 column cuts (0 active) in 0.000 seconds - new frequency is -100
Cbc0014I Cut generator 4 (OddWheel) - 0 row cuts average 0.0 elements, 0 column cuts (0 active) in 0.000 seconds - new frequency is -100
Cbc0014I Cut generator 5 (MixedIntegerRounding2) - 0 row cuts average 0.0 elements, 0 column cuts (0 active) in 0.000 seconds - new frequency is -100
Cbc0014I Cut generator 6 (FlowCover) - 0 row cuts average 0.0 elements, 0 column cuts (0 active) in 0.000 seconds - new frequency is -100
Cbc0014I Cut generator 7 (TwoMirCuts) - 0 row cuts average 0.0 elements, 0 column cuts (0 active) in 0.000 seconds - new frequency is -100
Cbc0014I Cut generator 8 (ZeroHalf) - 0 row cuts average 0.0 elements, 0 column cuts (0 active) in 0.000 seconds - new frequency is -100
Cbc0001I Search completed - best objective 1690, took 0 iterations and 0 nodes (0.01 seconds)
Cbc0035I Maximum depth 0, 1 variables fixed on reduced cost
Total time (CPU seconds): 0.01 (Wallclock seconds): 0.01

Valor da Funcao Objetivo e: 1690.0

 A aresta 0 para 1 e usada? 1.0

 A aresta 0 para 2 e usada? 1.0

 A aresta 0 para 3 e usada? 0.0

 A aresta 1 para 4 e usada? 1.0

 A aresta 2 para 3 e usada? 1.0

 A aresta 2 para 4 e usada? 0.0

 A aresta 3 para 5 e usada? 1.0

 A aresta 4 para 5 e usada? 0.0

 A aresta 0 para 1, de capacidade 500, e usada 2.0 para tubulacao

```

```
A aresta 0 para 2, de capacidade 300, e usada 3.0 para tubulacao

A aresta 1 para 4, de capacidade 100, e usada 1.0 para tubulacao

A aresta 2 para 3, de capacidade 100, e usada 2.0 para tubulacao

A aresta 3 para 5, de capacidade 690, e usada 1.0 para tubulacao
```

O menor custo total para fazer a tubulação da fábrica foi de 1690. Essa árvore geradora mínima, então, é formada pelos arcos:

$$\begin{aligned}
\text{A1} \rightarrow \text{A2} &: (1,2) \text{ com um custo de } 500 \\
\text{A1} \rightarrow \text{Arm} &: (1,3) \text{ com um custo de } 300 \\
\text{A2} \rightarrow \text{CE} &: (2,5) \text{ com um custo de } 100 \\
\text{Arm} \rightarrow \text{Esc} &: (3,4) \text{ com um custo de } 100 \\
\text{Esc} \rightarrow \text{ETA} &: (4,6) \text{ com um custo de } 690
\end{aligned}$$

8.4 CONCLUSÃO

Neste capítulo, discutimos o problema de árvore geradora mínima, que encontra a maneira mais eficiente de conectar todos os pontos de um sistema sem redundâncias e com o menor custo total possível. Vimos a aplicação do mesmo instalação de tubulações na fábrica de móveis Rivadália, como implementar o modelo em MathProg e Python e apresentamos os resultados encontrados.

Em alguns casos, devido a limitações de infraestrutura, é preciso limitar o número de conexões de cada nó da rede. Você seria capaz de alterar a formulação matemática para abranger essas situações?

REFERÊNCIAS

Graham, Ronald L e Pavol Hell (1985). “On the history of the minimum spanning tree problem”. Em: *Annals of the History of Computing* 7.1, pp. 43–57.

9

PROBLEMA DE FLUXO MÁXIMO

Isadora Helena Dornas
isadorahelena10@gmail.com
Universidade Federal de Minas Gerais

Luiza Bernardes Real
luizabernardesreal@gmail.com
Instituto Federal de Minas Gerais

Fátima M. de Souza Lima
fatimamslima@face.ufmg.br
Universidade Federal de Minas Gerais

Thaís Fernandes Oliveira
tatafernandesoliveira9@gmail.com
Instituto Federal de Minas Gerais

Débora A. Ribeiro
deboralvesribeiro@gmail.com

9.1 INTRODUÇÃO

O problema do fluxo máximo, também chamado de Maximum Flow Problem, é um problema clássico em otimização de rede, com aplicações variando desde o planejamento de sistemas de transporte até a distribuição de recursos em redes de comunicação. Esse problema consiste em maximizar o fluxo (por exemplo, água, eletricidade, dados, produtos) em uma rede de um ponto inicial a um ponto final, respeitando as capacidades dos diversos caminhos e conexões disponíveis. Normalmente, a rede do problema do fluxo máximo é direcionada, ou seja, cada arco (ou conexão) tem uma direção de fluxo de um ponto (ou nó) para outro.

O problema do fluxo máximo pode ser resolvido usando vários algoritmos, tais como o de Ford-Fulkerson e o de Dinic. Os métodos para resolver o problema do fluxo máximo são fundamentais para a pesquisa operacional e a ciência da computação, fornecendo ferramentas essenciais para o projeto e análise de sistemas complexos. No entanto, neste capítulo, nos ateremos a explicar a modelagem matemática desse problema.

Mais detalhes sobre o problema de fluxo máximo pode ser encontrado em Smith (1994). Os códigos do capítulo estão disponíveis em `https://pifop.com/app/view/JtbeILGhjv5lwPXbUHcu`.

9.2 O CASO

A empresa Rivadália está estudando a rede de distribuição do seu armazém central até a sua principal loja na capital do país. Na situação atual, os móveis saem do armazém central (origem), passam por uma rede de armazéns intermediários e então atingem a loja (destino). A capacidade de cada arco (conexão) representa a quantidade máxima de móveis que pode ser transportada por unidade de tempo (por exemplo, peças por dia). A empresa deseja determinar qual é, atualmente, a quantidade máxima de móveis que podem ser transportadas do armazém central a sua principal loja.

Vamos considerar o nó 1 como sendo o armazém central, o nó 7 como sendo a loja e os demais nós como sendo os armazéns intermediários. A Figura 9.2.1 ilustra a atual rede de distribuição da empresa. A Tabela 9.2.1 apresenta a capacidade de cada arco.

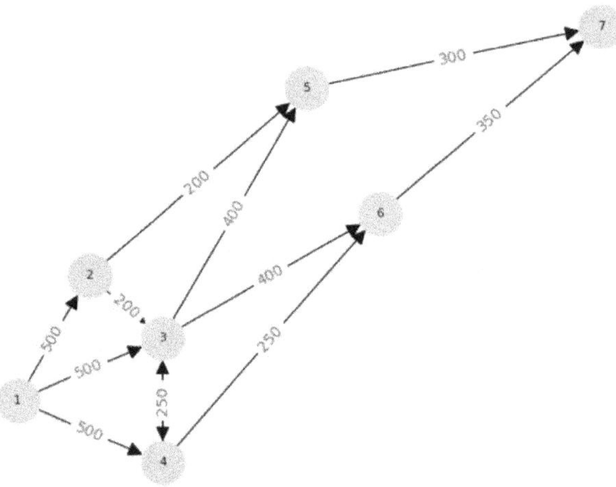

Figura 9.2.1: Rede de distribuição do armazém central à principal loja da empresa Rivadália.

9.3 NOTAÇÃO, DEFINIÇÕES E MODELO

Na modelagem do problema de fluxo máximo, primeiramente, é necessário estabelecer a rede: definimos um conjunto de nós $N = \{1, \ldots, n\}$, um conjunto de arcos $A \subset \{(i, j) \in N \times N : i \neq j\}$ que representa as conexões entre os nós. Além disso, cada arco $(i, j) \in A$ tem uma capacidade máxima, dada por u_{ij}, que define a quantidade máxima de fluxo que pode passar por aquele caminho.

Tabela 9.2.1: Capacidade de cada arco.

Arestas	Capacidade
(1, 2)	500
(1, 3)	500
(1, 4)	500
(2, 3)	200
(2, 5)	200
(3, 2)	400
(3, 4)	400
(3, 5)	400
(3, 6)	400
(4, 3)	250
(4, 6)	250
(5, 6)	300
(6, 7)	350

Em relação às variáveis de decisão, temos $x_{ij} \geq 0$ para representar a quantidade de fluxo que passa pelo arco $(i, j) \in A$ e $F \geq 0$ para representar o fluxo máximo que sai da origem e chega ao destino.

Tabela 9.3.1: Lista de parâmetros e variáveis.

Conjuntos

$N : \{1, \ldots, n\}$: conjunto de nós,

$A \subset \{(i, j) \in N \times N : i \neq j\}$: conjunto de arcos.

Parâmetros

n : número de nós da rede,

u_{ij} : limite máximo de fluxo do arco $(i, j) \in A$.

Variáveis de Decisão

$x_{ij} \geq 0$: quantidade transportada pelo arco $(i, j) \in A$,

$F \geq 0$: fluxo máximo da origem ao destino da rede.

O problema de fluxo máximo pode ser formulado da seguinte forma:

$$\max \quad F \tag{9.3.1}$$

$$\text{s.a.:} \tag{9.3.2}$$

$$\sum_{(j,i)\in A} x_{ji} - \sum_{(i,j)\in A} x_{ij} = \begin{cases} -F, & \forall\, i = 1 \\ 0, & \forall\, i \in N : i \neq 1, i \neq n \\ F, & \forall\, i = n \end{cases} \tag{9.3.3}$$

$$x_{ij} \leq u_{ij} \quad \forall (i,j) \in A \tag{9.3.4}$$

$$F \geq 0 \tag{9.3.5}$$

$$x_{ij} \geq 0 \quad \forall (i,j) \in A \tag{9.3.6}$$

A função objetivo (9.3.1) maximiza nossa variável F, ou seja, o fluxo total do ponto de origem ao ponto de destino da rede. As restrições (9.3.3) fazem o balanço do fluxo da rede. Quando i corresponde a origem, nenhum fluxo chega até ele, ou seja, $\sum_{(j,i)\in A} x_{ji} = 0$ e todo o fluxo que sai, $\sum_{(i,j)\in A} x_{ij}$, corresponde ao fluxo máximo F. Quando i é diferente da origem e do destino, todo o fluxo que chega nele precisa sair. Nesse caso, o nó funciona apenas como um ponto de transbordo. Quando i corresponde ao destino, todo o fluxo que chega até ele, $\sum_{(j,i)\in A} x_{ji}$, corresponde ao fluxo máximo F e nenhum fluxo sai dele, $\sum_{(i,j)\in A} x_{ij} = 0$. Há também as restrições (9.3.4) que garantem que o fluxo x_{ij} em cada arco não excede a sua capacidade. Por último, então, as restrições (9.3.5) e (9.3.6) representam a não negatividade das variáveis, uma vez que não podem assumir valores negativos. Essas restrições, portanto, servem para restringir a região de viabilidade do problema, assegurando o balanço do fluxo, bem como o respeito da capacidade para modelar o desafio do caso apresentado.

9.4 CÓDIGOS E RESULTADOS DOS MODELOS

O código e o resultado do modelo implementado em MathProg são apresentados a seguir:

Código 9.1: Modelo feito em MathProg

```
# Numero de vertices
param n;

# Conjunto de arcos
set N := 1..n;
set A within {(i,j) in N cross N: i != j};

```

```
param orig := 1;
param dest := n;

# Capacidades de transporte

param u{(i,j) in A};

# Quantidade de fluxo
var x{(i,j) in A}, >= 0;

# Fluxo total
var F, >= 0;

# Funcao objetivo
maximize Fo: F;

# Restricoes de balanco
s.t. R1: - sum{(orig,j) in A} x[orig,j] = - F;
s.t. R2{i in 2..n-1}: sum{(j,i) in A} x[j,i] = sum{(i,j) in A} x[i,j];
s.t. R3: sum{(i,dest) in A} x[i,dest] = F;

# Restricoes de capacidade
s.t. R4{(i,j) in A}: x[i,j] <= u[i,j];

solve;

printf "\nA quantidade total de produtos que pode ser distribuida diariamente e: %d\n", F;
printf{(i,j) in A : x[i,j] > 0} "\nO fluxo de produtos de %d para %d e: %d\n", i, j, x[i,j];

display (Fo);

data;

param n := 7;


set A :=
    1 2
    1 3
    1 4
    2 3
    2 5
    3 2
    3 5
    3 6
    3 4
    4 3
    4 6
    5 7
    6 7;

param u :=
    1 2 500
    1 3 500
    1 4 500
```

```
    2 3 200
    2 5 200
    3 2 400
    3 5 400
    3 6 400
    3 4 400
    4 3 250
    4 6 250
    5 7 300
    6 7 350;

end;
```

Código 9.2: Resultados em Mathprog

```
> glpsol -m "mathprog/MFP.mod"

GLPSOL: GLPK LP/MIP Solver, v4.65
Parameter(s) specified in the command line:
 -m mathprog/MFP.mod
Reading model section from mathprog/MFP.mod...
Reading data section from mathprog/MFP.mod...
mathprog/MFP.mod:76: warning: final NL missing before end of file
76 lines were read
Generating Fo...
Generating R1...
Generating R2...
Generating R3...
Generating R4...
Model has been successfully generated
GLPK Simplex Optimizer, v4.65
21 rows, 14 columns, 42 non-zeros
Preprocessing...
7 rows, 14 columns, 28 non-zeros
Scaling...
 A: min|aij| = 1.000e+00 max|aij| = 1.000e+00 ratio = 1.000e+00
Problem data seem to be well scaled
Constructing initial basis...
Size of triangular part is 6
*     0: obj = -0.000000000e+00 inf = 0.000e+00 (3)
*     4: obj = 6.500000000e+02 inf = 0.000e+00 (0)
OPTIMAL LP SOLUTION FOUND
Time used: 0.0 secs
Memory used: 0.1 Mb (107462 bytes)

A quantidade total de produtos que pode ser distribuida diariamente e: 650

O fluxo de produtos de 1 para 2 e: 200

O fluxo de produtos de 1 para 3 e: 450

O fluxo de produtos de 2 para 5 e: 200

O fluxo de produtos de 3 para 5 e: 100

```

```
O fluxo de produtos de 3 para 6 e: 100

O fluxo de produtos de 3 para 4 e: 250

O fluxo de produtos de 4 para 6 e: 250

O fluxo de produtos de 5 para 7 e: 300

O fluxo de produtos de 6 para 7 e: 350
Display statement at line 37
Fo.val = 650
Model has been successfully processed
```

O código e o resultado do modelo implementado em Python são apresentados a seguir:

Código 9.3: Modelo feito em Python

```
from mip import Model, xsum, maximize, CBC, OptimizationStatus, BINARY
from itertools import product

# Dados
n = 7

A = [
    (1, 2),
    (1, 3),
    (1, 4),
    (2, 3),
    (2, 5),
    (3, 4),
    (3, 5),
    (3, 6),
    (3, 4),
    (4, 3),
    (4, 6),
    (5, 7),
    (6, 7)
]

u = {(1, 2): 500, (1, 3): 500, (1, 4): 500, (2, 3): 200, (2, 5): 200, (3, 4): 400,
    (3, 5): 400, (3, 6): 400, (3, 4): 400, (4, 3): 250, (4, 6): 250, (5, 7): 300,
    (6, 7): 350}

orig = 1
dest = 7
N = set.union(set([i for (i,j) in A]),set([j for (i,j) in A]))
I = N.difference(set([orig,dest]))

# Modelo
model = Model('MFP', solver_name=CBC)

# Variaveis de decisao
x = {(i, j): model.add_var(lb=0) for i, j in A}
F = model.add_var(lb=0)
```

```

# Funcao objetivo
model.objective = maximize(F)

# Restricoes de balanco
model += -xsum(x[i, j] for (i,j) in A if i==orig) == -F
for i in I:
   model += xsum(x[ii, j] for (ii,j) in A if ii == i) - xsum(x[k, ii] for (k,ii) in A if i ==ii) == 0
model += xsum(x[k, i] for (k,i) in A if i == dest ) == F

# Restricoes de capacidade
for i, j in A:
   model += x[i, j] <= u[i,j]

model.write('maxflow.lp')
# Resolver o modelo
status = model.optimize()

# Exibir resultados
print("O fluxo maximo para transporte semanal e: {}".format(model.objective_value))
for i, j in A:
   if x[i, j].x > 0:
      print("O fluxo de produtos de {} para {} e: {}".format(i, j, x[i, j].x))
```

Código 9.4: Resultados em Python

```
> python/MFP.py
Welcome to the CBC MILP Solver
Version: Trunk
Build Date: Oct 24 2021

Starting solution of the Linear programming problem using Dual Simplex

Coin0506I Presolve 5 (-15) rows, 10 (-4) columns and 20 (-19) elements
Clp0014I Perturbing problem by 0.001% of 1 - largest nonzero change 4.7389588e-05 ( 0.0047389588%) - largest zero change 4.5943227e-05
Clp0000I Optimal - objective value 650
Coin0511I After Postsolve, objective 650, infeasibilities - dual 0 (0), primal 0 (0)
Clp0032I Optimal objective 650 - 5 iterations time 0.002, Presolve 0.00
O fluxo maximo para transporte semanal e: 650.0
O fluxo de produtos de 1 para 2 e: 400.0
O fluxo de produtos de 1 para 4 e: 250.0
O fluxo de produtos de 2 para 3 e: 200.0
O fluxo de produtos de 2 para 5 e: 200.0
O fluxo de produtos de 3 para 5 e: 100.0
O fluxo de produtos de 3 para 6 e: 100.0
O fluxo de produtos de 4 para 6 e: 250.0
O fluxo de produtos de 5 para 7 e: 300.0
O fluxo de produtos de 6 para 7 e: 350.0
```

Os resultados mostram que a quantidade máxima de móveis que podem sair do armazém central e chegar à loja é de 650 móveis. Note que, apesar de acharem o mesmo fluxo máximo, os códigos em MathProg e em Python retornaram redes diferentes, ou seja, diferentes soluções. Enquanto na rede obtida pelo código em MathProg, os móveis saem do armazém central passando pelos armazéns intermediários 2 e 3, na rede obtida pelo código em Python, os móveis saem do armazém central passando pelos armazéns intermediários 2 e 4, por exemplo. Quando isso ocorre, dizemos que o problema possui múltiplas soluções ótimas. As Figuras 9.4.1 e 9.4.2 ilustram a quantidade de móveis que passam por cada arco nas soluções obtidas pelo código em MathProg e em Python, respectivamente.

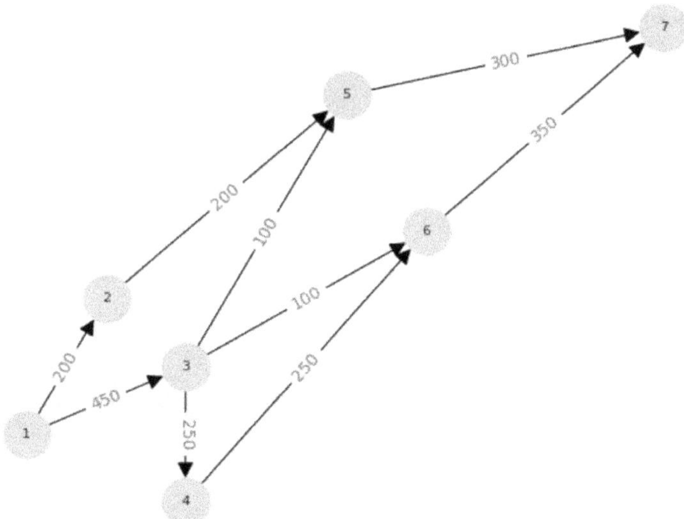

Figura 9.4.1: Representação da rede obtida no código de MathProg.

Em ambas as redes, percebemos que os arcos não são utilizados em sua capacidade máxima. Seria possível sair 1500 móveis do armazém central ($u_{12} = 500, u_{13} = 500, u_{14} = 500$). No entanto, devido a gargalos no meio da rede, na solução obtida pelo código em MathProg, por exemplo, os arcos $1-2$, $1-3$ e $1-4$ são utilizados em 40%, 90% e 0% de suas capacidades, respectivamente.

9.5 CONCLUSÃO

Este capítulo abordou o problema de fluxo máximo. Através do exemplo da empresa de móveis, destacamos como esse problema se manifesta na prática. A medida que enfrentamos desafios cada vez mais complexos em nossa sociedade interconectada, a capacidade de otimizar o fluxo de recursos torna-se indispensável. O modelo de programação matemática proposto foi implementado nas linguagens MathProg e Python e os resultados obtidos foram apresentados.

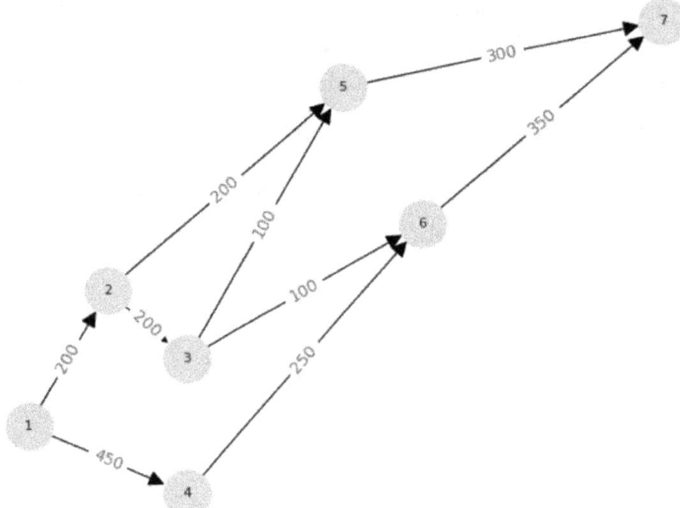

Figura 9.4.2: Representação da rede obtida no código de Python.

No exemplo da Rivadália, consideramos apenas um par de origem e destino. E se houvessem mais pares de origem e destino? Como esse novo problema seria formulado?

REFERÊNCIAS

Smith, David K (1994). "Network flows: theory, algorithms, and applications". Em: *Journal of the Operational Research Society* 45.11, pp. 1340–1340.

10

PROBLEMA DE FLUXO DE CUSTO MÍNIMO

Fátima M. de Souza Lima
fatimamslima@face.ufmg.br
Universidade Federal de Minas Gerais
Ricardo S. de Camargo
rcamargo@dep.ufmg.br
Universidade Federal de Minas Gerais

Luiza Bernardes Real
luizabernardesreal@gmail.com
Instituto Federal de Minas Gerais
Thaís Fernandes Oliveira
tatafernandesoliveira9@gmail.com
Instituto Federal de Minas Gerais

10.1 INTRODUÇÃO

O problema de fluxo de custo mínimo é uma questão crucial em otimização de redes, representando uma combinação dos problemas de fluxo máximo e caminho mínimo. Enquanto o problema de fluxo máximo lida com o transporte de fluxo em uma rede que possui limitações de capacidade em seus arcos, o problema do caminho mais curto se concentra exclusivamente nos custos associados ao fluxo por arco, sem considerar capacidades. Portanto, o problema de fluxo de custo mínimo se destaca ao abordar tanto a capacidade de fluxo por arco quanto o custo associado.

O problema de fluxo de custo mínimo busca encontrar a maneira mais eficiente, em termos de custo, de enviar uma certa quantidade de fluxo por uma rede de pontos (nós) conectados por arcos (caminhos). Cada ligação entre os pontos da rede tem uma capacidade de transporte associada, além de um custo atribuído a cada unidade transportada ao longo de cada conexão.

Cada nó da rede pode ser caracterizado como um nó de suprimento, um nó de transbordo ou um nó de demanda. Enquanto o nó de suprimento é o ponto de origem do fluxo (por exemplo, fábricas) e o nó de demanda é o ponto de destino do fluxo (por exemplo, clientes), os nós de transbordo não são nem origens e nem destinos finais do fluxo na rede. São pontos intermediários através dos quais o fluxo pode ser reencaminhado de um arco para outro, permitindo a agregação de fluxos de várias fontes, ou a divisão de fluxo em direções múltiplas. Além de melhorar a movimentação, os pontos de transbordo podem ser também locais de beneficiamento do produto, agregando valor ao mesmo antes dele atingir o destino final.

Em um problema de fluxo de custo mínimo, o objetivo é determinar como enviar o fluxo dos nós de suprimento para os nós de demanda, passando possivelmente por nós de transbordo, para a minimizar o custo total. Isso envolve decidir quais caminhos usar, considerando as capacidades dos arcos e os custos associados ao movimento do fluxo, respeitando as demandas nos nós de demanda e não excedendo a oferta nos nós de suprimento. Este problema é amplamente aplicado em diversas áreas, como logística, transporte, telecomunicações, e planejamento de redes de energia, onde é crucial minimizar o custo associado ao transporte ou fluxo de algum recurso por uma rede.

Mais detalhes sobre o problema de fluxo de custo mínimo pode ser encontrado em Smith (1994). Os códigos do capítulo estão disponíveis em `https://pifop.com/app/view/uibjWFoNeMbnpWdTjLPM`.

10.2 O CASO

Com uma rede que envolve três fornecedores de madeira em diferentes localidades, a empresa Rivadália precisa garantir que essas matérias-primas sejam entregues às fábricas após passarem pelos pontos de tratamento, onde são submetidas a processos para assegurar a qualidade dos móveis acabados. A rede conta com dois pontos de tratamento, oferecendo flexibilidade logística às peças, que podem optar por passar por um ou outro ponto antes de serem direcionadas para três fábricas onde ocorre o processo final de montagem.

Nesse cenário, todos os percursos utilizam o mesmo tipo de veículo para transportar as peças. No entanto, é importante considerar que há uma limitação na capacidade de carga entre cada arco, uma vez que cada rota apresenta suas próprias características e desafios. Consequentemente, cada rota (arcos) de transporte possui seus próprios custos associados ao deslocamento de cada unidade de produto, bem como sua capacidade, conforme detalhado na Tabela 10.2.1. A Tabela 10.2.2 fornece a definição dos nós com base em seus fluxos: fluxo positivo indica ser um ponto de suprimento (fornecedores), fluxo igual a zero indica pontos de tratamento (transbordo), e fluxo negativo corresponde aos destinos (fábricas). A Figura 10.2.1 representa esses dados, demonstrando os custos e capacidades de cada caminho, juntamente com os fluxos correspondentes em cada nó.

Surge então a pergunta: Qual seria a rota mais econômica, levando em consideração o custo de transporte e respeitando as capacidades e demandas, para enviar os fluxos dos pontos de origem até os pontos de destino, passando antes pelo processo de tratamento? Quantas unidades de fluxo cada ponto de origem enviaria a cada ponto de tratamento? Quantas unidades de fluxo cada ponto de tratamento enviaria para cada fábrica?

Tabela 10.2.1: Custo unitário de transporte e capacidade de cada arco.

Arcos	Custo	Capacidade
(1, 4)	3	10
(1, 5)	6	15
(2, 4)	5	20
(2, 5)	7	25
(3, 4)	4	15
(3, 5)	8	20
(4, 6)	3	30
(4, 7)	2	15
(4, 8)	3	20
(5, 6)	4	15
(5, 8)	2	20

Tabela 10.2.2: Fluxo gerado em cada nó.

Nós	Fluxo
1	10
2	25
3	30
4	0
5	0
6	-35
7	-15
8	-15

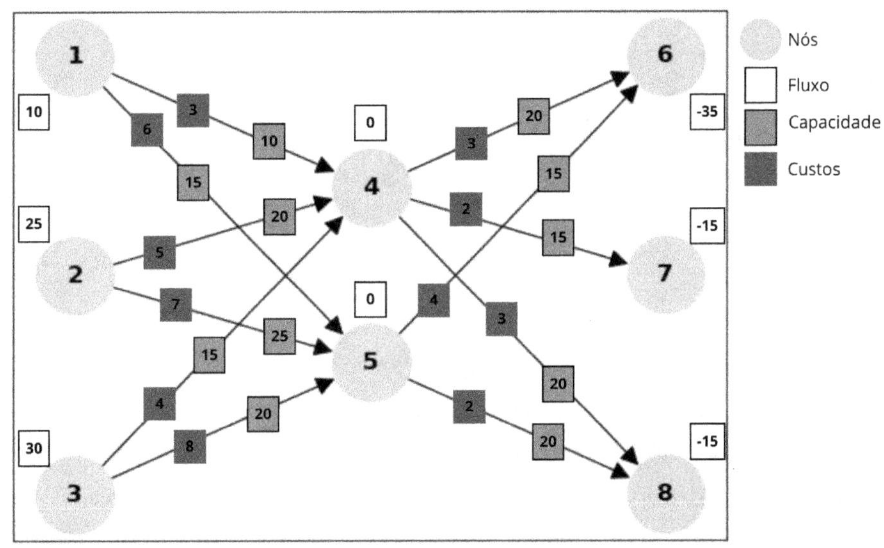

Figura 10.2.1: Grafo representando rotas de transporte, exibindo a capacidade e custo de cada rota, bem como o fluxo em cada nó.

10.3 NOTAÇÃO, DEFINIÇÕES E MODELO

Para resolver o problema de fluxo de custo mínimo, definimos um conjunto de nós $N = \{1, \ldots, n\}$, um conjunto de arcos $A \subset \{(i, j) \in N \times N : i \neq j\}$ que representa as conexões entre os nós. Além disso, cada arco (i, j) tem um custo de transporte para uma unidade de produto, representado por c_{ij}, e um parâmetro u_{ij} que define o limite máximo de capacidade do arco, ou seja, a quantidade máxima que pode passar por aquele caminho.

Também consideramos o parâmetro b_i, que classifica o nó como de suprimento, demanda ou transbordo: $b_i > 0$, indica um nó de suprimento, denotando a capacidade de produção do fornecedor; $b_i < 0$, indica uma necessidade no nó; e $b_i = 0$, indica um nó de transbordo, onde a entrada e a saída devem ser iguais, funcionando apenas como ponto de distribuição sem capacidade de armazenamento. A Tabela 10.3.1 resume os parâmetros e variáveis do problema:

Tabela 10.3.1: Lista de parâmetros e variáveis.

Conjuntos

$N : \{1, \ldots, n\}$: conjunto de nós,

$A \subset \{(i, j) \in N \times N : i \neq j\}$: conjunto de arcos.

Parâmetros

n : número de nós da rede,

$$b_i : \begin{cases} b_i < 0, & \text{indica demanda no nó } i \in N \\ b_i = 0, & \text{indica um ponto de transbordo no nó } i \in N \\ b_i > 0, & \text{indica suprimento no nó } i \in N \end{cases}$$

c_{ij} : custo de transportar uma unidade de produto através do arco $(i, j) \in A$,

u_{ij} : limite máximo de fluxo do arco $(i, j) \in A$.

Variáveis de Decisão

$x_{ij} \geq 0$: quantidade transportada pelo arco $(i, j) \in A$.

O problema de fluxo de custo mínimo pode ser formulado da seguinte forma:

$$\min Z = \sum_{(i,j) \in A} c_{ij} x_{ij} \tag{10.3.1}$$

$$\text{sujeito a:} \quad \sum_{(i,j) \in A} x_{ij} - \sum_{(j,i) \in A} x_{ji} = b_i \qquad \forall\, i \in N \tag{10.3.2}$$

$$x_{ij} \leq u_{ij} \qquad \forall\, (i,j) \in A \tag{10.3.3}$$

$$x_{ij} \geq 0 \qquad \forall\, (i,j) \in A \tag{10.3.4}$$

A função objetivo (10.3.1) minimiza o custo total relacionado ao transporte de cada item. As restrições (10.3.2) asseguram a conservação do fluxo, isto é, a diferença entre o fluxo que sai do nó $i \in N$ e o fluxo que entra no mesmo nó é igual à demanda ou suprimento correspondente. As restrições (10.3.3) e (10.3.4) impõem limites na quantidade de fluxo que passa nos arcos, garantindo conformidade com os limites inferiores e superiores predefinidos.

10.4 CÓDIGOS E RESULTADOS DO MODELO

O código e o resultado do modelo implementado em MathProg são apresentados a seguir:

Código 10.1: Modelo feito em MathProg

```
# numero de nos na rede
param n > 0;

# conjunto de nos
set N := 1..n;

# conjuntos de arcos (i,j)
set A dimen 2;

# custo de transporte do arco (i,j)
param c{A};

# limite maximo de fluxo dos arcos (i,j)
param u{A};

# fluxo gerado em cada no
param b{N};

# variavel: quantidade transportada em cada arco
var x{A} >= 0;

# funcao objetivo: minimizar custos
minimize of : sum{(i,j) in A} c[i,j] * x[i,j];

# restricao: conservacao de fluxo
```

```
s.t. r1{i in N}: sum{(i,j) in A} x[i,j] - sum {(j,i) in A } x[j,i] = b[i];

# restricao: limite do fluxo
s.t. r2{(i,j) in A}: x[i,j] <= u[i,j];


solve;


display of;
display x;

data;

param n := 8;
set A :=
   (1,4),
   (1,5),
   (2,4),
   (2,5),
   (3,4),
   (3,5),
   (4,6),
   (4,7),
   (4,8),
   (5,6),
   (5,8)
;
param: c :=
1,4 3
1,5 6
2,4 5
2,5 7
3,4 4
3,5 8
4,6 3
4,7 2
4,8 3
5,6 4
5,8 2
;

param: u :=
1,4 10
1,5 15
2,4 20
2,5 25
3,4 15
3,5 20
4,6 30
4,7 15
4,8 20
5,6 15
5,8 20
;
```

```



param b:=
1  10
2  25
3  30
4  0
5  0
6  -35
7  -15
8  -15
;

end;
```

Código 10.2: Resultados em Mathprog

```
> glpsol -m "mathprog/fluxo_min.md"

GLPSOL: GLPK LP/MIP Solver, v4.65
Parameter(s) specified in the command line:
 -m mathprog/fluxo_min.md
Reading model section from mathprog/fluxo_min.md...
Reading data section from mathprog/fluxo_min.md...
95 lines were read
Generating of...
Generating r1...
Generating r2...
Model has been successfully generated
GLPK Simplex Optimizer, v4.65
20 rows, 11 columns, 44 non-zeros
Preprocessing...
7 rows, 10 columns, 20 non-zeros
Scaling...
 A: min|aij| = 1.000e+00 max|aij| = 1.000e+00 ratio = 1.000e+00
Problem data seem to be well scaled
Constructing initial basis...
Size of triangular part is 6
      0: obj = 6.600000000e+02 inf = 5.500e+01 (4)
      4: obj = 5.550000000e+02 inf = 0.000e+00 (0)
*     7: obj = 5.150000000e+02 inf = 0.000e+00 (0)
OPTIMAL LP SOLUTION FOUND
Time used: 0.0 secs
Memory used: 0.1 Mb (107218 bytes)
Display statement at line 35
of.val = 515
Display statement at line 36
x[1,4].val = 10
x[1,5].val = 0
x[2,4].val = 20
x[2,5].val = 5
x[3,4].val = 15
x[3,5].val = 15
x[4,6].val = 30
```

```
x[4,7].val = 15
x[4,8].val = 0
x[5,6].val = 5
x[5,8].val = 15
Model has been successfully processed
```

O código e o resultado do modelo implementado em Python são apresentados a seguir:

Código 10.3: Modelo feito em Python

```python
from mip import Model, xsum, minimize, CBC, OptimizationStatus


# parametros

# numero de nos
n = 8

# conjunto de nos
N = range(1, n+1)

# conjunto de arcos (i,j)
A = [(1,4),(1,5),(2,4),(2,5),(3,4),(3,5),(4,6),(4,7),(4,8),(5,6),(5,8)]


# custo de transporte do arco (i,j)
C = [3,6,5,7,4,8,3,2,3,4,2]
c = dict(zip(A, C))

# limite maximo de fluxo do arco (i,j)
U = [10,15,20,25,15,20,30,15,20,15,20]
u = dict(zip(A, U))

# fluxo gerado em cada no
b = {1: 10, 2: 25, 3: 30, 4: 0, 5: 0, 6: -35, 7: -15, 8: -15}

# declaracao do modelo
model = Model('Problema de Fluxo de Custo Minimo',solver_name=CBC)

# declaracao das variaveis
# variavel: quantidade transportada em cada arco
x = {(i,j) : model.add_var(lb=0.0) for (i,j) in A}

# definicao da funcao objetivo
# funcao objetivo: minimizar custos de transporte
model.objective = minimize(xsum(x[i,j] * c[i,j] for (i,j) in A))

# restricoes

# restricao: conservacao de fluxo
for i in N:
    model += xsum(x[i, j] for j in N if (i, j) in A) - xsum(x[j, i] for j in N if (j, i) in A) ==
        b[i]

```

```
# restricao: limite maximo do fluxo
for (i,j) in A:
   model += x[i,j] <= u[i,j]

# otimiza o modelo chamando o resolvedor
status = model.optimize()

# imprime solucao
if status == OptimizationStatus.OPTIMAL:
   print("Custo total      : {:12.2f}.".format(model.objective_value))

   print( "arco : quantidade ")
   for (i,j) in A:
      print("{} : {}".format((i,j),x[i,j].x))
```

Código 10.4: Resultados em Python

```
> python/fluxo_min.py
Welcome to the CBC MILP Solver
Version: Trunk
Build Date: Oct 24 2021

Starting solution of the Linear programming problem using Primal Simplex

Coin0506I Presolve 2 (-17) rows, 5 (-6) columns and 10 (-23) elements
Clp1000I sum of infeasibilities 0 - average 0, 5 fixed columns
Coin0506I Presolve 0 (-2) rows, 0 (-5) columns and 0 (-10) elements
Clp0000I Optimal - objective value 515
Clp0000I Optimal - objective value 515
Coin0511I After Postsolve, objective 515, infeasibilities - dual 0 (0), primal 0 (0)
Clp0000I Optimal - objective value 515
Clp0000I Optimal - objective value 515
Clp0000I Optimal - objective value 515
Coin0511I After Postsolve, objective 515, infeasibilities - dual 0 (0), primal 0 (0)
Clp0032I Optimal objective 515 - 0 iterations time 0.002, Presolve 0.00, Idiot 0.00
Custo total       :      515.00.
arco : quantidade
(1, 4) : 10.0
(1, 5) : 0.0
(2, 4) : 20.0
(2, 5) : 5.0
(3, 4) : 15.0
(3, 5) : 15.0
(4, 6) : 30.0
(4, 7) : 15.0
(4, 8) : 0.0
(5, 6) : 5.0
(5, 8) : 15.0
```

Os resultados apresentam a quantidade que deve ser transportada em cada arco respeitando as limitações impostas, como mostrado na Figura 10.4.1. Por exemplo, os arcos (2, 4) e (4, 6) mostram uma alocação significativa de fluxo, indicando uma rota preferencial para o transporte de madeiras. Por outro lado, arcos como (1, 5) e (4,

8) não têm fluxo associado, o que pode sugerir que essas conexões não são as mais eficientes para o transporte.

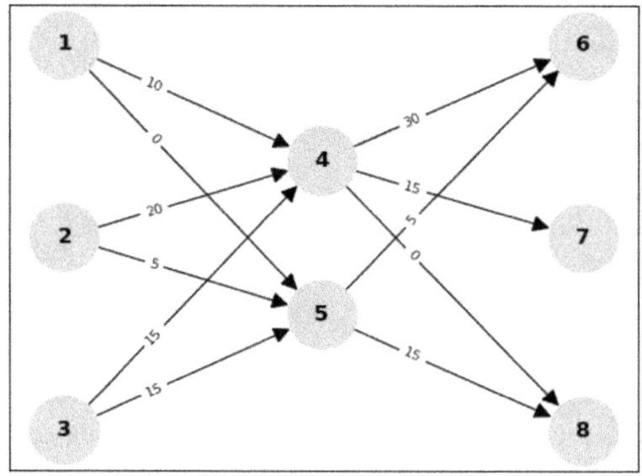

Figura 10.4.1: Grafo representando o fluxo de cada rota.

10.5 CONCLUSÃO

Este capítulo abordou o problema de fluxo de custo mínimo. Utilizando o caso da empresa de móveis como exemplo, demonstramos como essa questão pode ser aplicada para aprimorar a eficiência dos processos logísticos. O modelo de programação matemática proposto foi implementado nas linguagens MathProg e Python e os resultados obtidos foram apresentados.

Ao otimizar o fluxo entre as origens e os destinos, levando em conta os custos, capacidades e demandas envolvidos, o problema proporciona uma base para a tomada de decisões estratégicas. Essas decisões são fundamentais para maximizar a eficiência operacional e reduzir os custos associados, desempenhando assim um papel crucial na melhoria dos resultados e na competitividade das empresas.

No exemplo da Rivadália, consideramos um limite de carga para cada rota de transporte. No entanto, se fosse necessário garantir uma quantidade específica de produtos em determinadas rotas, como você adicionaria essa situação ao modelo atual?

REFERÊNCIAS

Smith, David K (1994). "Network flows: theory, algorithms, and applications". Em: *Journal of the Operational Research Society* 45.11, pp. 1340–1340.

11

PROBLEMA DO CAIXEIRO VIAJANTE

Fátima M. de Souza Lima
fatimamslima@face.ufmg.br
Universidade Federal de Minas Gerais
Luiza Bernardes Real
luizabernardesreal@gmail.com
Instituto Federal de Minas Gerais

Ricardo Camargo
rcamargo@dep.ufmg.br
Universidade Federal de Minas Gerais

11.1 INTRODUÇÃO

Neste capítulo trataremos do problema do caixeiro viajante. Os primeiros estudos do problema do caixeiro viajante, do inglês Travel Salesmam Problem (TSP), tiveram início no século XVIII por um matemático irlandês chamado Sir William Rowam Hamilton e um matemático britânico chamado Thomas Penyngton Kirkman. Uma discussão mais detalhada sobre o trabalho de Hamilton & Kirkman pode ser encontrado no livro intitulado Graphs Theory (Biggs, Lloyd e Wilson (1986)).

Acredita-se que a forma geral do TSP foi estudada pela primeira vez por Kalr Menger em Viena e Harvard. O problema foi posteriormente desenvolvido por Hassler, Whitney & Merrill em Princeton. Uma descrição mais detalhada sobre a conexão entre Menger & Whitney e o desenvolvimento do TSP pode ser encontrada em Schrijver (1960) (Matai, Singh e Mittal (2010)).

Sua origem está relacionada a um caixeiro viajante que pretende visitar um conjunto de cidades, somente uma vez cada, partindo de um determinado ponto e retornando a esse mesmo local empregando o menor tempo/custo possível.

O problema, que parece simples, é um dos mais estudados na área da matemática computacional em razão de sua vasta aplicação e complexidade de obtenção de uma solução ótima. Os códigos do capítulo estão disponíveis no link: `https://https://pifop.com/app/view/gbuj4QoLgMfPVVAbOgcC?`.

11.2 O CASO

Para estudarmos este problema, vamos considerar que a empresa de móveis Rivadália possui uma fábrica e 20 clientes, os quais visita semanalmente para repor estoque. O caminhão que faz as entregas não tem restrição de capacidade, parte da fábrica, visita todas os clientes e retorna ao ponto original de partida, a fábrica. Essa rota deve ser definida de modo que a distância percorrida seja a menor possível. A Figura 11.2.1 mostra uma representação gráfica do problema.

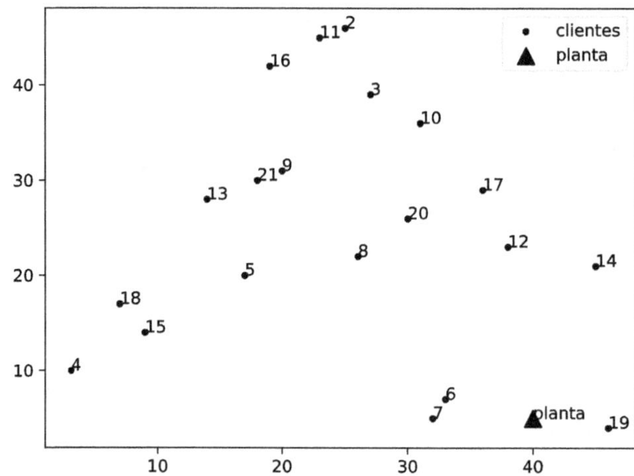

Figura 11.2.1: Representação gráfica do problema do caixeiro viajante.

As coordenadas geográficas da fábrica, bem como dos clientes, são dadas na Tabela 11.2.1.

Tabela 11.2.1: Coordenadas dos clientes e fábrica.

Ponto	Coord x	Coord y	Ponto	Coord x	Coord y
0	40.0	5.0	10	23.0	45.0
1	25.0	46.0	11	38.0	23.0
2	27.0	39.0	12	14.0	28.0
3	3.0	10.0	13	45.0	21.0
4	17.0	20.0	14	9.0	14.0
5	33.0	7.0	15	19.0	42.0
6	32.0	5.0	16	36.0	29.0
7	26.0	22.0	17	7.0	17.0
8	20.0	31.0	18	46.0	4.0
9	31.0	36.0	19	30.0	26.0
			20	18.0	30.0

11.3 NOTAÇÃO, DEFINIÇÕES E MODELO

O problema consiste em projetar uma rota de entrega de menor custo ou distância que sai do depósito para atender um conjunto de clientes espalhados numa área geográfica por um único veículo não capacitado e cada cliente deve ser visitado exatamente uma única vez.

Para construirmos o modelo vamos considerar um grafo direcionado $G = (N, A)$ no qual $N = \{1, \ldots, n\}$ e $A = \{(i, j) \in N \times N : i \neq j\}$ representam os conjuntos de nós e arcos, respectivamente. O nó 1 representa o depósito, enquanto os demais nós correspondem aos nós dos clientes. A matriz de custo c_{ij} é definida em A, não sendo necessariamente simétrica. Por simplificação, assumem-se aqui que o tempo de viagem $(l_{ij} \geq 0)$ e a distância $(c_{ij} \geq 0)$ entre os nós i e j são equivalentes $(l_{ij} = c_{ij})$. Além disso, c_{ij} pode ser diferente de c_{ji}.

Para esse problema consideramos duas variáveis de decisão, $x_{ij} \in \{0, 1\}$ igual a 1 se o arco $(i, j) \in A$ é usado na rota ótima; 0, caso contrário e $f_{ij} \geq 0$ que é a quantidade de fluxo fictício passando pelo arco $(i, j) \in A$. A Tabela 11.3.1 mostra de maneira resumida as variáveis e os parâmetros do modelo.

Tabela 11.3.1: Lista de parâmetros e variáveis.

Conjuntos

$N : \{0, \ldots, n\}$: conjunto de pontos de destino,

$A : \{(i, j) : i, j \in N \wedge i \neq j\}$: conjunto de arcos.

Parâmetros

0 : depósito,

n : número de pontos de destino,

c_{ij} : custo de transportar uma unidade de produto de i para j, $\forall (i, j) \in A$.

Variáveis de Decisão

$x_{ij} \in \{0, 1\}$: se o arco $(i, j) \in A$ estiver presente na rota x_{ij} é igual a 1, caso contrário, igual a 0,

$f_{ij} \geq 0$: quantidade de fuxo fictício que passa pelo arco $(i, j) \in A$.

Mas por que utilizar a variável de fluxo f_{ij} se não existe demanda e queremos apenas definir as rotas? Vejamos. O problema inicialmente pode ser modelado da seguinte forma:

$$\min \sum_{(i,j)\in A} c_{ij}x_{ij} \tag{11.3.1}$$

$$\text{sujeito a: } \sum_{(i,j)\in A} x_{ij} = 1 \qquad \forall i \in N \tag{11.3.2}$$

$$\sum_{(i,j)\in A} x_{ij} = 1 \qquad \forall j \in N \tag{11.3.3}$$

$$x_{ij} \in \{0,1\} \qquad \forall (i,j) \in A \tag{11.3.4}$$

$$\text{não existam sub-rotas} \tag{11.3.5}$$

Mas somente com as três primeiras restrições (2, 3, 4) é possível que apareçam sub-rotas conforme ilustrado nas Figuras 11.3.1 e 11.3.2.

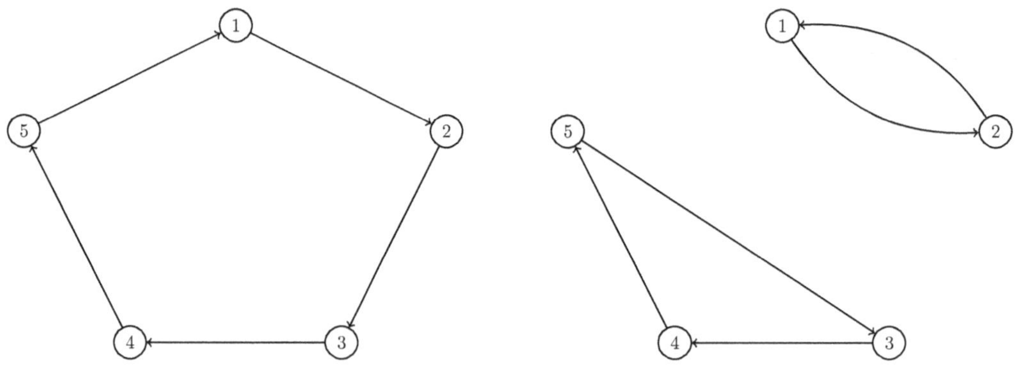

Figura 11.3.1: Uma rota

Figura 11.3.2: Duas sub-rotas

Para que isso não aconteça é necessário inserir no modelo o que chamamos de restrições de eliminação de sub-rotas. Existem diferentes formulações para evitar o aparecimento de subciclos, para maiores referências pode-se consultar Dantzig, Fulkerson e Johnson (1954), Miller, Tucker e Zemlin (1960), Gavish e Graves (1978) (monoproduto), Claus (1984) (multiproduto) e Finke, A. Claus e Gunn (1984) (dois produtos). A formulação que apresentaremos aqui é baseada no artigo de Gavish e Graves (1978) que utiliza a variável de fluxo f_{ij}. Essa variável cria uma quantidade $(n-1)$ de fluxo fictício que deve sair da origem e ser entregue uma unidade em cada nó visitado conforme ilustra a Figura 11.3.3, garantindo que o veículo saia da origem, visite os nós definidos para aquela rota e retorna ao ponto inicial, sem formação de subciclos.

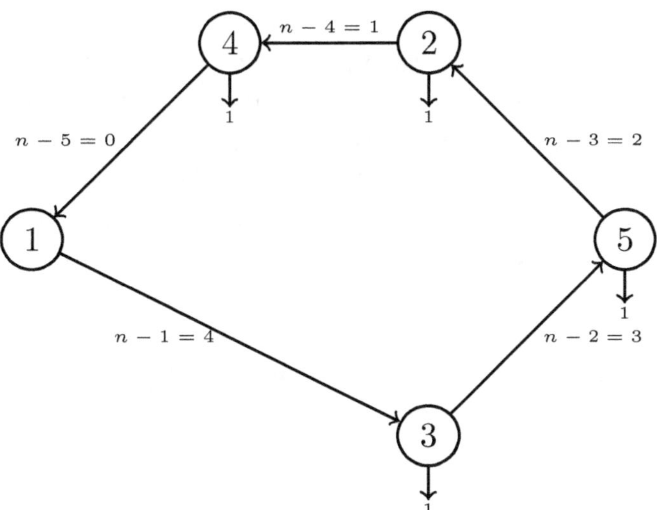

Figura 11.3.3: Aplicação da variável de fluxo fictício.

Assim, o modelo apresentado é incrementado com as restrições de balanço de fluxo e, considerando os parâmetros e variáveis representados na Tabela 11.3.1, podemos reescrevê-lo da seguinte forma:

$$\min \sum_{(i,j)\in A} c_{ij}x_{ij} \tag{11.3.6}$$

$$\sum_{(i,j)\in A} x_{ij} = 1 \qquad \forall i \in N \setminus \{0\} \tag{11.3.7}$$

$$\sum_{(i,j)\in A} x_{ij} = 1 \qquad \forall j \in N \setminus \{0\} \tag{11.3.8}$$

$$\sum_{(0,j)\in A} f_{ij} = (n-1) \tag{11.3.9}$$

$$\sum_{(i,j)\in A} f_{ij} - \sum_{(j,i)\in A} f_{ji} = 1 \qquad \forall j \in N \setminus \{0\} \tag{11.3.10}$$

$$f_{ij} \leq (n-1)x_{ij} \qquad \forall (i,j) \in A \tag{11.3.11}$$

$$f_{ij} \geq 0 \qquad \forall (i,j) \in A \tag{11.3.12}$$

$$x_{ij} \in \{0,1\} \qquad \forall (i,j) \in A \tag{11.3.13}$$

A função objetivo 11.3.6 busca minimizar o custo total de viagem. As restrições 11.3.7 e 11.3.8 garantem que todos os nós sejam visitados somente uma vez, ou seja, tudo que entra em um nó deve sair. As restrições 11.3.9, 11.3.10 e 11.3.11 são as restrições que evitam a formação de subciclos. A restrição 11.3.9 garante que o veículo saia da planta com n-1 unidades de produto fictício para deixar uma unidade em cada nó a ser visitado, a restrição 11.3.10, de balanço de fluxo, garante que o veículo chegue em um nó com uma determinada quantidade de produto fictício, deixa uma unidade deste produto, e sai deste ponto carregando uma unidade a menos. Na restrição de ativação do arco, restrição 11.3.11, o caixeiro só pode usar o arco (i,j) para carregar produto fictício se o arco for contabilizado na função objetivo. As restrições 11.3.12 e 11.3.13 são as restrições do domínio das variáveis, garantindo que sejam não negativas e binárias, respectivamente.

11.4 CÓDIGOS E RESULTADOS DO MODELO

O código em Python que pode ser utilizado para gerar instâncias para esse tipo de problema é apresentado a seguir:

Código 11.1: Arquivo para gerar instâncias em Python

```python
from random import seed, randint, sample
import matplotlib.pyplot as plt
from tabulate import tabulate
import numpy as np
seed(0)

ni,nj = 20,1
I,J = range(ni),range(nj)

coordxi = sample(range(1,50),ni)
coordyi = sample(range(1,50),ni)
coordxj = sample(range(5,45),nj)
coordyj = sample(range(5,45),nj)


fig, ax = plt.subplots()
plt.scatter(coordxi,coordyi,marker="o",color='black',s=10,label="clientes")
for i in I:
   plt.text(coordxi[i],coordyi[i], "{:d}".format(i + 2))

plt.scatter(coordxj,coordyj,marker="^",color='black',s=100,label="planta")
for j in J:
   plt.text(coordxj[j],coordyj[j], "{:s}".format("planta"))
plt.legend()
plt.plot()
plt.savefig("exemplo_caso_teste.pdf")
```

```
#plt.show()


dj = [ [1,coordxj[j],coordyj[j]] for j in J]
di = [ [i+2,coordxi[i],coordyi[i]] for i in I]
dados = np.array(dj + di)

print("param : posx posy :=")
for (i,x,y) in dados:
    print(" {:3d} {:12.2f} {:12.2f}".format(i,x,y))
print(";")
print()
labels = ['posx', 'posy']
for h in range(1,3):
  print("{:s} = np.array([".format(labels[h-1]),end='')
  for i,v in enumerate(dados[:,h]):
      print("{:d}".format(v),end='')
      if i == len(dados) - 1:
        print("])".format(v))
      else:
        print(", ".format(v),end='')
```

O código e o resultado do modelo implementado em MathProg são apresentados a seguir. Reparem que na implementação em MathProg, o depósito é considerado como sendo o nó 1 ao invés do nó 0 e assim os pontos variam de 1 a 21.

Código 11.2: Modelo feito em MathProg

```
# numero de nos
param n;
# conjunto de nos
set N := 1..n;
set A := {(i,j) in N cross N: i != j};
param planta default 1;
# posicao geografica dos nos
param posx{N};
param posy{N};
param cur_i;
# distancia Euclidiana entre i e j
param c{(i,j) in A} := sqrt( (posx[i] - posx[j])^2 + (posy[i] - posy[j])^2 );
# x_ij igual a 1 se no j e visitado imediatamente apos no i; 0, caso contrario
var x{A}, binary;
# f_ij qtde de produto ficticio transportada pelo caixeiro viajante no arco (i,j)
var f{A}, >= 0;
# funcao objetvio: minimizacao do comprimento/distancia da rota
minimize of : sum{(i,j) in A} c[i,j] * x[i,j];
# restricoes do grau de cada no: em todo no, so chega um arco e so sai um arco dele
s.t. restricao_arco_saida{i in N}: sum{(i,j) in A} x[i,j] = 1;
s.t. restricao_arco_chegada{j in N}: sum{(i,j) in A} x[i,j] = 1;
# restricoes para eliminacao de subciclos ou subrotas
# o caixeiro sai da planta com n-1 unidades de produto ficticio
# para deixar uma unidade em cada no a ser visitado
s.t. restricao_planta: sum{(i,j) in A: i == planta} f[i,j] = n - 1;
```

```
# restricao de balanco de fluxo: o caixeiro chega em um no com uma determinada
# quantidade de produto ficticio, deixa uma unidade deste produto, e sai
# deste no carregando uma unidade a menos.
s.t. restricao_balanco_de_fluxo{j in N: j != planta}: sum{(i,j) in A} f[i,j] = 1 + sum{(j,i) in A}
    f[j,i];
# restricao de ativacao do arco: o caixeiro so pode usar o arco (i,j)
# para carregar produto ficticio se o arco for contabilizado na funcao objetivo
s.t. restricao_de_ativacao{(i,j) in A}: f[i,j] <= (n-1) * x[i,j];
# otimiza o modelo chamando o resolvedor
solve;
printf '\n\n';
printf 'Custo da rota: %12.2f\n', of;
printf 'Arcos ativos: \n';
for{(i,j) in A: x[i,j] > 0.9}
{
  printf "(%d,%d)\n", i,j;
}
data;
param n := 21;
param : posx posy :=
  1     40.00     5.00
  2     25.00    46.00
  3     27.00    39.00
  4      3.00    10.00
  5     17.00    20.00
  6     33.00     7.00
  7     32.00     5.00
  8     26.00    22.00
  9     20.00    31.00
 10     31.00    36.00
 11     23.00    45.00
 12     38.00    23.00
 13     14.00    28.00
 14     45.00    21.00
 15      9.00    14.00
 16     19.00    42.00
 17     36.00    29.00
 18      7.00    17.00
 19     46.00     4.00
 20     30.00    26.00
 21     18.00    30.00
;
end;
```

Código 11.3: Resultados do modelo em Mathprog

```
> glpsol -m "mathprog/problema_do_caixeiro_viajante.mod"

GLPSOL: GLPK LP/MIP Solver, v4.65
Parameter(s) specified in the command line:
 -m mathprog/problema_do_caixeiro_viajante.mod
Reading model section from mathprog/problema_do_caixeiro_viajante.mod...
Reading data section from mathprog/problema_do_caixeiro_viajante.mod...
mathprog/problema_do_caixeiro_viajante.mod:67: warning: final NL missing before end of file
67 lines were read
```

```
Generating of...
Generating restricao_arco_saida...
Generating restricao_arco_chegada...
Generating restricao_planta...
Generating restricao_balanco_de_fluxo...
Generating restricao_de_ativacao...
Model has been successfully generated
GLPK Integer Optimizer, v4.65
484 rows, 840 columns, 2920 non-zeros
420 integer variables, all of which are binary
Preprocessing...
483 rows, 840 columns, 2500 non-zeros
420 integer variables, all of which are binary
Scaling...
 A: min|aij| = 1.000e+00 max|aij| = 2.000e+01 ratio = 2.000e+01
GM: min|aij| = 9.543e-01 max|aij| = 1.048e+00 ratio = 1.098e+00
EQ: min|aij| = 9.106e-01 max|aij| = 1.000e+00 ratio = 1.098e+00
2N: min|aij| = 1.000e+00 max|aij| = 1.250e+00 ratio = 1.250e+00
Constructing initial basis...
Size of triangular part is 482
Solving LP relaxation...
GLPK Simplex Optimizer, v4.65
483 rows, 840 columns, 2500 non-zeros
      0: obj = 2.880786993e+02 inf = 4.008e+02 (24)
     83: obj = 4.878060525e+02 inf = 4.663e-15 (0)
*   342: obj = 1.403037112e+02 inf = 5.551e-16 (0) 1
OPTIMAL LP SOLUTION FOUND
Integer optimization begins...
Long-step dual simplex will be used
+   342: mip = not found yet >=       -inf      (1; 0)
+ 1378: >>>>> 2.680412934e+02 >= 1.457102214e+02 45.6% (88; 0)
+ 2785: >>>>> 2.441786488e+02 >= 1.477497803e+02 39.5% (268; 2)
+ 3308: >>>>> 2.003097329e+02 >= 1.479080515e+02 26.2% (267; 43)
+ 3955: >>>>> 1.911539355e+02 >= 1.480227737e+02 22.6% (240; 166)
+ 4862: >>>>> 1.858486581e+02 >= 1.488690142e+02 19.9% (243; 209)
+ 6032: >>>>> 1.750232440e+02 >= 1.499312963e+02 14.3% (287; 249)
+ 12537: >>>>> 1.746257575e+02 >= 1.554962569e+02 11.0% (671; 389)
+ 23625: >>>>> 1.708342965e+02 >= 1.585504976e+02 7.2% (1228; 494)
+ 32219: >>>>> 1.663882470e+02 >= 1.608830669e+02 3.3% (1262; 1111)
+ 32726: >>>>> 1.652484980e+02 >= 1.609825237e+02 2.6% (584; 2378)
+ 42019: >>>>> 1.650649594e+02 >= 1.647787902e+02 0.2% (94; 3602)
+ 42346: mip = 1.650649594e+02 >= tree is empty 0.0% (0; 4287)
INTEGER OPTIMAL SOLUTION FOUND
Time used: 12.9 secs
Memory used: 5.7 Mb (6020735 bytes)


Custo da rota:  165.06
Arcos ativos:
(1,19)
(2,11)
(3,2)
(4,15)
(5,8)
(6,7)
```

```
(7,1)
(8,6)
(9,21)
(10,3)
(11,16)
(12,17)
(13,18)
(14,12)
(15,5)
(16,9)
(17,20)
(18,4)
(19,14)
(20,10)
(21,13)
```

O código e o resultado do modelo implementado em Python são apresentados a seguir:

Código 11.4: Modelo feito em Python

```
from mip import Model, xsum, minimize, CBC, OptimizationStatus, BINARY
from itertools import product
import matplotlib.pyplot as plt
from math import sqrt
import numpy as np
# numero de clientes,no de identificacao da planta
n = 21
planta = 0
# listas com os indices dos clientes e dos arcos
N = range(n)
A = [(i,j) for (i,j) in product(N,N) if i != j]
# posicao geografica dos nos
posx = np.array([40, 25, 27, 3, 17, 33, 32, 26, 20, 31, 23, 38, 14, 45, 9, 19, 36, 7, 46, 30, 18])
posy = np.array([5, 46, 39, 10, 20, 7, 5, 22, 31, 36, 45, 23, 28, 21, 14, 42, 29, 17, 4, 26, 30])
# distancia Euclidiana entre os nos
c = [ [ sqrt( (posx[i] - posx[j])**2 + (posy[i] - posy[j])**2 ) for j in N ] for i in N]
# declaracao do modelo
model = Model('Problema do caixeiro viajante',solver_name=CBC)
# x_ij igual a 1 se no j e visitado imediatamente apos no i; 0, caso contrario
x = {(i,j) : model.add_var(var_type=BINARY) for (i,j) in A}
# f_ij qtde de produto ficticio transportada pelo caixeiro viajante no arco (i,j)
f = {(i,j) : model.add_var(lb=0.0) for (i,j) in A}
# funcao objetvio: minimizacao do comprimento/distancia da rota
model.objective = minimize(xsum(c[i][j] * x[i,j] for (i,j) in A))
# restricoes do grau de cada no: em todo no, so chega um arco e so sai um arco dele
for i in N:
   model += xsum(x[ii,j] for (ii,j) in A if i == ii) == 1
for j in N:
   model += xsum(x[i,jj] for (i,jj) in A if j == jj) == 1
# restricoes para eliminacao de subciclos ou subrotas
# o caixeiro sai da planta com n-1 unidades de produto ficticio
# para deixar uma unidade em cada no a ser visitado
#restricoes de ativacao: um cliente i so pode ser atendido por j se j estiver instalado
model += xsum(f[i,j] for (i,j) in A if i == planta) == n - 1
```

```
# restricao de balanco de fluxo: o caixeiro chega em um no com uma determinada
# quantidade de produto ficticio, deixa uma unidade deste produto, e sai
# deste no carregando uma unidade a menos.
for j in N:
    if j != planta:
        model += xsum(f[i,jj] for (i,jj) in A if j == jj) == 1 + xsum(f[jj,i] for (jj,i) in A if j == jj)
# restricao de ativacao do arco: o caixeiro so pode usar o arco (i,j)
# para carregar produto ficticio se o arco for contabilizado na funcao objetivo
for (i,j) in A:
    model += f[i,j] <= (n-1) * x[i,j]
# otimiza o modelo chamando o resolvedor
status = model.optimize()
if status == OptimizationStatus.OPTIMAL:
    print("Custo da rota: {:12.2f}".format(sum([c[i][j] * x[i,j].x for (i,j) in A])))
    cur_no = planta
    print("Rota: ")
    while True:
        print("{:3d} ".format(cur_no),end='')
        cur_no = [j for (i,j) in A if i == cur_no and x[i,j].x > 0.9][0]
        if cur_no == planta:
            break;
    print(), print()

    fig, ax = plt.subplots()
    plt.scatter(posx[:],posy[:],marker="o",color='black',s=10,label="nos")
    for i in N:
        plt.text(posx[i],posy[i], "{:d}".format(i))

    for (i, j) in [(i, j) for (i, j) in A if x[i, j].x >= .9]:
        plt.plot((posx[i], posx[j]), (posy[i], posy[j]), linestyle="--", color="black")

    plt.scatter(posx[0],posy[0],marker="^",color='black',s=100,label="planta")
    plt.text(posx[0]+.5,posy[0], "{:s}".format("planta"))
    plt.legend()
    plt.plot()
    plt.savefig("exemplo_solucao.pdf")
    plt.show()
```

Código 11.5: Resultados do modelo em Python

```
> python/problema_do_caixeiro_viajante.py
Welcome to the CBC MILP Solver
Version: Trunk
Build Date: Oct 24 2021

Starting solution of the Linear programming relaxation problem using Primal Simplex

Coin0506I Presolve 483 (0) rows, 840 (0) columns and 2500 (0) elements
Clp1000I sum of infeasibilities 0.000701232 - average 1.45183e-06, 115 fixed columns
Coin0506I Presolve 396 (-87) rows, 695 (-145) columns and 2050 (-450) elements
Clp0029I End of values pass after 695 iterations
Clp0014I Perturbing problem by 0.001% of 4.2303691 - largest nonzero change 5.1682035e-05 (
    0.00094445816%) - largest zero change 2.982246e-05
Clp0000I Optimal - objective value 140.30371
```

```
Clp0000I Optimal - objective value 140.30371
Coin0511I After Postsolve, objective 140.30371, infeasibilities - dual 0 (0), primal 0 (0)
Clp0000I Optimal - objective value 140.30371
Clp0000I Optimal - objective value 140.30371
Clp0000I Optimal - objective value 140.30371
Clp0032I Optimal objective 140.3037112 - 0 iterations time 0.182, Idiot 0.18

Starting MIP optimization
Cgl0004I processed model has 483 rows, 840 columns (420 integer (420 of which binary)) and 2500 elements
Coin3009W Conflict graph built in 0.001 seconds, density: 0.595%
Cgl0015I Clique Strengthening extended 0 cliques, 0 were dominated
Cbc0045I Nauty did not find any useful orbits in time 0.007642
Cbc0038I Initial state - 47 integers unsatisfied sum - 12
Cbc0038I Pass 1: suminf. 3.30000 (22) obj. 165.525 iterations 89
Cbc0038I Pass 2: suminf. 2.40000 (19) obj. 166.856 iterations 18
Cbc0038I Pass 3: suminf. 3.00000 (10) obj. 275.638 iterations 71
Cbc0038I Pass 4: suminf. 2.20000 (10) obj. 275.247 iterations 25
Cbc0038I Pass 5: suminf. 2.20000 (10) obj. 275.247 iterations 8
Cbc0038I Pass 6: suminf. 2.00000 (4) obj. 281.303 iterations 49
Cbc0038I Pass 7: suminf. 2.00000 (4) obj. 279.699 iterations 42
Cbc0038I Pass 8: suminf. 0.00000 (0) obj. 279.851 iterations 70
Cbc0038I Solution found of 279.851
Cbc0038I Relaxing continuous gives 279.851
Cbc0038I Before mini branch and bound, 340 integers at bound fixed and 368 continuous
Cbc0038I Full problem 483 rows 840 columns, reduced to 90 rows 108 columns
Cbc0038I Mini branch and bound improved solution from 279.851 to 278.345 (0.06 seconds)
Cbc0038I Round again with cutoff of 264.541
Cbc0038I Pass 9: suminf. 3.30000 (22) obj. 165.525 iterations 0
Cbc0038I Pass 10: suminf. 2.40000 (19) obj. 166.856 iterations 27
Cbc0038I Pass 11: suminf. 2.50154 (14) obj. 264.541 iterations 75
Cbc0038I Pass 12: suminf. 2.40000 (17) obj. 264.541 iterations 64
Cbc0038I Pass 13: suminf. 2.40000 (6) obj. 226.667 iterations 96
Cbc0038I Pass 14: suminf. 1.60000 (8) obj. 226.99 iterations 47
Cbc0038I Pass 15: suminf. 0.00000 (0) obj. 242.099 iterations 80
Cbc0038I Solution found of 242.099
Cbc0038I Relaxing continuous gives 242.099
Cbc0038I Before mini branch and bound, 337 integers at bound fixed and 365 continuous
Cbc0038I Full problem 483 rows 840 columns, reduced to 93 rows 113 columns
Cbc0038I Mini branch and bound improved solution from 242.099 to 240.828 (0.11 seconds)
Cbc0038I Round again with cutoff of 220.723
Cbc0038I Pass 16: suminf. 3.30000 (22) obj. 165.525 iterations 0
Cbc0038I Pass 17: suminf. 2.40000 (19) obj. 166.856 iterations 27
Cbc0038I Pass 18: suminf. 3.50475 (14) obj. 220.723 iterations 76
Cbc0038I Pass 19: suminf. 2.40000 (15) obj. 201 iterations 61
Cbc0038I Pass 20: suminf. 1.75636 (15) obj. 220.723 iterations 88
Cbc0038I Pass 21: suminf. 1.52012 (15) obj. 220.723 iterations 13
Cbc0038I Pass 22: suminf. 1.80000 (12) obj. 165.615 iterations 151
Cbc0038I Pass 23: suminf. 1.80000 (12) obj. 175.895 iterations 7
Cbc0038I Pass 24: suminf. 4.24696 (12) obj. 220.723 iterations 114
Cbc0038I Pass 25: suminf. 3.12020 (12) obj. 220.723 iterations 17
Cbc0038I Pass 26: suminf. 0.60000 (4) obj. 198.689 iterations 115
Cbc0038I Pass 27: suminf. 0.60000 (8) obj. 195.289 iterations 37
Cbc0038I Pass 28: suminf. 0.45572 (6) obj. 220.723 iterations 57
Cbc0038I Pass 29: suminf. 1.20000 (8) obj. 186.955 iterations 83
```

```
Cbc0038I Pass 30: suminf. 2.38857 (6) obj. 220.723 iterations 39
Cbc0038I Pass 31: suminf. 0.60000 (4) obj. 193.647 iterations 56
Cbc0038I Pass 32: suminf. 0.00000 (0) obj. 219.901 iterations 26
Cbc0038I Solution found of 219.901
Cbc0038I Relaxing continuous gives 219.901
Cbc0038I Before mini branch and bound, 318 integers at bound fixed and 347 continuous
Cbc0038I Full problem 483 rows 840 columns, reduced to 128 rows 167 columns
Cbc0038I Mini branch and bound improved solution from 219.901 to 187.822 (0.20 seconds)
Cbc0038I Round again with cutoff of 173.567
Cbc0038I Pass 33: suminf. 3.30000 (22) obj. 165.525 iterations 0
Cbc0038I Pass 34: suminf. 2.40000 (19) obj. 166.856 iterations 27
Cbc0038I Pass 35: suminf. 2.94711 (18) obj. 173.567 iterations 84
Cbc0038I Pass 36: suminf. 2.20000 (16) obj. 167.197 iterations 54
Cbc0038I Pass 37: suminf. 2.75566 (18) obj. 173.567 iterations 55
Cbc0038I Pass 38: suminf. 1.80000 (25) obj. 173.567 iterations 45
Cbc0038I Pass 39: suminf. 4.71848 (25) obj. 173.567 iterations 104
Cbc0038I Pass 40: suminf. 3.06843 (19) obj. 173.567 iterations 18
Cbc0038I Pass 41: suminf. 2.69657 (10) obj. 173.567 iterations 55
Cbc0038I Pass 42: suminf. 2.12366 (19) obj. 173.567 iterations 42
Cbc0038I Pass 43: suminf. 1.91446 (20) obj. 173.567 iterations 12
Cbc0038I Pass 44: suminf. 4.57971 (14) obj. 173.567 iterations 91
Cbc0038I Pass 45: suminf. 3.67965 (19) obj. 173.567 iterations 23
Cbc0038I Pass 46: suminf. 0.71993 (9) obj. 173.567 iterations 96
Cbc0038I Pass 47: suminf. 0.60000 (11) obj. 173.567 iterations 22
Cbc0038I Pass 48: suminf. 3.41603 (12) obj. 173.567 iterations 82
Cbc0038I Pass 49: suminf. 3.14925 (16) obj. 173.567 iterations 5
Cbc0038I Pass 50: suminf. 2.07501 (17) obj. 173.567 iterations 47
Cbc0038I Pass 51: suminf. 1.56970 (16) obj. 173.567 iterations 86
Cbc0038I Pass 52: suminf. 2.10000 (10) obj. 162.022 iterations 108
Cbc0038I Pass 53: suminf. 0.60000 (4) obj. 163.133 iterations 35
Cbc0038I Pass 54: suminf. 0.60000 (8) obj. 167.894 iterations 43
Cbc0038I Pass 55: suminf. 1.10005 (8) obj. 173.567 iterations 32
Cbc0038I Pass 56: suminf. 0.58041 (11) obj. 173.567 iterations 40
Cbc0038I Pass 57: suminf. 0.40000 (7) obj. 173.567 iterations 51
Cbc0038I Pass 58: suminf. 0.33999 (10) obj. 173.567 iterations 66
Cbc0038I Pass 59: suminf. 0.24869 (10) obj. 173.567 iterations 6
Cbc0038I Pass 60: suminf. 2.30000 (13) obj. 172.978 iterations 98
Cbc0038I Pass 61: suminf. 1.67872 (14) obj. 173.567 iterations 50
Cbc0038I Pass 62: suminf. 3.10305 (15) obj. 173.567 iterations 71
Cbc0038I No solution found this major pass
Cbc0038I Before mini branch and bound, 286 integers at bound fixed and 329 continuous
Cbc0038I Full problem 483 rows 840 columns, reduced to 152 rows 223 columns
Cbc0038I Mini branch and bound improved solution from 187.822 to 174.723 (0.47 seconds)
Cbc0038I Round again with cutoff of 163.588
Cbc0038I Reduced cost fixing fixed 8 variables on major pass 5
Cbc0038I Pass 62: suminf. 3.30000 (23) obj. 163.588 iterations 5
Cbc0038I Pass 63: suminf. 2.40869 (22) obj. 163.588 iterations 60
Cbc0038I Pass 64: suminf. 4.86561 (14) obj. 163.588 iterations 112
Cbc0038I Pass 65: suminf. 3.93086 (17) obj. 163.588 iterations 35
Cbc0038I Pass 66: suminf. 3.49652 (17) obj. 163.588 iterations 9
Cbc0038I Pass 67: suminf. 3.41184 (13) obj. 163.588 iterations 51
Cbc0038I Pass 68: suminf. 1.00000 (9) obj. 163.062 iterations 54
Cbc0038I Pass 69: suminf. 0.61260 (7) obj. 163.588 iterations 39
Cbc0038I Pass 70: suminf. 0.60000 (7) obj. 163.588 iterations 52
Cbc0038I Pass 71: suminf. 0.63506 (4) obj. 163.588 iterations 63
```

```
Cbc0038I Pass 72: suminf. 5.30000 (27) obj. 163.588 iterations 80
Cbc0038I Pass 73: suminf. 2.10000 (13) obj. 160.083 iterations 81
Cbc0038I Pass 74: suminf. 3.13448 (12) obj. 163.588 iterations 60
Cbc0038I Pass 75: suminf. 1.97111 (15) obj. 163.588 iterations 39
Cbc0038I Pass 76: suminf. 1.80000 (14) obj. 163.588 iterations 36
Cbc0038I Pass 77: suminf. 3.83916 (13) obj. 163.588 iterations 74
Cbc0038I Pass 78: suminf. 3.29754 (15) obj. 163.588 iterations 19
Cbc0038I Pass 79: suminf. 2.53129 (13) obj. 163.588 iterations 74
Cbc0038I Pass 80: suminf. 1.60000 (13) obj. 163.588 iterations 58
Cbc0038I Pass 81: suminf. 3.86593 (20) obj. 163.588 iterations 44
Cbc0038I Pass 82: suminf. 1.60000 (10) obj. 162.541 iterations 88
Cbc0038I Pass 83: suminf. 5.07134 (30) obj. 163.588 iterations 72
Cbc0038I Pass 84: suminf. 2.30000 (16) obj. 163.588 iterations 67
Cbc0038I Pass 85: suminf. 2.96071 (10) obj. 163.588 iterations 59
Cbc0038I Pass 86: suminf. 2.43856 (12) obj. 163.588 iterations 26
Cbc0038I Pass 87: suminf. 2.28742 (23) obj. 163.588 iterations 27
Cbc0038I Pass 88: suminf. 5.56140 (24) obj. 163.588 iterations 64
Cbc0038I Pass 89: suminf. 4.27556 (27) obj. 163.588 iterations 53
Cbc0038I Pass 90: suminf. 4.65933 (24) obj. 163.588 iterations 79
Cbc0038I Pass 91: suminf. 2.72747 (23) obj. 163.588 iterations 62
Cbc0038I No solution found this major pass
Cbc0038I Before mini branch and bound, 272 integers at bound fixed and 327 continuous
Cbc0038I Full problem 483 rows 840 columns, reduced to 156 rows 240 columns
Cbc0038I Mini branch and bound did not improve solution (0.63 seconds)
Cbc0038I After 0.63 seconds - Feasibility pump exiting with objective of 174.723 - took 0.58 seconds
Cbc0012I Integer solution of 174.72328 found by feasibility pump after 0 iterations and 0 nodes (0.63 seconds)
Cbc0038I Full problem 483 rows 840 columns, reduced to 98 rows 91 columns
Cbc0031I 48 added rows had average density of 277.85417
Cbc0013I At root node, 48 cuts changed objective from 140.30371 to 161.25278 in 48 passes
Cbc0014I Cut generator 0 (Probing) - 0 row cuts average 0.0 elements, 0 column cuts (1 active) in 0.154 seconds - new frequency is -100
Cbc0014I Cut generator 1 (Gomory) - 723 row cuts average 637.7 elements, 0 column cuts (0 active) in 0.551 seconds - new frequency is 1
Cbc0014I Cut generator 2 (Knapsack) - 0 row cuts average 0.0 elements, 0 column cuts (0 active) in 0.060 seconds - new frequency is -100
Cbc0014I Cut generator 3 (Clique) - 0 row cuts average 0.0 elements, 0 column cuts (0 active) in 0.008 seconds - new frequency is -100
Cbc0014I Cut generator 4 (OddWheel) - 0 row cuts average 0.0 elements, 0 column cuts (0 active) in 0.029 seconds - new frequency is -100
Cbc0014I Cut generator 5 (MixedIntegerRounding2) - 809 row cuts average 122.8 elements, 0 column cuts (0 active) in 0.263 seconds - new frequency is 1
Cbc0014I Cut generator 6 (FlowCover) - 22 row cuts average 20.7 elements, 0 column cuts (0 active) in 0.103 seconds - new frequency is -100
Cbc0014I Cut generator 7 (TwoMirCuts) - 130 row cuts average 216.7 elements, 0 column cuts (0 active) in 0.044 seconds - new frequency is 1
Cbc0010I After 0 nodes, 1 on tree, 174.72328 best solution, best possible 161.25278 (3.84 seconds)
Cbc0010I After 4 nodes, 5 on tree, 174.72328 best solution, best possible 161.25278 (4.62 seconds)
Cbc0016I Integer solution of 165.2485 found by strong branching after 3786 iterations and 11 nodes (4.88 seconds)
Cbc0012I Integer solution of 165.06496 found by rounding after 4407 iterations and 22 nodes (5.02 seconds)
Cbc0010I After 27 nodes, 2 on tree, 165.06496 best solution, best possible 162.09461 (5.48 seconds)
Cbc0001I Search completed - best objective 165.0649593776004, took 6737 iterations and 48 nodes (6.15 seconds)
```

```
Cbc0032I Strong branching done 754 times (25225 iterations), fathomed 6 nodes and fixed 18 variables
Cbc0035I Maximum depth 11, 356 variables fixed on reduced cost
Total time (CPU seconds): 6.08 (Wallclock seconds): 6.20

Custo da rota: 165.06
Rota:
 0 18 13 11 16 19 9 2 1 10 15 8 20 12 17 3 14 4 7 5 6
```

A rota obtida pelos modelos implementados em MathProg e Python pode ser visualizada na Figura 11.4.1. Conforme a referida figura e com os resultados obtidos, a menor distância que o veículo pode percorrer para visitar todos os clientes é de 165,06 unidades e a ordem de visitação para realizar as entregas, partindo da fábrica (nó 1), é: $0 \rightarrow 18 \rightarrow 13 \rightarrow 11 \rightarrow 16 \rightarrow 19 \rightarrow 9 \rightarrow 2 \rightarrow 1 \rightarrow 10 \rightarrow 15 \rightarrow 8 \rightarrow 20 \rightarrow 12 \rightarrow 17 \rightarrow 3 \rightarrow 14 \rightarrow 4 \rightarrow 7 \rightarrow 5 \rightarrow 6$.

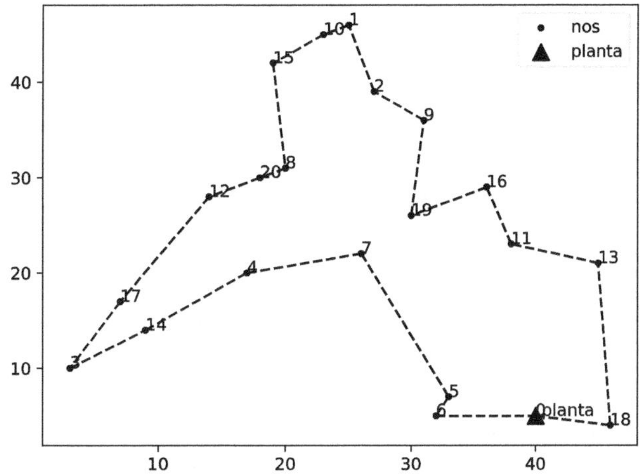

Figura 11.4.1: Solução do estudo de caso da empresa Rivadália.

11.5 CONCLUSÃO

Neste capítulo estudamos o problema do caixeiro viajante, um problema da classe de programação linear. Apresentamos a formulação inicial e como, a partir dela, inserir restrições para evitar subrotas. O capítulo também apresentou um exemplo de aplicação desse problema, os códigos em MathProg e Python, bem como os resultados encontrados. Esse problema, largamente estudado em função da sua abrangência, pode ser aplicado em muitos outros contextos como problemas de minimização de tempo de um robot industrial para soldar a carcaça de um automóvel, custo de uma rota para distribuição diária de um jornal, custo de uma rota de abastecimento para das várias bases militares envolvidas numa guerra, sequenciamento de tarefas, definição de caminho para controle de estoque, entre outros.

E então, você é capaz de pensar em algum problema onde é possível aplicar o TSP e formular o modelo? Bom trabalho!

REFERÊNCIAS

Biggs, Norman, E Keith Lloyd e Robin J Wilson (1986). *Graph Theory, 1736-1936*. Oxford University Press.

Claus, A (1984). "A new formulation for the travelling salesman problem". Em: *SIAM Journal on Algebraic Discrete Methods* 5.1, pp. 21–25.

Dantzig, George, Ray Fulkerson e Selmer Johnson (1954). "Solution of a large-scale traveling-salesman problem". Em: *Journal of the operations research society of America* 2.4, pp. 393–410.

Finke, G., A. Claus e E. Gunn (1984). "A two-commodity network flow approach to the travelling salesman problem. In of Oregon [1984]". Em: *Congressus Numerantium* 41, pp. 167–178.

Gavish, Bezalel e Stephen C Graves (1978). "The travelling salesman problem and related problems". Em.

Matai, Rajesh, Surya Prakash Singh e Murari Lal Mittal (2010). "Traveling salesman problem: an overview of applications, formulations, and solution approaches". Em: *Traveling salesman problem, theory and applications* 1.1, pp. 1–25.

Miller, Clair E, Albert W Tucker e Richard A Zemlin (1960). "Integer programming formulation of traveling salesman problems". Em: *Journal of the ACM (JACM)* 7.4, pp. 326–329.

Schrijver, A (1960). "On the history of combinatorioal optimization". Em: *Discrete Optimization*, pp. 1–68.

12

PROBLEMA DE TRANSPORTE

Fátima M. de Souza Lima
fatimamslima@face.ufmg.br
Universidade Federal de Minas Gerais

Luiza Bernardes Real
luizabernardesreal@gmail.com
Instituto Federal de Minas Gerais

Ricardo Camargo
rcamargo@dep.ufmg.br
Universidade Federal de Minas Gerais

12.1 INTRODUÇÃO

Neste capítulo trataremos do problema de transporte, uma classe de problemas de Programação Linear, caracterizado por definir a quantidade de produtos a serem transportados de um ponto de origem a um ponto de destino. Esses pontos possuem limitações de ofertas e demandas mínimas. Cada par de origem-destino possui um custo associado ao transporte de uma unidade de mercadoria. O objetivo do problema é minimizar o custo total de transporte respeitando as restrições de oferta e demanda (Taha 2013).

Devido à abrangência desse problema, ele pode ser estendido a outras áreas de operações como controle de estoque, designação de pessoal, entre outras. Uma revisão sobre o problema pode ser encontrada em Schrijver (2002). Os códigos do capítulo estão disponíveis no link: `https://pifop.com/app/view/gbuj5tx6RFecPx69Xfn1`

12.2 O CASO

A empresa de móveis Rivadália alimenta três centros de distribuição (CD) com sua produção de sofás para escritório. Cada CD despacha caminhões de produtos para quatro mercados diferentes. As quantidades fornecidas (em unidades de produtos) e a demanda (também em unidades de produtos), aliadas aos custos unitários de transporte por caminhão nas diferentes rotas, estão resumidas na Tabela 12.2.1. A empresa deseja encontrar a programação de expedição que minimize o custo de transporte entre o CD i e o mercado j.

Tabela 12.2.1: Dados do problema.

	Mercado				
Centro	1	2	3	4	Oferta
1	10	2	20	11	15
2	12	7	9	20	25
3	4	14	16	18	10
Demanda	5	15	15	15	

12.3 NOTAÇÃO, DEFINIÇÕES E MODELO

Para este problema vamos considerar um conjunto de pontos de suprimento M = {1,...,m}, um conjunto de pontos de demanda N = {1,...,n}, e um conjunto de arcos ligando dois pontos A = {(i,j): $i \in M, j \in N$}.

Seja c_{ij} o custo (ou a distância) de atravessar a aresta $(i, j) \in A$ e x_{ij} a variável de decisão que retorna a quantidade transportada do ponto de suprimento $i \in M$ para o ponto de demanda $j \in N$. A oferta de produtos de cada fornecedor $i \in M$ é dada por a_i e a demanda de cada mercado $j \in N$ por b_j. A Tabela 20.3.1 resume os parâmetros e variáveis do problema:

Tabela 12.3.1: Lista de parâmetros e variáveis.

Conjuntos

$M = \{1, \ldots, m\}$: conjunto de pontos de origem,

$N : \{1, \ldots, n\}$: conjunto de pontos de destino.

Parâmetros

m : número de pontos de origem,

n : número de pontos de destino,

a_i : limite de oferta da origem $i \in M$,

b_j : demanda do destino $j \in N$,

c_{ij} : custo de transportar uma unidade de produto de $i \in M$ para $j \in N$.

Variáveis de Decisão

$x_{ij} \geq 0$: quantidade transportada da origem $i \in M$ para o destino $j \in N$.

Uma representação gráfica do problema pode ser visualizada na Figura 12.3.1. O problema pode ser formulado da seguinte forma:

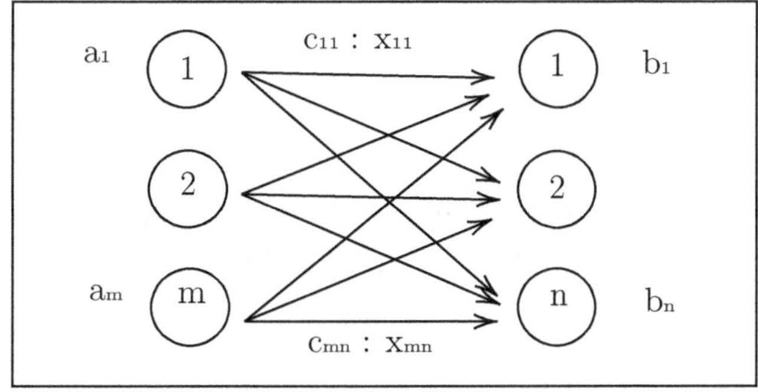

Figura 12.3.1: Representação gráfica do problema de transporte.

$$\min Z = \sum_{i \in N} \sum_{j \in M} c_{ij} x_{ij} \tag{12.3.1}$$

$$\text{s.t.:} \sum_{j \in N} x_{ij} \leq a_i \qquad \forall i \in M \tag{12.3.2}$$

$$\sum_{i \in M} x_{ij} \geq b_j \qquad \forall j \in N \tag{12.3.3}$$

$$x_{ij} \geq 0 \qquad \forall (i,j) \in A \tag{12.3.4}$$

A função objetivo 12.3.1 minimiza o custo total incorrido do transporte, dado pelo somatório da multiplicação do custo de transporte de i para j vezes a quantidade transportada no mesmo arco. As restrições 12.3.2 garantem que tudo que é transportado de i para j não ultrapasse a quantidade disponível em cada origem. As restrições 12.3.3 garantem que as demanda dos mercados sejam atendidas. Por fim, as restrições 12.3.4 garantem a não negatividade das variáveis de decisão.

Podemos observar que o problema acima só é viável se o total da quantidade ofertada exceder o total da demanda, ou seja,

$$\sum_{i \in M} a_i \geq \sum_{j \in N} b_j \tag{12.3.5}$$

Caso essa equação não seja satisfeita, o problema se torna inviável, pois não se pode atender toda a demanda com a mercadoria disponível. No entanto, se existe oferta suficiente, as condições propostas podem ser atendidas. Dessa forma, é válido assumir que o total ofertado é igual ao total demandado, ou seja:

$$\sum_{i \in M} a_i = \sum_{j \in N} b_j \tag{12.3.6}$$

Dessa maneira, é possível transformar o problema onde existe sobra de suprimento em outro onde a oferta é igual à demanda e a quantidade ofertada em excesso pode ser descartada.

Com essa simplificação, o problema se transforma no que é chamada de formulação clássica do problema de transporte, escrita da seguinte forma:

$$\min Z = \sum_{i \in N} \sum_{j \in M} c_{ij} x_{ij} \tag{12.3.7}$$

$$\text{s.t.:} \sum_{j \in N} x_{ij} = a_i \qquad \forall i \in M \tag{12.3.8}$$

$$\sum_{i \in M} x_{ij} = b_j \qquad \forall j \in N \tag{12.3.9}$$

$$x_{ij} \geq 0 \qquad \forall (i, j) \in A \tag{12.3.10}$$

12.4 CÓDIGOS E RESULTADOS DO MODELO

O código e o resultado do modelo implementado em MathProg são apresentados a seguir:

Código 12.1: Modelo feito em MathProg

```
# Problema de Transporte - arquivo.md


set M; # Origem
set N; # Destino

param a{m in M}         >= 0;    # oferta
param b{n in N}         >= 0;    # demanda
param c{i in M, j in N} >= 0;    # custo de transporte

var x{i in M, j in N} >= 0;


minimize FOCusto : sum{i in M, j in N} c[i,j]*x[i,j];
                   ;


s.t. r1{i in M}: sum{j in N} x[i,j] = a[i];

```

```
s.t. r2{j in N}: sum{i in M} x[i,j] = b[j];


solve;


printf "Custo : R$ %18.2f\n",FOCusto;

display x;


data;

set M := "1",
         "2",
         "3"
         ;

set N := "1",
         "2",
         "3",
         "4"
         ;


param: M : a :=
1 15
2 25
3 10
;

param: N : b :=
1 5
2 15
3 15
4 15
;

param c :
   1  2  3 4:=
1 10 2  20 11
2 12 7  9 20
3 4  14 16 18
;
```

Código 12.2: Resultados do modelo em Mathprog

```
> ampl "mathprog/transporte.run"
The license for this AMPL processor will expire in 2.5 days.
The license for this solver will expire in 2.5 days.
CPLEX 22.1.1.0: lpdisplay = 1
mipdisplay = 2
mipgap = 1e-6
threads = 4
No LP presolve or aggregator reductions.
```

```
Initializing dual steep norms . . .

Iteration log . . .
Iteration: 1 Dual objective =       425.000000
Custo : R$        435.00
x :=
1 1  0
1 2  5
1 3  0
1 4 10
2 1  0
2 2 10
2 3 15
2 4  0
3 1  5
3 2  0
3 3  0
3 4  5
;
```

O código e o resultado do modelo implementado em Python são apresentados a seguir:

Código 12.3: Modelo feito em Python

```python
from mip import Model, xsum, minimize, CBC, OptimizationStatus, BINARY
from itertools import product
import matplotlib.pyplot as plt
from math import sqrt
import numpy as np

# numero de origens,numero de destinos
m,n = 3,4
M,N = range(m),range(n)


# custo de transporte da origem i para o destino j
c = [[10, 2, 20, 11],
    [12, 7, 9, 20],
    [4, 14, 16, 18]]


# limite de oferta dos pontos de origem (a)
a = [15, 25, 10]


# demanda dos pontos de destino (b)
b = [5, 15, 15, 15]


# declaracao do modelo
model = Model('Problema de Transporte',solver_name=CBC)


# x_ij quantidade transportada da origem i para o destino j
```

```
# x_ij >= 0
x = {(i,j) : model.add_var(lb=0.0) for i in M for j in N}




# funcao objetvio: minimizar o custo de transporte de mercadorias de i para j
model.objective = minimize (xsum(c[i][j] * x[i,j] for (i,j) in product(M,N)))

#restricoes de oferta: tudo que sai da origem i deve ser menor ou igual ao seu limite de oferta
for i in M:
   model += xsum(x[i,j] for j in N) == a[i]

#restricoes de demanda: toda demanda do cliente j tem de ser 100% (1) atendida por alguma
    facilidade i
for j in N:
   model += xsum(x[i,j] for i in M) == b[j]

# otimiza o modelo chamando o resolvedor
status = model.optimize()
if status == OptimizationStatus.OPTIMAL:
   print("Custo total      : {:12.2f}.".format(model.objective_value))

   print( "origem : destino : quantidade ")
   for i in M:
       for j in N:
          print("{:d} {:d} {:.0f}".format(i,j,x[i,j].x))
```

Código 12.4: Resultados do modelo em Python

```

> python/problema_de_transporte.py
Welcome to the CBC MILP Solver
Version: Trunk
Build Date: Oct 24 2021

Starting solution of the Linear programming problem using Primal Simplex

Coin0506I Presolve 7 (0) rows, 12 (0) columns and 24 (0) elements
Clp1000I sum of infeasibilities 3.70306e-09 - average 5.29008e-10, 4 fixed columns
Coin0506I Presolve 0 (-7) rows, 0 (-12) columns and 0 (-24) elements
Clp0000I Optimal - objective value 435
Clp0000I Optimal - objective value 435
Coin0511I After Postsolve, objective 435, infeasibilities - dual 0 (0), primal 0 (0)
Clp0000I Optimal - objective value 435
Clp0000I Optimal - objective value 435
Clp0000I Optimal - objective value 435
Clp0032I Optimal objective 435 - 0 iterations time 0.002, Idiot 0.00
Custo total        :      435.00.
origem : destino : quantidade
0 0 0
0 1 5
0 2 0
0 3 10
1 0 0
```

```
1 1 10
1 2 15
1 3 0
2 0 5
2 1 0
2 2 0
2 3 5
```

Conforme os resultados obtidos pela implementação do modelo, o custo total mínimo é de 435 unidades monetárias. Para atender as demandas dos clientes, o CD 01 deve enviar aos mercados 2 e 4, 5 e 10 sofás, respectivamente. Aos mercados 2 e 3, o CD 2 deve enviar 10 e 15 unidades e aos mercados 1 e 4, o CD 3 deve enviar 5 unidades de produto para cada um.

12.5 CONCLUSÃO

Neste capítulo estudamos o problema de transporte, um problema da classe de programação linear. Apresentamos a formulação geral e como, a partir dela, podemos chegar à formulação clássica. Vimos ainda um exemplo de aplicação desse problema, os códigos em MathProg e Python, bem como os resultados encontrados.

Esse problema, em função da sua abrangência, pode ser aplicado a outros cenários como problemas de designação, controle de estoque e de produção. Como podemos formular um modelo para algum desses problemas?

REFERÊNCIAS

Schrijver, Alexander (2002). "On the history of the transportation and maximum flow problems". Em: *Mathematical programming* 91, pp. 437–445.

Taha, Hamdy A (2013). *Operations research: an introduction*. Pearson Education India.

13

PROBLEMA DE ROTEAMENTO DE VEÍCULOS CAPACITADOS

Fátima M. de Souza Lima
fatimamslima@face.ufmg.br
Universidade Federal de Minas Gerais

Ricardo Camargo
rcamargo@dep.ufmg.br
Universidade Federal de Minas Gerais

Luiza Bernardes Real
luizabernardesreal@gmail.com
Instituto Federal de Minas Gerais

13.1 INTRODUÇÃO

O Problema de Roteamento de Veículos, no inglês Vehicle Routing Problem (VRP), é peça fundamental para o setor de distribuição. Centenas de empresas e organizações enfrentam diariamente o problema de entrega e coleta de bens ou pessoas. Os cenários são inúmeros e por isso as funções objetivo e as restrições também apresentam grande variação.

O problema clássico de roteamento de veículos é um dos problemas mais pesquisados em otimização combinatória e possui uma vasta gama de técnicas de solução, desde algoritmos exatos até heurísticas e mais recentemente metaheuristicas também vêm sendo estudadas. O VRP é uma generalização do Problema do Caixeiro Viajante (Travel Salesman Problem - TSP) sendo também, portanto, NP-hard. Uma breve discussão sobre a evolução do VRP pode ser encontrada em Laporte (2009).

A literatura dispõe de uma série de estudos, surveys e reviews que abordam o VRP. Para consultar tais trabalhos o leitor pode se referir a Toth e Vigo (2002), Golden, Raghavan, Wasil et al. (2008), Laporte (2009) e Fisher (1995).

O VRP clássico, ilustrado graficamente na Figura 13.1.1 consiste em uma frota de veículos disponível para o transporte de bens demandados ou ofertados pelos clientes dispersos em uma região. Os veículos estão situados em um ponto e o objetivo é determinar as rotas a serem percorridas por cada veículo de modo que a demanda de todos os clientes seja satisfeita, que cada veículo regresse ao depósito de origem ao final da rota e o custo total seja o menor possível. Os códigos do capítulo estão disponíveis no link: `https://pifop.com/app/view/sdbnBiC7MSoShPAkYUuf?`

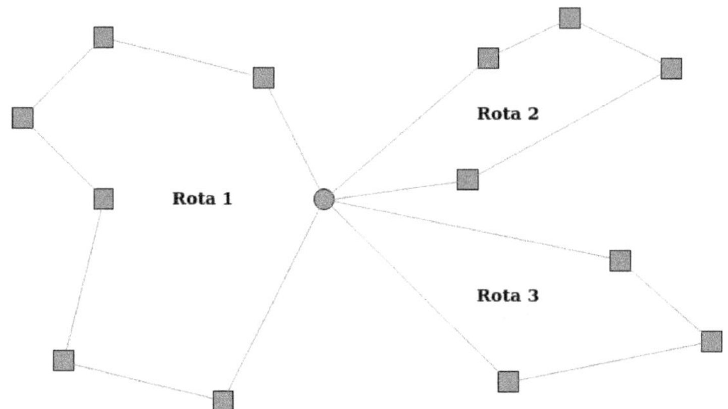

Figura 13.1.1: Problema de roteamento de veículos capacitado.

13.2 O CASO

Para esse problema considere que nossa empresa de móveis Rivadália tem uma frota de 3 veículos disponíveis para fazer a entrega de produtos a 15 clientes. As coordenadas e as demandas do depósito (nó 0) e de cada cliente estão dispostas na Tabela 13.2.1. Cada veículo tem capacidade de transportar 19 unidades de produtos, independente do item. O setor de logística precisa definir quais clientes serão visitados pelos veículos e a sequência de visitação de forma que o custo total de viagem seja o menor possível. Consideramos aqui que o custo de viagem é igual à distância percorrida entre os nós e a distância entre (i, j) é igual à distância entre (j, i).

Tabela 13.2.1: Coordenadas dos clientes

Nó	Coord_x	Coord_y	Demanda	Nó	Coord_x	Coord_y	Demanda
0	25	25	0	8	20	31	3
1	25	46	4	9	31	36	2
2	27	39	5	10	23	45	3
3	3	10	2	11	38	23	4
4	17	20	3	12	14	28	1
5	33	7	3	13	45	21	2
6	32	5	6	14	9	14	2
7	26	22	3	15	19	42	3

13.3 NOTAÇÃO, DEFINIÇÕES E MODELO

O problema consiste em projetar as rotas de entrega de menor custo que saem do depósito para atender um conjunto de clientes espalhados numa área geográfica por um conjunto de veículos. Cada cliente é visitado exatamente uma única vez por um único veículo de forma que a demanda total servida pela rota não exceda a capacidade do veículo. Pode-se considerar ainda a existência de um tempo ou distância máxima que deve ser respeitado pelos veículos, mas esse caso não é considerado nesse modelo. Este problema é central em empresas de distribuição que o resolvem rotineiramente.

Para construirmos o modelo vamos considerar um grafo direcionado $G = (N, A)$ no qual $N = \{0, \ldots, n\}$ e $A = \{(i, j) \in N \times N : i \neq j\}$ representam os conjuntos de nós e arcos, respectivamente. O nó 0 representa o depósito, enquanto os demais nós correspondem aos nós dos clientes. Uma frota com m veículos com capacidade Q está sediada no depósito. O tamanho de frota é conhecido a priori ou pode ser uma variável de decisão. Cada cliente $i \in N$ possui uma demanda não-negativa q_i. A matriz de custo c_{ij} é definida em A, não sendo necessariamente simétrica. Por simplificação, assumem-se aqui que o tempo de viagem $(l_{ij} \geq 0)$ e a distância $(c_{ij} \geq 0)$ entre os nós i e j são equivalentes $(l_{ij} = c_{ij})$. Além disso, c_{ij} pode ser diferente de c_{ji}.

Para esse problema consideramos duas variáveis de decisão, $x_{ij} \in \{0, 1\}$ igual a 1 se o arco $(i, j) \in A$ é usado na rota ótima; 0, caso contrário e $f_{ij} \geq 0$ que é a quantidade de fluxo fictício passando pelo arco $(i, j) \in A$. A Tabela 13.3.1 mostra de maneira resumida as variáveis e os parâmetros do modelo.

Assim como no problema do Caixeiro Viajante, o problema inicialmente pode ser modelado da seguinte forma:

$$\min \sum_{(i,j)\in A} c_{ij}x_{ij} \tag{13.3.1}$$

$$\text{sujeito a: } \sum_{(i,j)\in A} x_{ij} = 1 \qquad \forall i \in N \tag{13.3.2}$$

$$\sum_{(i,j)\in A} x_{ij} = 1 \qquad \forall j \in N \tag{13.3.3}$$

$$x_{ij} \in \{0, 1\} \qquad \forall (i, j) \in A \tag{13.3.4}$$

$$\text{não existam sub-rotas} \tag{13.3.5}$$

Similar ao que vimos no Capítulo 11, somente as duas primeiras restrições não garantem a eliminação de sub-rotas (Figuras 13.3.1 e 13.3.2).

Para que isso não aconteça é necessário inserir no modelo restrições de eliminação de sub-rotas. Existem diferentes formulações para evitar o aparecimento de subciclos,

Tabela 13.3.1: Notações.

Conjuntos

$N = \{0, \ldots, n\}$: conjunto de nós,

$A = \{(i,j) : i,j \in N \wedge i \neq j\}$: conjunto de arcos,

$V = \{1, \ldots, m\}$: conjunto de veículos.

Parâmetros

0 : depósito,

n : número de pontos de destino,

m : número de veículos,

Q : capacidade dos veículos,

d_j : demanda do destino j,

c_{ij} : custo de transportar uma unidade de produto de i para j, $\forall (i,j) \in A$.

Variáveis de Decisão

$x_{ij} \in \{0,1\}$: se o arco $(i,j) \in A$ estiver presente na rota x_{ij} é igual a 1, 0 caso contrário,

$f_{ij} \geq 0$: fluxo transportado no arco $(i,j) \in A$.

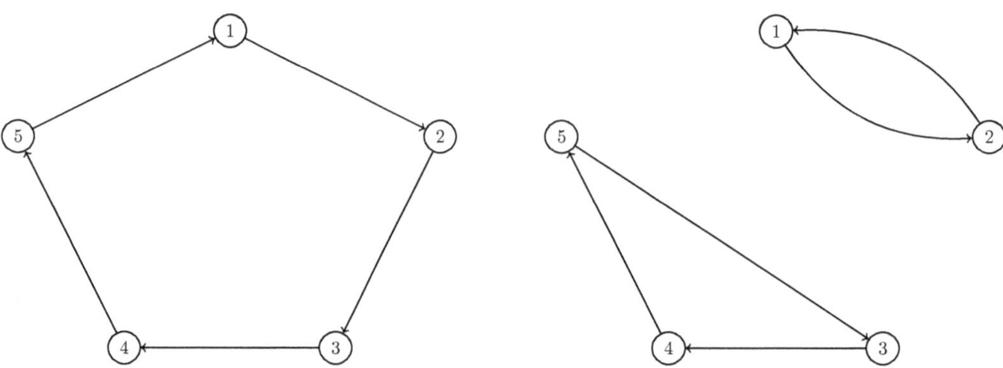

Figura 13.3.1: Uma rota

Figura 13.3.2: Duas sub-rotas

para maiores referências pode-se consultar Dantzig, Fulkerson e Johnson (1954), Miller, Tucker e Zemlin (1960), Gavish e Graves (1978) (monoproduto), Claus (1984) (multiproduto) e Finke, A. Claus e Gunn (1984) (dois produtos). A formulação que apresentaremos aqui é baseada no artigo de Gavish e Graves (1978) que utiliza a variável de fluxo f_{ij}. Nesse modelo, a variável f_{ij} desempenha três papéis, evitar o aparecimento de subciclos, garantir que as demandas dos nós sejam atendidas, bem como as capacidades dos veículos respeitadas.

Assim, além das restrições de eliminação de subciclos, também devem ser acrescentadas restrições que permitam a formação de mais de uma rota saindo da origem, assim como restrições que garantam que a capacidade dos veículos seja respeitada. Dessa forma, o modelo apresentado é incrementado com as restrições de balanço de fluxo e, considerando os parâmetros e variáveis representados na Tabela 13.3.1, podemos reescrevê-lo da seguinte forma:

$$\min \sum_{(i,j)\in A} c_{ij}x_{ij} \tag{13.3.6}$$

$$\text{s.a:} \sum_{(0,j)\in A} x_{0j} = m \tag{13.3.7}$$

$$\sum_{(i,0)\in A} x_{i0} = m \tag{13.3.8}$$

$$\sum_{(i,j)\in A} x_{ij} = 1 \qquad \forall i \in N \setminus \{0\} \tag{13.3.9}$$

$$\sum_{(i,j)\in A} x_{ij} = 1 \qquad \forall j \in N \setminus \{0\} \tag{13.3.10}$$

$$\sum_{(0,j)\in A} f_{0j} = \sum_{i\in N\setminus\{0\}} d_i \tag{13.3.11}$$

$$\sum_{(i,j)\in A} f_{ij} - \sum_{(j,i)\in A} f_{ji} = d_i \qquad \forall i \in N \setminus \{0\} \tag{13.3.12}$$

$$f_{ij} \leq Qx_{ij} \qquad \forall (i,j) \in A \tag{13.3.13}$$

$$f_{ij} \geq 0 \qquad \forall (i,j) \in A \tag{13.3.14}$$

$$x_{ij} \in \{0,1\} \qquad \forall (i,j) \in A \tag{13.3.15}$$

A função objetivo 13.3.6 busca minimizar o custo total de viagem. As restrições 13.3.7 e 13.3.8 garantem que m veículos saiam do depósito e m veículos cheguem ao depósito. As restrições 13.3.9 e 13.3.10 garantem que todos os nós sejam visitados por um veículo. A restrição 13.3.11 garante que o somatório de todo fluxo fictício que sai do depósito seja igual ao somatório das demandas de todos os clientes. As restrições 13.3.12 garantem que o veículo chegue em um nó com uma determinada quantidade de produto fictício e descarregue neste nó sua demanda. As restrições 13.3.13 garantem que um arco (i,j) só é usado se ele for contabilizado na função objetivo, além de garantir que a capacidade dos veículos são respeitadas. As restrições 13.3.14 e 13.3.15 são as restrições do domínio das variáveis, garantindo que sejam não negativas e binárias, respectivamente.

13.4 CÓDIGOS E RESULTADOS DO MODELO

O código e o resultado do modelo implementado em MathProg são apresentados a seguir. Reparem que na implementação em MathProg, o depósito é considerado como sendo o nó 1 ao invés do nó 0 e assim os pontos variam de 1 a 16.

Código 13.1: Modelo feito em MathProg

```
# numero de nos
param n > 1, integer;

# conjunto de nos
set N := {1..n};

# conjunto de arcos
set A := {(i,j) in {N,N}: i != j};

# demanda de cada no
param d{N};

# demanda total;
param dt := sum{i in N} d[i];

# capacidade dos veiculos
param Q;

# numero de veiculos
param m;

# conjunto de veiculos
set V := 1..m;

# plantaosito
param planta;

# coordenadas Euclidianas
param cx{N};
param cy{N};

# custo de cada arco
param c{(i,j) in A} := sqrt( (cx[i]-cx[j])^2
                    + (cy[i]-cy[j])^2 );

# variaveis de decisao
# se o arco (i,j) faz parte da rota ou nao
var x{A}, binary;

# fluxo transportado no arco (i,j)
var f{A}, >= 0;

# funcao objetivo
minimize fo: sum{(i,j) in A} c[i,j] * x[i,j];

# restricoes basicas
```

```
s.t. r1: sum{(planta,j) in A} x[planta,j] = m;
s.t. r2{i in N: i != planta}: sum{(i,j) in A} x[i,j] = 1;
s.t. r3{j in N: j != planta}: sum{(i,j) in A} x[i,j] = 1;
s.t. r4: sum{(i,planta) in A} x[i,planta] = m;

s.t. r5{j in N: j != 1}: sum{(i,j) in A} f[i,j]
                  - sum{(j,i) in A} f[j,i] = d[j];
s.t. r6{(i,j) in A}: f[i,j] <= Q * x[i,j];

solve;

display fo;
printf{(i,j) in A: x[i,j] > 1e-3} "(%d,%d) = %6.4f\n",i,j,x[i,j];


data;
param n := 16;
param Q := 19;
param m := 3;
param planta := 1;
param : cx cy d :=
   1     25.00     25.00   0
   2     25.00     46.00   4
   3     27.00     39.00   5
   4      3.00     10.00   2
   5     17.00     20.00   3
   6     33.00      7.00   3
   7     32.00      5.00   6
   8     26.00     22.00   3
   9     20.00     31.00   3
  10     31.00     36.00   2
  11     23.00     45.00   3
  12     38.00     23.00   4
  13     14.00     28.00   1
  14     45.00     21.00   2
  15      9.00     14.00   2
  16     19.00     42.00   3
;
end;
```

Código 13.2: Resultados do modelo em Mathprog

```
> glpsol -m "mathprog/problema_de_roteamento_de_veiculos_capacitados.mod"

GLPSOL: GLPK LP/MIP Solver, v4.65
Parameter(s) specified in the command line:
 -m mathprog/problema_de_roteamento_de_veiculos_capacitados.mod
Reading model section from mathprog/problema_de_roteamento_de_veiculos_capacitados.mod...
Reading data section from mathprog/problema_de_roteamento_de_veiculos_capacitados.mod...
88 lines were read
Generating fo...
Generating r1...
Generating r2...
Generating r3...
Generating r4...
```

```
Generating r5...
Generating r6...
Model has been successfully generated
GLPK Integer Optimizer, v4.65
288 rows, 480 columns, 1650 non-zeros
240 integer variables, all of which are binary
Preprocessing...
287 rows, 480 columns, 1410 non-zeros
240 integer variables, all of which are binary
Scaling...
 A: min|aij| = 1.000e+00 max|aij| = 1.900e+01 ratio = 1.900e+01
GM: min|aij| = 9.550e-01 max|aij| = 1.047e+00 ratio = 1.096e+00
EQ: min|aij| = 9.121e-01 max|aij| = 1.000e+00 ratio = 1.096e+00
2N: min|aij| = 1.000e+00 max|aij| = 1.188e+00 ratio = 1.188e+00
Constructing initial basis...
Size of triangular part is 286
Solving LP relaxation...
GLPK Simplex Optimizer, v4.65
287 rows, 480 columns, 1410 non-zeros
      0: obj = 2.966506368e+02 inf = 3.500e+02 (22)
    146: obj = 3.678765082e+02 inf = 2.352e-15 (0)
*   299: obj = 1.384941974e+02 inf = 1.282e-14 (0) 1
OPTIMAL LP SOLUTION FOUND
Integer optimization begins...
Long-step dual simplex will be used
+   299: mip = not found yet >=         -inf     (1; 0)
+   767: >>>>> 3.026962146e+02 >= 1.395984146e+02 53.9% (58; 0)
+  1430: >>>>> 2.231693667e+02 >= 1.414530300e+02 36.6% (108; 3)
+  1768: >>>>> 2.207831548e+02 >= 1.432972301e+02 35.1% (122; 32)
+  2921: >>>>> 2.118594023e+02 >= 1.477272151e+02 30.3% (231; 36)
+  3411: >>>>> 1.842281530e+02 >= 1.502042685e+02 18.5% (256; 59)
+  4490: >>>>> 1.827876859e+02 >= 1.527556869e+02 16.4% (210; 312)
+  5719: >>>>> 1.799684721e+02 >= 1.540358671e+02 14.4% (304; 345)
+  7086: >>>>> 1.746307060e+02 >= 1.552115151e+02 11.1% (361; 455)
+ 32656: mip = 1.746307060e+02 >= 1.663630309e+02 4.7% (1524; 1236)
+ 59781: mip = 1.746307060e+02 >= 1.729821449e+02 0.9% (684; 3659)
+ 63863: mip = 1.746307060e+02 >= tree is empty 0.0% (0; 6493)
INTEGER OPTIMAL SOLUTION FOUND
Time used: 12.4 secs
Memory used: 5.2 Mb (5408900 bytes)
Display statement at line 58
fo.val = 174.630705988182
(1,5) = 1.0000
(1,12) = 1.0000
(1,16) = 1.0000
(2,3) = 1.0000
(3,10) = 1.0000
(4,13) = 1.0000
(5,15) = 1.0000
(6,7) = 1.0000
(7,8) = 1.0000
(8,1) = 1.0000
(9,1) = 1.0000
(10,1) = 1.0000
(11,2) = 1.0000
```

```
(12,14) = 1.0000
(13,9) = 1.0000
(14,6) = 1.0000
(15,4) = 1.0000
(16,11) = 1.0000
Model has been successfully processed
>
```

O código e o resultado do modelo implementado em Python são apresentados a seguir:

Código 13.3: Modelo feito em Python

```python
from mip import Model, xsum, minimize, CBC, OptimizationStatus, BINARY
from itertools import product
import matplotlib.pyplot as plt
from math import sqrt
import numpy as np
# numero de clientes
n = 16

# capacidade dos veiculos
Q = 19

# numero disponiveis de veiculos
m = 3

# no de identificacao da planta
planta = 0

# coordendas Euclidianas dos pontos
cx = [25.00, 25.00, 27.00, 3.00, 17.00, 33.00, 32.00, 26.00, 20.00, 31.00, 23.00, 38.00, 14.00,
    45.00, 9.00, 19.00]
cy = [25.00, 46.00, 39.00, 10.00, 20.00, 7.00, 5.00, 22.00, 31.00, 36.00, 45.00, 23.00, 28.00,
    21.00, 14.00, 42.00]

# demanda dos pontos
d =[ 0, 4, 5, 2, 3, 3, 6, 3, 3, 2, 3, 4, 1, 2, 2, 3]

# listas com os indices dos clientes e dos arcos
N = range(n)
A = [(i,j) for (i,j) in product(N,N) if i != j]

# distancia Euclidiana entre os nos
c = [ [ sqrt( (cx[i] - cx[j])**2 + (cy[i] - cy[j])**2 ) for j in N ] for i in N]

# declaracao do modelo
model = Model('Problema de roteamento de veiculos capacitados',solver_name=CBC)

# x_ij igual a 1 se no j e visitado imediatamente apos no i; 0, caso contrario
x = {(i,j) : model.add_var(var_type=BINARY) for (i,j) in A}

# f_ij qtde de produto transportado veiculo usando o arco (i,j)
f = {(i,j) : model.add_var(lb=0.0) for (i,j) in A}

```

```python
# funcao objetvio: minimizacao do comprimento das rotas
model.objective = minimize(xsum(c[i][j] * x[i,j] for (i,j) in A))

# saem m veiculos da planta
model += xsum(x[planta,j] for (i,j) in A if planta == i) == m

# chegam m veiculos da planta
model += xsum(x[i,planta] for (i,j) in A if planta == j) == m

# restricoes do grau de cada no: todo no diferente da planta
# so chega um arco e so sai um arco dele
for i in N:
    if i != planta:
        model += xsum(x[ii,j] for (ii,j) in A if i == ii) == 1
for j in N:
    if j != planta:
        model += xsum(x[i,jj] for (i,jj) in A if j == jj) == 1

# restricao de balanco de fluxo: cada veiculo chega em um no com uma determinada
# quantidade de produto, deixa a demanda de d unidades neste no, e sai
# deste no carregando d unidades a menos.

for j in N:
    if j != planta:
        model += xsum(f[i,jj] for (i,jj) in A if j == jj) == d[j] + xsum(f[jj,i] for (jj,i) in A if j == jj)

# restricao de ativacao do arco: um veiculo so pode usar o arco (i,j)
# para carregar produto se o arco for contabilizado na funcao objetivo
for (i,j) in A:
    model += f[i,j] <= Q * x[i,j]

# otimiza o modelo chamando o resolvedor
status = model.optimize()
if status == OptimizationStatus.OPTIMAL:
    print("Custo da rota: {:12.2f}".format(sum([c[i][j] * x[i,j].x for (i,j) in A])))
    print("Custo da rota: {:12.2f}".format(model.objective_value))

    ini_rota = [j for (i,j) in A if i == planta and x[i,j].x > 1e-6]
    for idx,r in enumerate(ini_rota):
        print("Rota {:2d}: {:2d} ".format(idx,planta),end='')
        cur_no = r
        while True:
            print("{:3d} ".format(cur_no),end='')
            cur_no = [j for (i,j) in A if i == cur_no and x[i,j].x > 0.9][0]
            if cur_no == planta:
                break;
        print("{:2d} ".format(planta))


    fig, ax = plt.subplots()
    plt.scatter(cx[:],cy[:],marker="o",color='black',s=10,label="nos")
    for i in N:
        plt.text(cx[i],cy[i], "{:d}".format(i))

```

```
    for (i, j) in [(i, j) for (i, j) in A if x[i, j].x >= .9]:
        plt.plot((cx[i], cx[j]), (cy[i], cy[j]), linestyle="--", color="black")

    plt.scatter(cx[0],cy[0],marker="^",color='black',s=100,label="planta")
    plt.text(cx[0]+.5,cy[0], "{:s}".format("planta"))
    #plt.legend()
    plt.plot()
    plt.savefig("exemplo_solucao.pdf")
```

Código 13.4: Resultados do modelo em Python

```
> python/problema_de_roteamento_de_veiculos_capacitados.py
Welcome to the CBC MILP Solver
Version: Trunk
Build Date: Oct 24 2021

Starting solution of the Linear programming relaxation problem using Primal Simplex

Coin0506I Presolve 287 (0) rows, 480 (0) columns and 1410 (0) elements
Clp1000I sum of infeasibilities 0.000297486 - average 1.03654e-06, 34 fixed columns
Coin0506I Presolve 261 (-26) rows, 441 (-39) columns and 1285 (-125) elements
Clp0029I End of values pass after 441 iterations
Clp0000I Optimal - objective value 138.4942
Clp0000I Optimal - objective value 138.4942
Coin0511I After Postsolve, objective 138.4942, infeasibilities - dual 0 (0), primal 0 (0)
Clp0000I Optimal - objective value 138.4942
Clp0000I Optimal - objective value 138.4942
Clp0000I Optimal - objective value 138.4942
Clp0032I Optimal objective 138.4941974 - 0 iterations time 0.102, Idiot 0.10

Starting MIP optimization
Cgl0004I processed model has 287 rows, 480 columns (240 integer (240 of which binary)) and 1410
     elements
Coin3009W Conflict graph built in 0.000 seconds, density: 0.735%
Cgl0015I Clique Strengthening extended 0 cliques, 0 were dominated
Cbc0045I Nauty did not find any useful orbits in time 0.003088
Cbc0038I Initial state - 41 integers unsatisfied sum - 9.21053
Cbc0038I Pass 1: suminf. 6.21053 (24) obj. 170.881 iterations 35
Cbc0038I Pass 2: suminf. 6.00000 (23) obj. 171.94 iterations 11
Cbc0038I Pass 3: suminf. 3.84211 (14) obj. 204.011 iterations 53
Cbc0038I Pass 4: suminf. 3.00000 (15) obj. 217.954 iterations 28
Cbc0038I Pass 5: suminf. 0.00000 (0) obj. 334.964 iterations 40
Cbc0038I Solution found of 334.964
Cbc0038I Relaxing continuous gives 334.964
Cbc0038I Before mini branch and bound, 171 integers at bound fixed and 194 continuous
Cbc0038I Full problem 287 rows 480 columns, reduced to 81 rows 100 columns
Cbc0038I Mini branch and bound improved solution from 334.964 to 226.059 (0.05 seconds)
Cbc0038I Round again with cutoff of 217.302
Cbc0038I Pass 6: suminf. 6.21053 (24) obj. 170.881 iterations 0
Cbc0038I Pass 7: suminf. 6.00000 (23) obj. 171.94 iterations 10
Cbc0038I Pass 8: suminf. 4.17311 (14) obj. 217.302 iterations 41
Cbc0038I Pass 9: suminf. 2.79017 (10) obj. 217.302 iterations 18
Cbc0038I Pass 10: suminf. 1.26316 (7) obj. 212.984 iterations 44
Cbc0038I Pass 11: suminf. 1.26316 (11) obj. 208.917 iterations 26
Cbc0038I Pass 12: suminf. 0.67689 (8) obj. 217.302 iterations 46
```

```
Cbc0038I Pass 13: suminf. 0.67689 (8) obj. 217.302 iterations 0
Cbc0038I Pass 14: suminf. 2.73684 (16) obj. 184.805 iterations 73
Cbc0038I Pass 15: suminf. 1.08353 (4) obj. 217.302 iterations 49
Cbc0038I Pass 16: suminf. 0.63158 (7) obj. 215.11 iterations 48
Cbc0038I Pass 17: suminf. 3.28823 (11) obj. 217.302 iterations 65
Cbc0038I Pass 18: suminf. 1.91002 (6) obj. 217.302 iterations 10
Cbc0038I Pass 19: suminf. 1.47368 (12) obj. 198.954 iterations 75
Cbc0038I Pass 20: suminf. 1.31962 (7) obj. 217.302 iterations 45
Cbc0038I Pass 21: suminf. 1.26316 (11) obj. 217.302 iterations 35
Cbc0038I Pass 22: suminf. 2.94737 (9) obj. 208.243 iterations 46
Cbc0038I Pass 23: suminf. 2.10526 (14) obj. 217.302 iterations 12
Cbc0038I Pass 24: suminf. 3.57324 (13) obj. 217.302 iterations 46
Cbc0038I Pass 25: suminf. 1.74441 (9) obj. 217.302 iterations 13
Cbc0038I Pass 26: suminf. 1.74441 (9) obj. 217.302 iterations 6
Cbc0038I Pass 27: suminf. 2.10526 (9) obj. 177.565 iterations 43
Cbc0038I Pass 28: suminf. 2.10526 (11) obj. 177.896 iterations 14
Cbc0038I Pass 29: suminf. 1.98777 (6) obj. 217.302 iterations 36
Cbc0038I Pass 30: suminf. 1.42365 (8) obj. 217.302 iterations 9
Cbc0038I Pass 31: suminf. 5.20982 (19) obj. 217.302 iterations 73
Cbc0038I Pass 32: suminf. 3.78947 (16) obj. 217.302 iterations 42
Cbc0038I Pass 33: suminf. 1.65970 (8) obj. 217.302 iterations 31
Cbc0038I Pass 34: suminf. 0.84211 (14) obj. 217.302 iterations 32
Cbc0038I Pass 35: suminf. 3.47368 (10) obj. 217.302 iterations 37
Cbc0038I No solution found this major pass
Cbc0038I Before mini branch and bound, 138 integers at bound fixed and 162 continuous
Cbc0038I Full problem 287 rows 480 columns, reduced to 121 rows 175 columns
Cbc0038I Mini branch and bound improved solution from 226.059 to 184.58 (0.27 seconds)
Cbc0038I Round again with cutoff of 175.363
Cbc0038I Pass 35: suminf. 6.21053 (24) obj. 170.881 iterations 0
Cbc0038I Pass 36: suminf. 6.00000 (23) obj. 171.94 iterations 10
Cbc0038I Pass 37: suminf. 5.77575 (17) obj. 175.363 iterations 35
Cbc0038I Pass 38: suminf. 3.73684 (19) obj. 175.363 iterations 36
Cbc0038I Pass 39: suminf. 2.10526 (14) obj. 175.363 iterations 43
Cbc0038I Pass 40: suminf. 1.66617 (17) obj. 175.363 iterations 26
Cbc0038I Pass 41: suminf. 4.11167 (15) obj. 175.363 iterations 50
Cbc0038I Pass 42: suminf. 3.00000 (15) obj. 175.363 iterations 23
Cbc0038I Pass 43: suminf. 3.00000 (12) obj. 175.363 iterations 56
Cbc0038I Pass 44: suminf. 2.21053 (9) obj. 173.876 iterations 27
Cbc0038I Pass 45: suminf. 1.47368 (16) obj. 175.363 iterations 53
Cbc0038I Pass 46: suminf. 4.89474 (17) obj. 175.363 iterations 53
Cbc0038I Pass 47: suminf. 0.86913 (11) obj. 175.363 iterations 54
Cbc0038I Pass 48: suminf. 0.31664 (10) obj. 175.363 iterations 24
Cbc0038I Pass 49: suminf. 4.42105 (14) obj. 170.648 iterations 65
Cbc0038I Pass 50: suminf. 3.79800 (11) obj. 175.363 iterations 49
Cbc0038I Pass 51: suminf. 2.77442 (9) obj. 175.363 iterations 17
Cbc0038I Pass 52: suminf. 0.35298 (6) obj. 175.363 iterations 20
Cbc0038I Pass 53: suminf. 0.35298 (6) obj. 175.363 iterations 0
Cbc0038I Pass 54: suminf. 3.15789 (17) obj. 171.84 iterations 48
Cbc0038I Pass 55: suminf. 2.52632 (13) obj. 175.363 iterations 23
Cbc0038I Pass 56: suminf. 1.26316 (14) obj. 175.363 iterations 35
Cbc0038I Pass 57: suminf. 4.63158 (15) obj. 175.363 iterations 36
Cbc0038I Pass 58: suminf. 1.89474 (11) obj. 175.363 iterations 37
Cbc0038I Pass 59: suminf. 3.78302 (11) obj. 175.363 iterations 41
Cbc0038I Pass 60: suminf. 1.89474 (4) obj. 170.726 iterations 26
Cbc0038I Pass 61: suminf. 5.62379 (15) obj. 175.363 iterations 52
```

```
Cbc0038I Pass 62: suminf. 4.61070 (14) obj. 175.363 iterations 15
Cbc0038I Pass 63: suminf. 1.95484 (4) obj. 175.363 iterations 44
Cbc0038I Pass 64: suminf. 1.95484 (4) obj. 175.363 iterations 17
Cbc0038I No solution found this major pass
Cbc0038I Before mini branch and bound, 139 integers at bound fixed and 169 continuous
Cbc0038I Full problem 287 rows 480 columns, reduced to 116 rows 167 columns
Cbc0038I Mini branch and bound improved solution from 184.58 to 179.267 (0.49 seconds)
Cbc0038I Round again with cutoff of 164.302
Cbc0038I Reduced cost fixing fixed 1 variables on major pass 4
Cbc0038I Pass 64: suminf. 6.26316 (23) obj. 164.302 iterations 7
Cbc0038I Pass 65: suminf. 6.26316 (27) obj. 164.302 iterations 19
Cbc0038I Pass 66: suminf. 7.63802 (24) obj. 164.302 iterations 29
Cbc0038I Pass 67: suminf. 5.56249 (24) obj. 164.302 iterations 30
Cbc0038I Pass 68: suminf. 5.52632 (22) obj. 164.302 iterations 4
Cbc0038I Pass 69: suminf. 4.40774 (16) obj. 164.302 iterations 21
Cbc0038I Pass 70: suminf. 4.40774 (16) obj. 164.302 iterations 1
Cbc0038I Pass 71: suminf. 3.83714 (19) obj. 164.302 iterations 59
Cbc0038I Pass 72: suminf. 2.95172 (15) obj. 164.302 iterations 20
Cbc0038I Pass 73: suminf. 3.68216 (12) obj. 164.302 iterations 47
Cbc0038I Pass 74: suminf. 4.06521 (13) obj. 164.302 iterations 31
Cbc0038I Pass 75: suminf. 4.06521 (13) obj. 164.302 iterations 11
Cbc0038I Pass 76: suminf. 2.59581 (13) obj. 164.302 iterations 23
Cbc0038I Pass 77: suminf. 1.71836 (10) obj. 164.302 iterations 22
Cbc0038I Pass 78: suminf. 3.45635 (17) obj. 164.302 iterations 44
Cbc0038I Pass 79: suminf. 5.47368 (21) obj. 164.302 iterations 45
Cbc0038I Pass 80: suminf. 4.01909 (16) obj. 164.302 iterations 12
Cbc0038I Pass 81: suminf. 4.01909 (16) obj. 164.302 iterations 1
Cbc0038I Pass 82: suminf. 2.78327 (14) obj. 164.302 iterations 39
Cbc0038I Pass 83: suminf. 2.25125 (18) obj. 164.302 iterations 20
Cbc0038I Pass 84: suminf. 6.72900 (22) obj. 164.302 iterations 32
Cbc0038I Pass 85: suminf. 3.94737 (16) obj. 158.535 iterations 40
Cbc0038I Pass 86: suminf. 3.73684 (18) obj. 160.046 iterations 13
Cbc0038I Pass 87: suminf. 4.30865 (15) obj. 164.302 iterations 15
Cbc0038I Pass 88: suminf. 6.17266 (21) obj. 164.302 iterations 28
Cbc0038I Pass 89: suminf. 4.05400 (16) obj. 164.302 iterations 32
Cbc0038I Pass 90: suminf. 3.73684 (16) obj. 158.74 iterations 14
Cbc0038I Pass 91: suminf. 4.01223 (15) obj. 164.302 iterations 31
Cbc0038I Pass 92: suminf. 2.65505 (13) obj. 164.302 iterations 38
Cbc0038I Pass 93: suminf. 2.52632 (18) obj. 164.302 iterations 17
Cbc0038I No solution found this major pass
Cbc0038I Before mini branch and bound, 143 integers at bound fixed and 168 continuous
Cbc0038I Full problem 287 rows 480 columns, reduced to 117 rows 167 columns
Cbc0038I Mini branch and bound did not improve solution (0.66 seconds)
Cbc0038I After 0.66 seconds - Feasibility pump exiting with objective of 179.267 - took 0.63 seconds
Cbc0012I Integer solution of 179.26684 found by feasibility pump after 0 iterations and 0 nodes (0.66 seconds)
Cbc0038I Full problem 287 rows 480 columns, reduced to 73 rows 74 columns
Cbc0031I 52 added rows had average density of 66.076923
Cbc0013I At root node, 52 cuts changed objective from 138.4942 to 169.46041 in 68 passes
Cbc0014I Cut generator 0 (Probing) - 0 row cuts average 0.0 elements, 0 column cuts (0 active) in 0.109 seconds - new frequency is -100
Cbc0014I Cut generator 1 (Gomory) - 842 row cuts average 373.2 elements, 0 column cuts (0 active) in 0.292 seconds - new frequency is 1
Cbc0014I Cut generator 2 (Knapsack) - 4 row cuts average 28.0 elements, 0 column cuts (0 active) in 0.085 seconds - new frequency is -100
```

```
Cbc0014I Cut generator 3 (Clique) - 0 row cuts average 0.0 elements, 0 column cuts (0 active) in 0.007 seconds - new frequency is -100
Cbc0014I Cut generator 4 (OddWheel) - 0 row cuts average 0.0 elements, 0 column cuts (0 active) in 0.022 seconds - new frequency is -100
Cbc0014I Cut generator 5 (MixedIntegerRounding2) - 693 row cuts average 57.2 elements, 0 column cuts (0 active) in 0.119 seconds - new frequency is 1
Cbc0014I Cut generator 6 (FlowCover) - 16 row cuts average 17.2 elements, 0 column cuts (0 active) in 0.051 seconds - new frequency is -100
Cbc0014I Cut generator 7 (TwoMirCuts) - 145 row cuts average 141.4 elements, 0 column cuts (0 active) in 0.057 seconds - new frequency is 1
Cbc0010I After 0 nodes, 1 on tree, 179.26684 best solution, best possible 169.46041 (2.22 seconds)
Cbc0016I Integer solution of 174.63071 found by strong branching after 3563 iterations and 11 nodes (2.72 seconds)
Cbc0010I After 27 nodes, 2 on tree, 174.63071 best solution, best possible 169.46041 (2.97 seconds)
Cbc0038I Full problem 287 rows 480 columns, reduced to 54 rows 51 columns
Cbc0010I After 48 nodes, 3 on tree, 174.63071 best solution, best possible 172.86375 (3.70 seconds)
Cbc0010I After 69 nodes, 2 on tree, 174.63071 best solution, best possible 173.59789 (4.41 seconds)
Cbc0001I Search completed - best objective 174.6307059881818, took 7880 iterations and 74 nodes (4.51 seconds)
Cbc0032I Strong branching done 950 times (18194 iterations), fathomed 14 nodes and fixed 88 variables
Cbc0035I Maximum depth 11, 140 variables fixed on reduced cost
Total time (CPU seconds): 4.47 (Wallclock seconds): 4.55

Custo da rota:  174.63
Custo da rota:  174.63
Rota 0: 0  4  14  3  12  8  0
Rota 1: 0  11  13  5  6  7  0
Rota 2: 0  15  10  1  2  9  0
```

Conforme os resultados encontrados, seriam necessárias três rotas, das quais na primeira o veículo partiria do ponto de origem e visitaria os nós 4, 14, 3, 12, 8 e retornaria ao ponto inicial. A sequência de visitação da segunda rota, partindo do depósito, seriam os nós 11, 13, 5, 6 e 7, retornando ao nó 0. E por fim, a terceira rota, seria composta pelos nós 0, 15, 10, 1, 2, 9, 0 nessa ordem. O custo total encontrado, considerando a distância como custo, foi de 174,63. A Figura 13.4.1 ilustra o resultado do exemplo da fábrica de móveis,

13.5 CONCLUSÃO

Neste capítulo, abordamos o problema do roteamento de veículo capacitado, uma extensão do problema do caixeiro viajante que leva em consideração a capacidade de carga dos veículos. Apresentamos a formulação matemática do problema e demonstramos, por meio do exemplo da fábrica de móveis, como implementar essa formulação, utilizando as linguagens de programação MathProg e Python, e discutimos os resultados obtidos.

Este problema, pela sua relevância e aplicabilidade, estende-se a uma variedade de cenários no mundo real, como a otimização de rotas de entrega para maximizar a

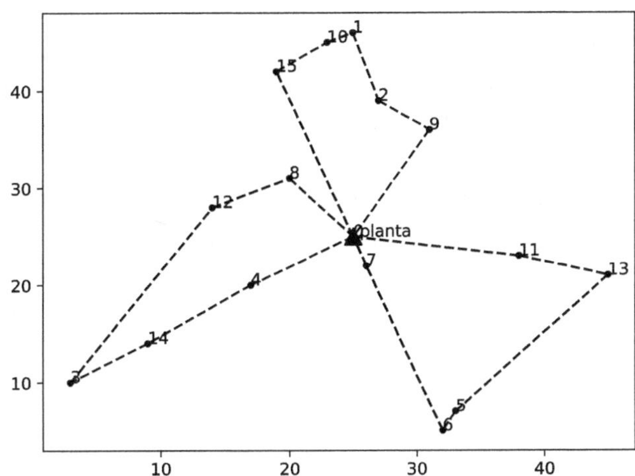

Figura 13.4.1: Solução do estudo de caso proposto.

eficiência e reduzir custos, planejamento de rotas de coleta de resíduos, o desenho de rotas para veículos de atendimento de emergência garantindo a rapidez e eficácia do serviço. O problema de roteamento de veículo apresentado nesse capítulo considerou uma frota homogênea e não limitou o momento de entrega dos produtos.

No entanto, esse problema pode ser aplicado em desafios logísticos mais complexos, como a distribuição de produtos em cadeias de suprimentos globais, onde é preciso considerar janelas de tempo para entrega e uma frota heterogênea. Você é capaz de formular um modelo que considere uma ou todas essas condições?

REFERÊNCIAS

Claus, A (1984). "A new formulation for the travelling salesman problem". Em: *SIAM Journal on Algebraic Discrete Methods* 5.1, pp. 21–25.

Dantzig, George, Ray Fulkerson e Selmer Johnson (1954). "Solution of a large-scale traveling-salesman problem". Em: *Journal of the operations research society of America* 2.4, pp. 393–410.

Finke, G., A. Claus e E. Gunn (1984). "A two-commodity network flow approach to the travelling salesman problem. In of Oregon [1984]". Em: *Congressus Numerantium* 41, pp. 167–178.

Fisher, Marshall (1995). "Vehicle routing". Em: *Handbooks in operations research and management science* 8, pp. 1–33.

Gavish, Bezalel e Stephen C Graves (1978). "The travelling salesman problem and related problems". Em.

Golden, Bruce L, Subramanian Raghavan, Edward A Wasil et al. (2008). *The vehicle routing problem: latest advances and new challenges*. Vol. 43. Springer.

Laporte, Gilbert (2009). "Fifty years of vehicle routing". Em: *Transportation science* 43.4, pp. 408–416.

Miller, Clair E, Albert W Tucker e Richard A Zemlin (1960). "Integer programming formulation of traveling salesman problems". Em: *Journal of the ACM (JACM)* 7.4, pp. 326–329.

Toth, Paolo e Daniele Vigo (2002). *The vehicle routing problem*. SIAM.

14

PROBLEMA DE TRANSBORDO

Fátima M. de Souza Lima
fatimamslima@face.ufmg.br
Universidade Federal de Minas Gerais

Luiza Bernardes Real
luizabernardesreal@gmail.com
Instituto Federal de Minas Gerais

Ricardo Camargo
rcamargo@dep.ufmg.br
Universidade Federal de Minas Gerais

Thaís Fernandes Oliveira
tatafernandesoliveira9@gmail.com
Instituto Federal de Minas Gerais

14.1 INTRODUÇÃO

O problema de transbordo é uma variante do problema de transporte. Enquanto no problema de transporte as mercadorias são transportadas diretamente da origem para o destino, o problema de transbordo reconhece que pode ser melhor entregar as mercadorias com a utilização de pontos intermediários, conhecidos como transbordos. Esses pontos, além de atuarem como pontos de armazenagem temporária, permitem a consolidação de cargas de várias origens para um transporte mais eficiente e econômico para os destinos finais (Taha (2013)).

Mais especificamente, o problema de transbordo apresentado neste capítulo considera um conjunto de pares de origem e destino e um conjunto de pontos intermediários. Cada origem possui uma capacidade limitada de oferta, cada ponto intermediário possui uma capacidade específica e cada destino possui uma demanda. Existe um custo associado ao transporte de uma unidade de mercadoria por cada par de origem-transbordo e cada par de transbordo-destino. As mercadorias devem sair de suas respectivas origem, passar por algum ponto de transbordo e então seguir para o destino final ao menor custo de transporte.

Este capítulo explora a formulação matemática e a solução do problema de transbordo por meio de um estudo de caso aplicado a uma empresa de móveis. Os códigos do capítulo estão disponíveis em `https://pifop.com/app/view/uibjnJRvMBlHASh7SBEo`.

14.2 O CASO

A empresa de móveis Rivadália, visando aprimorar a eficiência operacional, reduzir custos e elevar a qualidade do atendimento ao cliente, embarca em uma estratégia de expansão ao abrir dois centros de distribuição (CDs) com capacidade limitada. Estes centros desempenham um papel crucial como pontos intermediários entre as três fábricas produtoras e as sete lojas da empresa. Diante desse cenário, surge o desafio de desenvolver um planejamento logístico eficaz capaz de atender às demandas de forma otimizada. A Figura 14.2.1 ilustra o problema de transbordo mencionado.

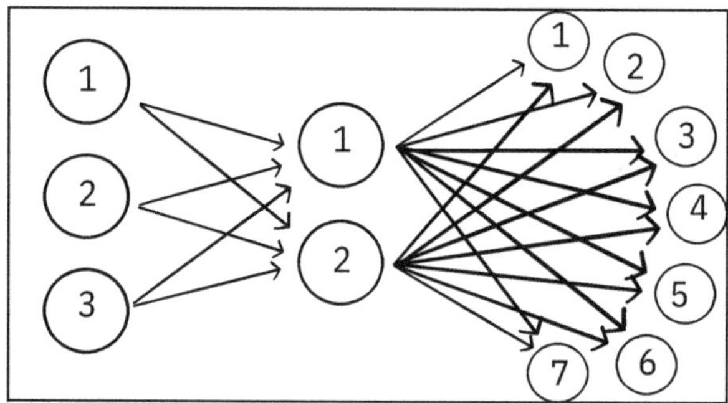

Figura 14.2.1: Representação gráfica do problema de transbordo.

A Tabela 14.2.1 apresenta as quantidades de produtos fornecidas pelas fábricas, a capacidade operacional dos centros de distribuição e os custos unitários de transporte que envolvem o trajeto das fábricas para os centros de distribuição. Já a Tabela 14.2.2 apresenta os custos unitários de transporte dos centros de distribuição para as lojas e a quantidade demandada por cada loja.

Tabela 14.2.1: Capacidade das fábricas e CDs e custo unitário de transporte das fábricas para os CDs.

	CDs		
Fábricas	1	2	Oferta
1	5	7	29
2	3	5	30
3	4	6	32
Capacidade	50	53	

Tabela 14.2.2: Demanda das lojas e custo unitário de transporte dos CDs para as lojas.

	Lojas						
CDs	1	2	3	4	5	6	7
1	4	2	3	9	5	7	3
2	9	7	2	4	5	4	6
Demanda	13	17	10	8	13	15	12

Surge então a pergunta: Qual seria a forma mais econômica do ponto de vista do custo de transporte para atender essas lojas? Os CDs de distribuição deveriam ser atendidos por quais fábricas? As lojas deveriam ser atendidas por quais CDs?

14.3 NOTAÇÃO, DEFINIÇÕES E MODELO

Para o problema de transbordo, consideramos um conjunto de pontos de origem $M = \{1, \ldots, m\}$, um conjunto de pontos de transbordo $T = \{1, \ldots, t\}$ e um conjunto de pontos de destino $N = \{1, \ldots, n\}$. Os parâmetros a_i, d_j e b_k representam, respectivamente, o limite de oferta da origem $i \in M$, a demanda do destino $j \in N$ e a capacidade do transbordo $k \in K$. Além disso, os custos associados ao transporte de uma unidade de produto da origem $i \in M$ para o ponto de transbordo $k \in T$ é denotado por c_{ik}, enquanto e_{kj} representa o custo de transporte do transbordo $k \in T$ para o destino $j \in N$.

Seja x_{ik} uma variável contínua que representa as quantidades transportadas da origem $i \in M$ para o transbordo $k \in T$ e y_{kj} uma variável contínua que representa as quantidades transportadas do transbordo $k \in K$ para as lojas $j \in N$. A Tabela 14.3.1 resume os parâmetros e variáveis do problema:

Tabela 14.3.1: Lista de parâmetros e variáveis..

Conjuntos

$M : \{1, \ldots, m\}$: conjunto de pontos de origem,

$T : \{1, \ldots, t\}$: conjunto de pontos de transbordo,

$N : \{1, \ldots, n\}$: conjunto de pontos de destino.

Parâmetros

m : número de pontos de origem,

t : número de pontos de transbordo,

n : número de pontos de destino,

a_i : limite de oferta da origem $i \in M$,

d_j : demanda do destino $j \in N$,

b_k : capacidade do transbordo $k \in T$,

c_{ik} : custo de transportar uma unidade de produto da origem $i \in M$ para o transbordo $k \in T$,

e_{kj} : custo de transportar uma unidade de produto do transbordo $k \in T$ para o destino $j \in N$.

Variáveis de Decisão

$x_{ik} \geq 0$: quantidade transportada da origem $i \in M$ para o transbordo $k \in T$,

$y_{kj} \geq 0$: quantidade transportada do transbordo $k \in T$ para o destino $j \in M$.

O problema de transbordo pode ser formulado da seguinte forma:

$$\min Z = \sum_{i \in M} \sum_{k \in T} c_{ik} x_{ik} + \sum_{k \in T} \sum_{j \in N} e_{kj} y_{kj} \tag{14.3.1}$$

$$\text{s.t.:} \sum_{k \in T} x_{ik} \leq a_i \qquad \forall i \in M \tag{14.3.2}$$

$$\sum_{k \in T} y_{kj} \geq d_j \qquad \forall j \in N \tag{14.3.3}$$

$$\sum_{i \in M} x_{ik} \leq b_k \qquad \forall k \in T \tag{14.3.4}$$

$$\sum_{i \in M} x_{ik} = \sum_{j \in N} y_{kj} \qquad \forall k \in T \tag{14.3.5}$$

$$x_{ik} \geq 0 \qquad \forall i \in M, k \in T \tag{14.3.6}$$

$$y_{kj} \geq 0 \qquad \forall k \in T, j \in N \tag{14.3.7}$$

A função objetivo (14.3.1) minimiza o custo total associado ao transporte dos produtos das origens para os pontos de transbordo e dos pontos de transbordo para os destinos. As restrições (14.3.2) garantem que a quantidade total transportada de i para k não exceda o total ofertado pela origem i. As restrições (14.3.3) permitem que as demandas dos destinos (lojas) sejam atendidas. As restrições (14.3.4) asseguram que a quantidade de produtos que chegam em cada transbordo, respeita sua capacidade. As restrições(14.3.5) garantem que a quantidade de produtos que chega ao ponto de transbordo $k \in T$ é igual à quantidade total de produtos que sai desse mesmo ponto k. As restrições (14.3.6) e (14.3.7) definem o domínio das variáveis.

14.4 CÓDIGOS E RESULTADOS DO MODELO

O código e o resultado do modelo implementado em MathProg são apresentados a seguir:

Código 14.1: Modelo feito em MathProg

```
# conjunto de pontos de origem
set M default {};

# conjunto de pontos de transbordo
set T default {};

# conjunto de pontos de destino
set N default {};

# oferta da origem
param a{M}          >= 0;

# demanda do destino
param d{N}          >= 0;

# capacidade do transbordo
param b{T}          >= 0;

# custo de transporte da origem i para o transbordo k
param c{i in M, k in T} >= 0;

# custo de transporte do transbordo k para o destino j
param e{k in T, j in N} >= 0;

# variavel: variavel: quantidade transportada da origem i para o transbordo k
var x{i in M, k in T} >= 0;

# variavel: quantidade transportada do transbordo k para o destino j
var y{k in T, j in N} >= 0;

# funcao objetivo: minimizar o custo total de transporte de i para k e de k para j
```

```
minimize FOCusto : sum{i in M, k in T} c[i,k]*x[i,k] + sum{k in T, j in N} e[k,j]*y[k,j];

# restricao: a quantidade enviada nao deve exceder a quantidade ofertada pela origem i
s.t. r1{i in M}: sum{k in T} x[i,k] <= a[i];

# restricao: a demanda das lojas j deve ser totalmente atendida pelos transbordos
s.t. r2{j in N}: sum{k in T} y[k,j] >= d[j];

# restricao: a quantidade de produtos que chega ao transbordo k nao deve exceder sua capacidade
s.t. r3{k in T}: sum{i in M} x[i,k] <= b[k];

# restricao: a quantidade de produtos que entra no transbordo k deve ser a mesma que sai
s.t. r4{k in T}: sum{i in M} x[i,k] = sum{j in N} y[k,j];


solve;


printf '\n\n';
printf "Custo : R$ %18.2f\n",FOCusto;

display x;
display y;

data;

set M := 1 2 3;

set T := 1 2;

set N := 1 2 3 4 5 6 7;

param a :=
1 29
2 30
3 32
;

param b :=
1 50
2 53
;

param d :=
1 13
2 17
3 10
4 8
5 13
6 15
7 12
;

param c :
  1  2:=
```

```
1 5  7
2 3  5
3 4  6
;

param e :
  1  2  3  4  5  6  7:=
1 4  2  3  9  5  7  3
2 9  7  2  4  5  4  6
;
```

Código 14.2: Resultados do modelo em Mathprog

```
> glpsol -m "mathprog/problema_de_transbordo.mod"
GLPSOL--GLPK LP/MIP Solver 5.0
Parameter(s) specified in the command line:
 -m mathprog/problema_de_transbordo.mod
Reading model section from mathprog/problema_de_transbordo.mod...
Reading data section from mathprog/problema_de_transbordo.mod...
mathprog/problema_de_transbordo.mod:96: warning: final NL missing before end of file
mathprog/problema_de_transbordo.mod:96: warning: unexpected end of file; missing end statement
     inserted
96 lines were read
Generating FOCusto...
Generating r1...
Generating r2...
Generating r3...
Generating r4...
Model has been successfully generated
GLPK Simplex Optimizer 5.0
15 rows, 20 columns, 66 non-zeros
Preprocessing...
14 rows, 20 columns, 46 non-zeros
Scaling...
 A: min|aij| = 1.000e+00 max|aij| = 1.000e+00 ratio = 1.000e+00
Problem data seem to be well scaled
Constructing initial basis...
Size of triangular part is 14
      0: obj = 0.000000000e+00 inf = 8.800e+01 (7)
     11: obj = 8.120000000e+02 inf = 0.000e+00 (0)
*    16: obj = 7.230000000e+02 inf = 0.000e+00 (0)
OPTIMAL LP SOLUTION FOUND
Time used: 0.0 secs
Memory used: 0.1 Mb (142235 bytes)


Custo : R$       723.00
Display statement at line 53
x[1,1].val = 26
x[1,2].val = 0
x[2,1].val = 24
x[2,2].val = 6
x[3,1].val = 0
x[3,2].val = 32
Display statement at line 54
```

```
y[1,1].val = 13
y[1,2].val = 17
y[1,3].val = 0
y[1,4].val = 0
y[1,5].val = 8
y[1,6].val = 0
y[1,7].val = 12
y[2,1].val = 0
y[2,2].val = 0
y[2,3].val = 10
y[2,4].val = 8
y[2,5].val = 5
y[2,6].val = 15
y[2,7].val = 0
Model has been successfully processed

>
```

O código e o resultado do modelo implementado em Python são apresentados a seguir:

Código 14.3: Modelo feito em Python

```
from mip import Model, xsum, minimize, CBC, OptimizationStatus, BINARY
from itertools import product
import matplotlib.pyplot as plt
from math import sqrt
import numpy as np

# parametros

# numero de origens,numero de transbordos, numero de destinos
m,t,n = 3, 2, 7
M,T, N = range(m),range(t),range(n)

# custo de transporte da origem i para o transbordo k
c = [[5, 7],
    [3, 5],
    [4, 6]]

# custo de transporte do transbordo k para o destino j
e = [[4, 2, 3, 9, 5, 7, 3],
    [9, 7, 2, 4, 5, 4, 6]]

# limite de oferta dos pontos de origem (a)
a = [29, 30, 32]

# capacidade dos pontos de transbordo (d)
b = [50, 53]

# demanda dos pontos de destino (b)
d = [13, 17, 10, 8, 13, 15, 12]


# declaracao do modelo
```

```
model = Model('Problema de Transbordo',solver_name=CBC)

# declaracao das variaveis

# variavel: quantidade transportada da origem i para o transbordo k
x = {(i,k) : model.add_var(lb=0.0) for i in M for k in T}

# variavel: quantidade transportada do transbordo k para o destino j
y = {(k,j) : model.add_var(lb=0.0) for k in T for j in N}

# definicao da funcao objetivo
# funcao objetivo: minimizar o custo total de transporte de i para k e de k para j
model.objective = minimize (xsum(c[i][k] * x[i,k] for (i,k) in product(M,T)) +
                 xsum(e[k][j] * y[k,j] for (k,j) in product(T,N)))

# restricoes

# restricao: a quantidade enviada nao deve exceder a quantidade ofertada pela origem i
# s.t. r1{i in M}: sum{k in T} x[i,k] <= a[i];
for i in M:
   model += xsum(x[i,k] for k in T) <= a[i]

# restricao: a demanda das lojas j deve ser totalmente atendida por algum transbordo k
# s.t. r2{j in N}: sum{k in T} y[k,j] >= d[j];
for j in N:
   model += xsum(y[k,j] for k in T) >= d[j]

# restricao: a quantidade de produtos que chega ao transbordo k nao deve exceder sua capacidade
# s.t. r3{k in T}: sum{i in M} x[i,k] <= b[k];
for k in T:
   model += xsum(x[i,k] for i in M) <= b[k]

# restricao: a quantidade de produtos que entra no transbordo k deve ser a mesma que sai
# s.t. r4{k in T}: sum{i in M} x[i,k] = sum{j in N} y[k,j];
for k in T:
   model += xsum(x[i,k] for i in M) == xsum(y[k,j] for j in N)

# otimiza o modelo chamando o resolvedor
status = model.optimize()

#imprime solucao
if status == OptimizationStatus.OPTIMAL:
   print("Custo total      : {:12.2f}.".format(model.objective_value))

   print( "origem : transbordo : quantidade ")
   for i in M:
        for k in T:
            print("{:4.0f} {:10.0f} {:13.0f}".format((i+1),(k+1),x[i,k].x))

   print( "transbordo : destino : quantidade ")
   for k in T:
        for j in N:
            print("{:4.0f} {:10.0f} {:13.0f}".format((k+1),(j+1),y[k,j].x))
```

Código 14.4: Resultados do modelo em Python

```
> python/problema_de_transbordo.py
Welcome to the CBC MILP Solver
Version: Trunk
Build Date: Oct 24 2021

Starting solution of the Linear programming problem using Primal Simplex

Coin0506I Presolve 14 (0) rows, 20 (0) columns and 46 (0) elements
Clp1000I sum of infeasibilities 6.32462e-08 - average 4.51759e-09, 4 fixed columns
Coin0506I Presolve 10 (-4) rows, 14 (-6) columns and 32 (-14) elements
Clp0029I End of values pass after 12 iterations
Clp0000I Optimal - objective value 723
Clp0000I Optimal - objective value 723
Coin0511I After Postsolve, objective 723, infeasibilities - dual 0 (0), primal 0 (0)
Clp0000I Optimal - objective value 723
Clp0000I Optimal - objective value 723
Clp0000I Optimal - objective value 723
Clp0032I Optimal objective 723 - 0 iterations time 0.002, Idiot 0.00
Custo total        :     723.00.
origem : transbordo : quantidade
   1        1          0
   1        2          26
   2        1          30
   2        2          0
   3        1          20
   3        2          12
transbordo : destino : quantidade
   1        1          13
   1        2          17
   1        3          0
   1        4          0
   1        5          8
   1        6          0
   1        7          12
   2        1          0
   2        2          0
   2        3          10
   2        4          8
   2        5          5
   2        6          15
   2        7          0

>
```

Os resultados mostram as quantidades de produtos que devem ser transportados de cada fábrica para cada CD e, posteriormente, dos CDs para as lojas. Esses valores foram obtidos com base nas capacidades dos transbordos, nas demandas e ofertas de produtos, bem como nos custos de transporte associados a cada rota. Ao empregar técnicas de programação matemática para decidir como será o atendimento das demandas das lojas, a empresa Rivadália tende a minimizar seus custos de transporte. A Figura 14.4.1 representa a solução ótima obtida pela formulação (14.3.1)-(14.3.7). Os valores associados a cada arco mostram a quantidade que deve ser enviada de um ponto ao outro.

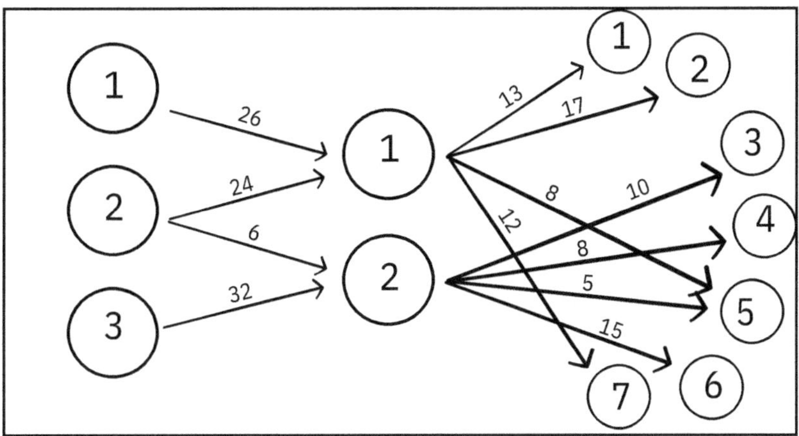

Figura 14.4.1: Solução mostrando as quantidades transportadas das fábricas para os CDs e dos CDs para as lojas.

14.5 CONCLUSÃO

Este capítulo abordou o problema de transbordo. O modelo de programação matemática proposto foi implementado nas linguagens MathProg e Python e os resultados obtidos foram apresentados.

A incorporação de pontos intermediários pode resultar em reduções nos custos de transporte e operacionais, ao mesmo tempo que pode aumentar a agilidade de resposta ao mercado. Portanto, a análise e otimização do problema de transbordo tornam-se fundamentais para empresas que buscam eficiência e redução de custos em suas operações logísticas.

Neste problema, é possível considerar a hipótese em que as origens, representadas pelas fábricas, fornecem móveis diretamente para as lojas, sem a necessidade de passar pelos pontos de transbordo. Você seria capaz de formular este problema adicionando essa condição?

REFERÊNCIAS

Taha, Hamdy A (2013). *Operations research: an introduction*. Pearson Education India.

Parte III

PROBLEMAS DE PRODUÇÃO

15

PROBLEMA DE DETERMINAÇÃO DE TAMANHO DE LOTES DE PRODUÇÃO

Isadora Helena Dornas
isadorahelena10@gmail.com
Universidade Federal de Minas Gerais
Luiza Bernardes Real
luizabernardesreal@gmail.com
Instituto Federal de Minas Gerais
Débora A. Ribeiro
deboralvesribeiro@gmail.com

Fátima M. de Souza Lima
fatimamslima@face.ufmg.br
Universidade Federal de Minas Gerais
Thaís Fernandes Oliveira
tatafernandesoliveira9@gmail.com
Instituto Federal de Minas Gerais

15.1 INTRODUÇÃO

O problema de dimensionamento de lote é essencial para o planejamento da produção. Isso porque esse problema determina a quantidade de cada tipo de produto que deve ser fabricada em cada período do horizonte de planejamento, minimizando os custos, atendendo a demanda e respeitando as capacidades.

Esse problema surge em contextos operacionais onde é viável produzir e estocar produtos antes da demanda se materializar. Esse cenário é comum em ambientes de manufatura que permitem a acumulação de estoque, uma estratégia adotada quando ou a empresa enfrenta restrições de capacidade produtiva, ou o custo de estocar produtos é inferior ao custo de produção no momento exato da demanda. A existência deste problema pressupõe que, em determinadas situações, é economicamente mais vantajoso produzir quantidades maiores de produtos antecipadamente, aproveitando-se de economias de escala ou evitando custos elevados de produção em períodos de pico, do que aderir a um modelo de produção estritamente baseado na demanda imediata.

O problema de dimensionamento de lote, deste capítulo, considera que:

- A empresa produz np tipos de produtos;
- A demanda por período de cada tipo de produto é conhecida e necessariamente precisa ser atendida;

- O estoque inicial de cada tipo de produto é conhecido;
- O estoque ao final do horizonte de planejamento de cada tipo de produto deve ser nulo;
- Por período, a empresa possui uma capacidade de produção limitada, fixa e conhecida;
- Os custos por unidade produzida e estocada são conhecidos e podem variar por período.

Uma revisão sobre o problema pode ser encontrado em Karimi, Ghomi e Wilson (2003). Os códigos do capítulo estão disponíveis em `https://pifop.com/app/view/Jtbea9K1imZFwDjGtspt`.

15.2 O CASO

Considere que a empresa de móveis Rivadália produz três tipos de mesas: mesa de centro de vidro (produto 1), mesa de MDF (produto 2), mesa de centro folheado (produto 3). A empresa está fazendo a programação de sua produção para as próximas 3 semanas (períodos) conforme as demandas e capacidades.

Por enquanto, a empresa possui apenas um centro de trabalho disponível para a produção dos 3 produtos e a disponibilidade é de 40h (ou 2400 minutos) por semana. O tempo de produção em minutos, a demanda e os custos por produto e por período são apresentados na Tabela 15.2.1.

A empresa deseja saber quantas unidades de cada tipo de produto deve produzir por período para atender as demandas, respeitar a capacidade, minimizando os custos totais de produção e estocagem.

15.3 NOTAÇÃO, DEFINIÇÕES E MODELO

Para modelar matematicamente o problema, vamos considerar um conjunto $P = \{1, \ldots, np\}$ de produtos, um conjunto $T = \{1, \ldots, nt\}$ de períodos do horizonte de planejamento da produção e um conjunto $R = \{1, \ldots, nr\}$ de recursos. Cada produto $p \in P$ tem por período $t \in T$ uma demanda d_{pt}, um custo unitário de produção c_{pt} e um custo unitário de estocagem h_{pt}. Cada recurso $r \in R$ tem uma disponibilidade b_{rt} por período $t \in T$. A quantidade consumida do recurso $r \in R$ para produzir uma unidade do produto $p \in P$ no período $t \in T$ é dada por a_{rpt}.

Sejam x_{pt} uma variável contínua que representa a quantidade a ser produzida do produto $p \in P$, no período $t \in T$ e I_{pt} uma variável contínua que representa a

Tabela 15.2.1: Tempo de produção, demanda, custo de produção e custo de estocagem por produto e por período.

Parâmetros		Produtos		
		1	2	3
	Tempo	10	8	20
Período 1	Demanda	10	20	5
	Custo de produção	25	25	30
	Custo de estocagem	6	6	7
Período 2	Demanda	20	14	8
	Custo de produção	18	18	18
	Custo de estocagem	4	4	5
Período 3	Demanda	3	8	8
	Custo de produção	20	25	30
	Custo de estocagem	5	5	5

quantidade a ser estocada do produto $p \in P$, ao final do período $t \in T$. A Tabela 15.3.1 resume os parâmetros e as variáveis do problema.

Após determinar as variáveis e os parâmetros, devemos estabelecer a **Função Objetivo** e suas restrições. No problema de dimensionamento de lote, a função objetivo vai ser a minimização da soma dos custos de produção ($\sum_{\substack{p \in P \\ t \in T}} c_{pt}x_{pt}$) e dos custos de estocagem ($\sum_{\substack{p \in P \\ t \in T}} h_{pt}I_{pt}$).

$$\textbf{Minimize } \text{Fo:} \quad \sum_{\substack{p \in P \\ t \in T}} c_{pt}x_{pt} + \sum_{\substack{p \in P \\ t \in T}} h_{pt}I_{pt}$$

Agora, precisamos definir as restrições do problema, para delimitar o espaço de viabilidade. No problema de dimensionamento de lote, é necessária uma restrição de atendimento a demanda e uma restrição de respeito a capacidade. Cada tipo de restrição é explicado a seguir.

Atendimento a demanda: Para que a demanda d_{pt} de cada produto $p \in P$ por período $t \in T$ seja atendida, a quantidade produzida desse produto nesse período (x_{pt}) mais a quantidade estocada ao final do período anterior (I_{pt-1}) menos a quantidade que ficará em estoque nesse período (I_{pt}) deve ser igual à demanda. No entanto, notemos que no primeiro período ($t = 1$) é necessário modelar uma restrição especial

Tabela 15.3.1: Lista de parâmetros e variáveis.

Conjuntos

$P : \{1, \ldots, np\}$: conjunto de produtos,

$T : \{1, \ldots, nt\}$: conjunto de períodos,

$R : \{1, \ldots, nr\}$: conjunto de recursos.

// **Parâmetros**

np : quantidade de tipos de produtos,

nt : quantidade de períodos,

nr : quantidade de tipos de recursos,

d_{pt} : demanda do produto $p \in P$ no período $t \in T$,

c_{pt} : custo de produzir uma unidade do produto $p \in P$ no período $t \in T$,

h_{pt} : custo de estocar uma unidade do produto $p \in P$ no período $t \in T$,

b_{rt} : disponibilidade do recurso $r \in R$ no período $t \in T$,

a_{rpt} : quantidade consumida do recurso $r \in R$

para produzir uma unidade do produto $p \in P$ no período $t \in T$.

// **Variáveis de Decisão**

$x_{pt} \geq 0$: quantidade produzida do produto $p \in P$ no período $t \in T$,

$I_{pt} \geq 0$: quantidade estocada do produto $p \in P$ ao final do período $t \in T$.

antes de modelar a regra geral, pois não existe a variável (I_{p0}). Portanto, a restrição da regra geral, só será usada quando $t >= 2$. Assim, as restrições ficam:

$$x_{p1} - I_{p1} = d_{p1} \quad \forall i \in P, t = 1$$
$$x_{pt} + I_{pt-1} - I_{pt} = d_{pt} \quad \forall i \in P, t \in T : t >= 2$$

Respeito a Capacidade da Produção: Essa restrição visa garantir que a disponibilidade de cada recurso $r \in R$ em cada período $t \in T$ não seja ultrapassada. Então, para cada recurso, a quantidade utilizada dele ($\sum_{p \in P} a_{rpt} x_{pt}$) tem que ser menor ou igual à disponibilidade dele no período b_{rt}. Assim, temos:

$$\sum_{p \in P} a_{rpt} x_{pt} \leq b_{rt} \quad \forall r \in R, t \in T$$

Por fim, temos as restrições de não-negatividade das variáveis:

$$x_{pt}, I_{pt} >= 0 \quad p \in P,\ t \in T$$

Portanto, o problema de dimensionamento de lote pode ser formulado da seguinte forma:

$$\min \sum_{\substack{p \in P \\ t \in T}} c_{pt} x_{pt} + \sum_{\substack{p \in P \\ t \in T}} h_{pt} I_{pt} \tag{15.3.1}$$

$$\text{sujeito a: } x_{p1} - I_{p1} = d_{p1} \qquad \forall i \in N \tag{15.3.2}$$

$$x_{pt} + I_{pt-1} - I_{pt} = d_{pt} \qquad \forall i \in P, t \in T : t >= 2 \tag{15.3.3}$$

$$\sum_{p \in P} a_{rpt} x_{pt} \leq b_{rt} \qquad \forall r \in R, t \in T \tag{15.3.4}$$

$$I_{pt} \geq 0 \qquad \forall p \in P, t \in T \tag{15.3.5}$$

$$x_{pt} \geq 0 \qquad \forall p \in P, t \in T \tag{15.3.6}$$

15.4 CÓDIGOS E RESULTADOS DO MODELO

O código e o resultado do modelo implementado em MathProg são apresentados a seguir:

Código 15.1: Modelo feito em Mathprog

```
# Lot Sizing

param ni; # numero de itens
param nt; # numero de periodos

set T := 1..nt;
set N := 1..ni;

param d{i in N, t in T}; # Demanda
param R{t in T}; #Disponibilidade de recurso
param r{i in N}; #quantidade de recursos necessarios para producao de uma unidade
param c{i in N, t in T}; #custo de producao
param h{i in N, t in T}; #custo de estoque

# variaveis
var x{i in N, t in T} >=0 ; #numero de itens produzidos

var I{i in N, t in T} >=0 ; #numero de itens no estoque final

#Funcao objetivo de reducao de custos de producao e estocagem

minimize fo: sum{i in N,t in T} c[i,t]*x[i,t] + sum{i in N,t in T} h[i,t]*I[i,t];
```

```

#Restricoes
s.t. conservacaoperiodo1{i in N}: x[i,1] = d[i,1] + I[i,1]; #garantir que a producao no P1 seja a
    demanda no P1 + o Ef no P1
s.t. conservacaoEstoque{i in N, t in T: t > 1}: x[i,t] + I[i,t-1] = d[i,t] + I[i,t];
s.t. capacidade{t in T}: sum{i in N} r[i]*x[i,t] <= R[t];

solve;

display(fo);
display{i in N, t in T} x[i,t];
display{i in N, t in T} I[i,t];

end;

data;
param ni := 3;
param nt := 3;

param R :=
1  2400
2  2400
3  2400;

param d: 1 2 3 :=
1  10 15 12
2  20 14 8
3  5  8  8;


param r:=

1  10
2  8
3  20;

param c: 1 2 3 :=

1  25 25 30
2  18 18 18
3  20 25 30
;

param h: 1 2 3:=
1  6  6   7
2  4  4   5
3  5  5   5;

end;
```

```
> glpsol -m "mathprog/Determinacao_de_tamanho_de_lotes_de_producao.mod"
GLPSOL--GLPK LP/MIP Solver 5.0
Parameter(s) specified in the command line:
 -m mathprog/Determinacao_de_tamanho_de_lotes_de_producao.mod
Reading model section from mathprog/Determinacao_de_tamanho_de_lotes_de_producao.mod...
```

```
Reading data section from mathprog/Determinacao_de_tamanho_de_lotes_de_producao.mod...
68 lines were read
Generating fo...
Generating conservacaoperiodo1...
Generating conservacaoEstoque...
Generating capacidade...
Model has been successfully generated
GLPK Simplex Optimizer 5.0
13 rows, 18 columns, 51 non-zeros
Preprocessing...
12 rows, 15 columns, 30 non-zeros
Scaling...
 A: min|aij| = 1.000e+00 max|aij| = 2.000e+01 ratio = 2.000e+01
GM: min|aij| = 8.791e-01 max|aij| = 1.138e+00 ratio = 1.294e+00
EQ: min|aij| = 7.728e-01 max|aij| = 1.000e+00 ratio = 1.294e+00
Constructing initial basis...
Size of triangular part is 12
      0: obj = 1.450000000e+02 inf = 9.070e+01 (6)
      6: obj = 2.325000000e+03 inf = 0.000e+00 (0)
*     8: obj = 2.281000000e+03 inf = 0.000e+00 (0)
OPTIMAL LP SOLUTION FOUND
Time used: 0.0 secs
Memory used: 0.1 Mb (130303 bytes)
Display statement at line 31
fo.val = 2281
Display statement at line 32
x[1,1].val = 10
x[1,2].val = 15
x[1,3].val = 12
x[2,1].val = 20
x[2,2].val = 14
x[2,3].val = 8
x[3,1].val = 21
x[3,2].val = 0
x[3,3].val = 0
Display statement at line 33
I[1,1].val = 0
I[1,2].val = 0
I[1,3].val = 0
I[2,1].val = 0
I[2,2].val = 0
I[2,3].val = 0
I[3,1].val = 16
I[3,2].val = 8
I[3,3].val = 0
Model has been successfully processed

>
```

O código e o resultado do modelo implementado em Python são apresentados a seguir:

Código 15.2: Modelo feito em Python

```
from mip import Model, xsum, minimize, CBC, OptimizationStatus, BINARY
```

```
from itertools import product
import matplotlib.pyplot as plt
from math import sqrt
import numpy as np

#parametros


ni,nt = 3,3; #numero de itens e de periodos.
T,N = range(nt), range(ni)

#Demanda dos itens i no periodo t.
d= [[10, 15, 12], [20, 14, 8], [5, 8, 8]]

#Disponibilidade da fabrica nos periodos t.

R= [2400, 2400, 2400]

#Quantidade de recurso necessario para a producao de uma unidade do item i

r= [ 10,
    8,
    20]

#custo de producao
c= [[25, 25, 30],
   [18, 18, 18],
   [20, 25, 30]]

#custo de estoque

h= [[6, 6,  7],
   [4, 4,  5],
   [5, 5,  5]]

#modelo

model = Model('Determinacao de tamanho de lotes de producao',solver_name=CBC)

#variaveis

#Quantidade produzida
x= {(i,t): model.add_var(lb=0.0) for i in N for t in T}

#Estoque final
I= {(i,t): model.add_var(lb=0.0) for i in N for t in T}

#Funcao objetivo

model.objective = minimize ((xsum(c[i][t] * x[i,t] for (i,t) in product(N,T))) + (xsum (h[i][t] *
     I[i,t] for (i,t) in product(N,T))))


#restricoes

```

```
#Restricao de consercao de estoque do periodo 1
for i in N:
    model += x[i,0] == d[i][0] + I[i,0]

#Restricao de consercao de estoque para t>1

for (i,t) in product(N,T):
    if t > 0:
        model += x[i, t] + I[i, t-1] == d[i][t] + I[i, t]

#Restricao de capacidade

for t in T:
  model += xsum(r[i] * x[i, t] for i in N) <= R[t]

#Restricao de atendimento da demanda

for (i,t) in product(N,T):
 model += x[i,t] >= 0
 model += I[i,t] >= 0


#otimizacao com resolvedor

status = model.optimize()


if status == OptimizationStatus.OPTIMAL:
    print("\nCusto total de producao: R$ {:12.2f}\n".format(model.objective_value))



    print( "Item | Periodo | Quantidade | Estoque Final ")

for i, t in product(N, T):
    print("{:4.0f} | {:7.0f} | {:10.0f} | {:4.0f}".format((i + 1), (t + 1), x[i, t].x, I[i,t].x))
```

```
> python/Determinacao_de_tamanho_de_lotes_de_producao.py
Welcome to the CBC MILP Solver
Version: Trunk
Build Date: Oct 24 2021

Starting solution of the Linear programming problem using Primal Simplex

Coin0506I Presolve 9 (-21) rows, 15 (-3) columns and 27 (-24) elements
Clp1000I sum of infeasibilities 3.92895e-11 - average 4.3655e-12, 5 fixed columns
Coin0506I Presolve 2 (-7) rows, 3 (-12) columns and 5 (-22) elements
Clp0029I End of values pass after 3 iterations
Clp0001I Primal infeasible - objective value 4553.5
Clp0001I Primal infeasible - objective value 4553.5
Coin0505I Presolved problem not optimal, resolve after postsolve
Coin0511I After Postsolve, objective 4553.5, infeasibilities - dual 12.75 (2), primal 90.899999 (1)
Clp0000I Optimal - objective value 2281
Clp0000I Optimal - objective value 2281
Clp0000I Optimal - objective value 2281
```

```
Coin0511I After Postsolve, objective 2281, infeasibilities - dual 0 (0), primal 0 (0)
Clp0032I Optimal objective 2281 - 0 iterations time 0.002, Presolve 0.00, Idiot 0.00

Custo total de producao: R$ 2281.00

Item | Periodo | Quantidade | Estoque Final
   1 |       1 |         10 | 0
   1 |       2 |         15 | 0
   1 |       3 |         12 | 0
   2 |       1 |         20 | 0
   2 |       2 |         14 | 0
   2 |       3 |          8 | 0
   3 |       1 |          5 | 0
   3 |       2 |         16 | 8
   3 |       3 |          0 | 0

>
```

O menor custo total para o problema é de 2281. Note que, apesar de acharem o mesmo custo total para produção das três cadeiras, os códigos em MathProg e em Python retornaram quantidades diferentes de produção e estocagem por período, ou seja, diferentes soluções. Quando isso ocorre, dizemos que o problema possui múltiplas soluções ótimas.

A diferença ocorreu na estratégia adotada para o produto 3. Enquanto o MathProg escolheu produzir toda a demanda do produto 3 no período 1, a solução em Python antecipa apenas a demanda do período 2 do produto 3. Estratégias diferentes que levaram ao mesmo custo total. Reparem também que, em ambas as soluções, valeu a pena estocar apenas o produto 3. Os produtos 1 e 2 foram sempre produzidos no mesmo período da demanda.

15.5 CONCLUSÃO

Este capítulo abordou o problema de dimensionamento de lote. Através do caso da empresa de móveis, ilustramos como as organizações podem equilibrar as decisões de produzir para atender à demanda imediata ou antecipar a produção para manter os custos de estoque em níveis aceitáveis. O modelo de programação matemática proposto foi implementado nas linguagens MathProg e Python. Os resultados obtidos mostraram que algumas vezes podemos ter políticas de produção e estocagem diferentes gerando o mesmo valor de custo.

No exemplo da Rivadália, consideramos que a capacidade de produção da empresa é conhecida e fixa. E se houvesse opções para o aumento dessa capacidade? Por exemplo, a partir da contratação de recursos extras ou até mesmo terceirização de parte da produção. Como a formulação matemática se alteraria?

REFERÊNCIAS

Karimi, Behrooz, SMT Fatemi Ghomi e JM Wilson (2003). "The capacitated lot sizing problem: a review of models and algorithms". Em: *Omega* 31.5, pp. 365–378.

16

PROBLEMA DE SEQUENCIAMENTO EM UMA MÁQUINA COM SETUP

Fátima M. de Souza Lima
fatimamslima@face.ufmg.br
Universidade Federal de Minas Gerais

Luiza Bernardes Real
luiza.real@ifmg.edu.br
Instituto Federal de Minas Gerais

Guilherme de Souza Ferreira
ferreira.guilherme@gmail.com
Universidade Federal de Minas Gerais

Ricardo Camargo
rcamargo@dep.ufmg.br
Universidade Federal de Minas Gerais

16.1 INTRODUÇÃO

O problema de sequenciamento consiste na alocação de tarefas a recursos e a programação dessas tarefas em cada recurso visando otimizar um ou mais critérios de desempenho. Como exemplo de organização de tarefas em recursos em diferentes contextos, podemos citar, a organização de operações em chão de fábrica, decolagens e pousos em aeroportos, etapas de um projeto entre os colaboradores, execuções de programas de computador em unidades de processamento, etc.

Cada tarefa pode ter características específicas como nível de prioridade, data prometida de entrega, horário de início de processamento. Em relação aos critérios de desempenho, destacam-se: tempo de fluxo total, tempo de conclusão da última tarefa, atraso máximo, atraso total, número médio de tarefas atrasadas, entre outros. Mais detalhes sobre problemas de sequenciamento da produção podem ser encontrados em Pinedo (2016).

Neste capítulo, abordamos o problema de sequenciamento em uma máquina com setup. Neste caso, como existe apenas um recurso, não há decisão de alocação e o problema se resume a definir a ordem em que as tarefas serão processadas. Apesar de simples, o problema de sequenciamento em uma máquina é importante, pois dele deriva um bloco construtor para os problemas de sequenciamento mais complexos. A abordagem de uma máquina também pode ser utilizada para processos que contém mais de um recurso, onde estamos buscando otimizar o gargalo (Baker e Trietsch 2013; Blazewicz et al. 2019).

Ao assumir setup, o problema também considera dispêndio de tempo entre as trocas de tarefa. Esse tempo pode envolver a troca de ferramentas, ajustes de configurações e qualquer atividade que preceda o início da produção de um novo item ou produto. Além disso, o tempo de setup é dependente da sequência, ou seja, o tempo de setup de uma tarefa depende da tarefa que foi processada imediatamente antes. Em geral, o objetivo é minimizar o tempo total de produção, também conhecido como *makespan*.

O problema de sequenciamento de uma máquina com setup, deste capítulo, pode ser caracterizado como:

- Existem n tarefas para serem processadas que estão disponíveis no tempo zero;
- Existe somente um recurso que deve processar todas as tarefas;
- O recurso pode processar somente uma tarefa por vez;
- Ao iniciar o processamento de uma tarefa, este deve ir até o fim;
- Os tempos de setup são dependentes da sequência;
- Os tempos de processamento e de setup são conhecidos;
- Não são consideradas quebras de máquina;
- O objetivo é minimizar o tempo total de produção.

Para este problema, o número de soluções distintas pode ser calculado por $n!$, onde n refere-se ao número de tarefas. Uma revisão sobre o problema de máquina simples, num contexto atual, pode ser encontrado em Martinelli, Mariano e Martins (2022). Os códigos do capítulo estão disponíveis em `https://pifop.com/app/view/mvj01z7RdarL5bPrQi1Z`.

16.2 O CASO

A empresa de móveis Rivadália enfrenta um desafio em sua linha de produção. A empresa produz três tipos de mesas: mesa de centro de vidro (Tarefa 1), mesa MDF (Tarefa 2), mesa de centro folheado (Tarefa 3) e possui uma máquina que pode produzir esses três tipos de mesas. Cada tipo de mesa requer uma configuração específica da máquina, e a mudança de configuração consome tempo, ou seja, cada vez que a máquina muda de um tipo de mesa para outra, é necessário um tempo de setup significativo para ajustar as ferramentas e as configurações. Isso resulta em um aumento no tempo de produção e, consequentemente, em custos mais elevados. A

Tabela 16.2.1 apresenta o tempo de processamento das tarefas, enquanto a Tabela 16.2.2 apresenta o tempo de setup das tarefas.

Tabela 16.2.1: Tempo de processamento das tarefas

Tarefa	Tempo de processamento (u.t.)
1	120
2	60
3	180

Tabela 16.2.2: Tempo de setup entre tarefas

Tempo de setup (u.t.)			
Tarefa \ Tarefa	1	2	3
1	0	2	20
2	12	0	9
3	4	14	0

A Figura 16.2.1 ilustra o tempo total de produção, 392 unidades de tempo (u.t.), se as mesas fossem produzidas na ordem: mesa MDF – mesa de centro de vidro – mesa de centro folheado. Surge então a pergunta: Essa é a melhor solução? Como organizar a produção das mesas para ser o mais eficiente possível? Em outras palavras, em que ordem as mesas devem ser produzidas para minimizar o tempo total gasto na produção desses três produtos?

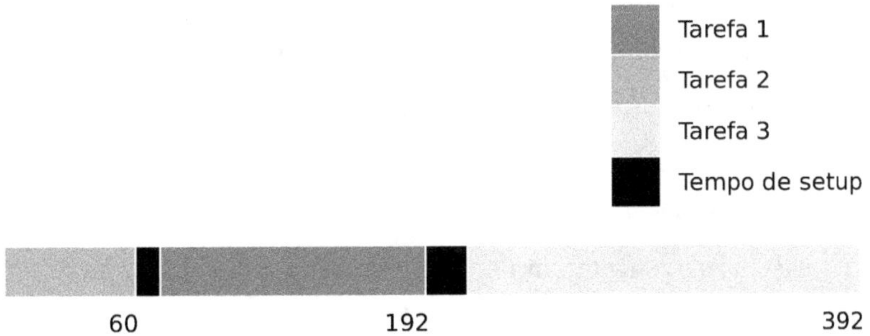

Figura 16.2.1: Representação gráfica de uma solução aleatória.

16.3 NOTAÇÃO, DEFINIÇÕES E MODELO

Para modelar matematicamente o problema, vamos considerar o conjunto de tarefas a serem processadas $J = \{1, ..., n\}$, p_i como sendo o tempo de processar a tarefa $i \in J$ e s_{ij} o tempo de setup de processar a tarefa $j \in J$ depois da tarefa $i \in J$. Seja x_{ij} uma variável binária que indica se a tarefa $i \in J$ é processada antes da tarefa $j \in J$, C_i uma variável contínua que calcula o tempo de término da tarefa $i \in J$ e C_{max} uma variável contínua que calcula o tempo total de produção. O valor de C é condicionado ao valor de x. Como estamos modelando uma restrição condicional, vamos utilizar uma constante de valor muito grande, comumente chamada de M-grande ou (big-M). A Tabela 16.3.1 resume os parâmetros e as variáveis do problema.

Tabela 16.3.1: Lista de parâmetros e variáveis.

Conjuntos

$J : \{1, \ldots, n\}$: conjunto de tarefas a serem processadas.

Parâmetros

n : quantidade de tarefas a serem processadas,

p_i : tempo de processamento da tarefa $i \in J$,

s_{ij} : tempo de setup de processar $j \in J$ depois de $i \in J$,

M : parâmetro auxiliar.

Variáveis de Decisão

$x_{ij} \in \{0, 1\}$: 1, se a tarefa $i \in J$ é processada antes da tarefa $j \in J$;

0, caso contrário,

$C_i \geq 0$: tempo de término da tarefa $i \in J$,

$C_{max} \geq 0$: tempo total de produção.

O problema de sequenciamento em uma máquina com setup pode ser formulado da seguinte forma:

$$\min Z = C_{max} \tag{16.3.1}$$

$$\text{s.t.:} x_{ij} + x_{ji} = 1 \quad \forall i, j \in J : i \neq j \tag{16.3.2}$$

$$C_i \geq p_i \quad \forall i \in J \tag{16.3.3}$$

$$C_j \geq C_i + (p_j + s_{ij})x_{ij} - M(1 - x_{ij}) \quad \forall i, j \in N : i \neq j \tag{16.3.4}$$

$$C_{max} \geq C_i \quad \forall i \in J \tag{16.3.5}$$

$$x_{ij} \in \{0, 1\} \quad \forall i, j \in J : i \neq j \tag{16.3.6}$$

$$C_i \geq 0 \quad \forall i \in J \tag{16.3.7}$$

$$C_{max} \geq 0 \tag{16.3.8}$$

A função objetivo (16.3.1) minimiza o tempo total de produção. As restrições (16.3.2) garantem que ou a tarefa i é processada antes da tarefa j ou o contrário. As restrições (16.3.3) e (16.3.4) calculam o tempo de término de cada tarefa. Especificamente, as restrições (16.3.3) implicam que o tempo de término da tarefa é no mínimo igual ao tempo de processamento da tarefa. Essa restrição é particularmente necessária para garantir o cálculo do término da primeira tarefa a ser processada. As restrições (16.3.4) estarão ativas se a tarefa i preceder a tarefa j, ou seja, se $x_{ij} = 1$, então $C_j \geq C_i + (p_j + s_{ij})$. No caso da tarefa i não preceder a tarefa j, ou seja, $x_{ij} = 0$, então $C_j \geq C_i - M$. Como M é muito grande, as restrições são desativadas, isto é, C_j pode assumir qualquer valor maior ou igual a zero. As restrições (16.3.5) calculam o tempo total de processar todas as tarefas. Por fim, as restrições (16.3.6), (16.3.7) (16.3.8) definem o domínio das variáveis.

16.4 CÓDIGOS E RESULTADOS DO MODELO

O código e o resultado do modelo implementado em MathProg são apresentados a seguir:

Código 16.1: Modelo feito em MathProg

```
# conjunto de tarefas
set J default {};

# tempo de processamento
param p{i in J}        >= 0;

# tempo de setup
```

```
param s{i in J, j in J} >= 0;

# Big-M
param M := sum{j in J} p[j] + sum{i in J, j in J} s[i,j];

# variavel: igual a 1 se a tarefa i e processada antes da tarefa j; 0, caso contrario
var x{i in J, j in J} binary;

# variavel: tempo de termino da tarefa i
var C{i in J} >= 0;

# variavel: tempo total de producao
var C_max >=0;

# funcao objetivo: minimizar o tempo total de producao (makespan)
minimize FOTempo : C_max;

# restricao: ou a tarefa i e processada antes da j ou depois
s.t. r1{i in J,j in J: i != j}: x[i,j] + x[j,i] = 1;

# restricao: o tempo de termino da tarefa i e no minimo igual ao tempo de processamento da tarefa
s.t. r2{i in J}: C[i] >= p[i];

# restricao: o tempo de termino da tarefa j e no minimo igual ao tempo de termino da tarefa i
# mais o tempo de processamento da tarefa j, se i precede j
s.t. r3{i in J, j in J: i != j}: C[j] >= C[i] + (p[j] + s[i,j]) * x[i,j] - M * (1 - x[i,j]);

# restricao: o tempo total de producao e maior ou igual ao tempo de termino de todas as tarefas
s.t. r4{j in J}: C_max >= C[j];


solve;


printf '\n\n';
printf "Tempo total de producao : %18.2f\n",FOTempo;

display x;
display C;


data;

set J := 1 2 3;

param p :=
1 120
2 60
3 180
;

param s :
   1  2  3 :=
1  0  2 20
2 12  0  9
```

```
3 4 14 0
;
```

Código 16.2: Resultados do modelo em Mathprog

```
GLPSOL--GLPK LP/MIP Solver 5.0
Parameter(s) specified in the command line:
 -m mathprog/sequmamaqsetup.mod
Reading model section from mathprog/sequmamaqsetup.mod...
Reading data section from mathprog/sequmamaqsetup.mod...
mathprog/sequmamaqsetup.mod:64: warning: unexpected end of file; missing end statement inserted
64 lines were read
Generating FOTempo...
Generating r1...
Generating r2...
Generating r3...
Generating r4...
Model has been successfully generated
GLPK Integer Optimizer 5.0
19 rows, 10 columns, 40 non-zeros
6 integer variables, all of which are binary
Preprocessing...
15 rows, 10 columns, 36 non-zeros
6 integer variables, all of which are binary
Scaling...
 A: min|aij| = 1.000e+00 max|aij| = 6.210e+02 ratio = 6.210e+02
GM: min|aij| = 8.967e-01 max|aij| = 1.115e+00 ratio = 1.244e+00
EQ: min|aij| = 8.223e-01 max|aij| = 1.000e+00 ratio = 1.216e+00
2N: min|aij| = 9.434e-01 max|aij| = 1.213e+00 ratio = 1.286e+00
Constructing initial basis...
Size of triangular part is 12
Solving LP relaxation...
GLPK Simplex Optimizer 5.0
15 rows, 10 columns, 36 non-zeros
      0: obj = 1.800000000e+02 inf = 2.069e+01 (3)
      4: obj = 2.490000000e+02 inf = 0.000e+00 (0)
*     5: obj = 1.800000000e+02 inf = 0.000e+00 (0)
OPTIMAL LP SOLUTION FOUND
Integer optimization begins...
Long-step dual simplex will be used
+     5: mip =     not found yet >=              -inf        (1; 0)
+     9: >>>>> 3.730000000e+02 >= 3.040000000e+02 18.5% (4; 0)
+    10: >>>>> 3.660000000e+02 >= 3.200000000e+02 12.6% (2; 3)
+    10: mip = 3.660000000e+02 >=     tree is empty 0.0% (0; 7)
INTEGER OPTIMAL SOLUTION FOUND
Time used: 0.0 secs
Memory used: 0.2 Mb (157310 bytes)


Tempo total de producao :     366.00
Display statement at line 45
x[2,1].val = 0
x[1,2].val = 1
x[3,1].val = 1
x[1,3].val = 0
```

```
x[3,2].val = 1
x[2,3].val = 0
Display statement at line 46
C[1].val = 304
C[2].val = 366
C[3].val = 180
Model has been successfully processed
```

O código e o resultado do modelo implementado em Python são apresentados a seguir:

Código 16.3: Modelo feito em Python

```
from mip import Model, xsum, minimize, CBC, OptimizationStatus, BINARY
from itertools import product
import matplotlib.pyplot as plt
from math import sqrt
import numpy as np

# parametros

# numero de tarefas
n = 3
J = range(n)

# setup
s = [[0, 2, 20],
    [12, 0, 9],
    [4, 14, 0]]

# tempo de processamento
p = [120, 60, 180]

#Big-M
M = sum(p) + np.sum(s)

# declaracao do modelo
model = Model('Problema de Sequenciamento em uma Maquina com Setup',solver_name=CBC)

# declaracao das variaveis

# variavel: igual a 1 se a tarefa i e processada antes da tarefa j; 0, caso contrario
x = {(i,j) : model.add_var(var_type=BINARY) for i in J for j in J}

# variavel: tempo de termino da tarefa i
C = [model.add_var(lb=0.0) for i in J]

# variavel: tempo total de producao
C_max = model.add_var(lb=0.0)

# definicao da funcao objetivo
# funcao objetivo: minimizar o tempo total de producao (makespan)
model.objective = minimize(C_max)

# restricoes
```

```

# restricao: ou a tarefa i e processada antes da j ou depois
#s.t. r1{i in J,j in J: i != j}: x[i,j] + x[j,i] = 1;
for i in J:
   for j in J:
      if i != j:
         model += x[i,j] + x[j,i] == 1

# restricao: o tempo de termino da tarefa i e no minimo igual ao tempo de processamento da tarefa
# s.t. r2{i in J}: C[i] >= p[i];
for i in J:
   model += C[i] >= p[i]

# restricao: o tempo de termino da tarefa j e no minimo igual ao tempo de termino da tarefa i
# mais o tempo de processamento da tarefa j, se i precede j
# s.t. r3{i in J, j in J: i != j}: C[j] >= C[i] + (p[j] + s[i,j]) * x[i,j] - M * (1 - x[i,j]);
for i in J:
   for j in J:
      if i != j:
         model += C[j] >= C[i] + (p[j] + s[i][j]) * x[i,j] - M * (1 - x[i,j])

# restricao: o tempo total de producao e maior ou igual ao tempo de termino de todas as tarefas
# s.t. r4{j in J}: C_max >= C[j]
for j in J:
   model += C_max >= C[j]

# otimiza o modelo chamando o resolvedor
status = model.optimize()

# imprime solucao
if status == OptimizationStatus.OPTIMAL:
   print("Tempo total de producao: {:12.2f}.".format(model.objective_value))

   for i in J:
       for j in J:
           if i != j:
              print("x[{:d},{:d}] = {:.0f}".format(i+1,j+1,x[i,j].x))
   for i in J:
      print("C[{:d}] = {:.0f}".format(i+1,C[i].x))

   ordem_das_tarefas = {}
   for i in J:
      for j in J:
         if i != j:
            if i+1 not in ordem_das_tarefas.keys():
               ordem_das_tarefas[i+1] = x[i,j].x
            else:
               ordem_das_tarefas[i+1] += x[i,j].x

   ordem_das_tarefas = sorted(ordem_das_tarefas.items(), key=lambda x:x[1], reverse=True)
   ordem_das_tarefas = [i[0] for i in ordem_das_tarefas]
   print('Na solucao otima, a sequencia dos jobs e: ' + str(ordem_das_tarefas))
```

Código 16.4: Resultados do modelo em Python

```
Welcome to the CBC MILP Solver
Version: Trunk
Build Date: Oct 24 2021

Starting solution of the Linear programming relaxation problem using Dual Simplex

Coin0506I Presolve 9 (-9) rows, 7 (-6) columns and 24 (-15) elements
Clp0000I Optimal - objective value 180
Coin0511I After Postsolve, objective 180, infeasibilities - dual 0 (0), primal 0 (0)
Clp0032I Optimal objective 180 - 4 iterations time 0.002, Presolve 0.00

Starting MIP optimization
Cgl0004I processed model has 9 rows, 7 columns (3 integer (3 of which binary)) and 24 elements
Coin3009W Conflict graph built in 0.000 seconds, density: 2.857%
Cgl0015I Clique Strengthening extended 0 cliques, 0 were dominated
Cbc0045I Nauty did not find any useful orbits in time 4.2e-05
Cbc0038I Initial state - 3 integers unsatisfied sum - 0.859733
Cbc0038I Pass 1: suminf. 0.00000 (0) obj. 386 iterations 4
Cbc0038I Solution found of 386
Cbc0038I Relaxing continuous gives 386
Cbc0038I Before mini branch and bound, 0 integers at bound fixed and 1 continuous
Cbc0038I Full problem 9 rows 7 columns, reduced to 4 rows 4 columns
Cbc0038I Mini branch and bound did not improve solution (0.00 seconds)
Cbc0038I Round again with cutoff of 365.4
Cbc0038I Pass 2: suminf. 0.03725 (1) obj. 365.4 iterations 1
Cbc0038I Pass 3: suminf. 0.00110 (1) obj. 365.4 iterations 4
Cbc0038I Pass 4: suminf. 0.04605 (1) obj. 365.4 iterations 3
Cbc0038I Pass 5: suminf. 0.04605 (1) obj. 365.4 iterations 0
Cbc0038I Pass 6: suminf. 0.41664 (2) obj. 365.4 iterations 3
Cbc0038I Pass 7: suminf. 0.03725 (1) obj. 365.4 iterations 1
Cbc0038I Pass 8: suminf. 0.01246 (1) obj. 365.4 iterations 4
Cbc0038I Pass 9: suminf. 0.01246 (1) obj. 365.4 iterations 0
Cbc0038I Pass 10: suminf. 0.01246 (1) obj. 365.4 iterations 0
Cbc0038I Pass 11: suminf. 0.38733 (2) obj. 365.4 iterations 4
Cbc0038I Pass 12: suminf. 0.01246 (1) obj. 365.4 iterations 4
Cbc0038I Pass 13: suminf. 0.04283 (1) obj. 365.4 iterations 4
Cbc0038I Pass 14: suminf. 0.01246 (1) obj. 365.4 iterations 4
Cbc0038I Pass 15: suminf. 0.01246 (1) obj. 365.4 iterations 0
Cbc0038I Pass 16: suminf. 0.01246 (1) obj. 365.4 iterations 0
Cbc0038I Pass 17: suminf. 0.01246 (1) obj. 365.4 iterations 0
Cbc0038I Pass 18: suminf. 0.04283 (1) obj. 365.4 iterations 4
Cbc0038I Pass 19: suminf. 0.01246 (1) obj. 365.4 iterations 4
Cbc0038I Pass 20: suminf. 0.03725 (1) obj. 365.4 iterations 4
Cbc0038I Pass 21: suminf. 0.00110 (1) obj. 365.4 iterations 4
Cbc0038I Pass 22: suminf. 0.04605 (1) obj. 365.4 iterations 3
Cbc0038I Pass 23: suminf. 0.04605 (1) obj. 365.4 iterations 0
Cbc0038I Pass 24: suminf. 0.41664 (2) obj. 365.4 iterations 3
Cbc0038I Pass 25: suminf. 0.00110 (1) obj. 365.4 iterations 5
Cbc0038I Pass 26: suminf. 0.04605 (1) obj. 365.4 iterations 3
Cbc0038I Pass 27: suminf. 0.04605 (1) obj. 365.4 iterations 0
Cbc0038I Pass 28: suminf. 0.04605 (1) obj. 365.4 iterations 0
Cbc0038I Pass 29: suminf. 0.04605 (1) obj. 365.4 iterations 0
Cbc0038I Pass 30: suminf. 0.04605 (1) obj. 365.4 iterations 0
Cbc0038I Pass 31: suminf. 0.00918 (1) obj. 365.4 iterations 4
Cbc0038I Rounding solution of 365.4 is better than previous of 386
```

```

Cbc0038I Before mini branch and bound, 0 integers at bound fixed and 0 continuous
Cbc0038I Full problem 9 rows 7 columns, reduced to 9 rows 7 columns
Cbc0038I Mini branch and bound did not improve solution (0.01 seconds)
Cbc0038I Round again with cutoff of 328.32
Cbc0038I Pass 31: suminf. 0.10430 (1) obj. 328.32 iterations 0
Cbc0038I Pass 32: suminf. 0.06914 (1) obj. 328.32 iterations 4
Cbc0038I Pass 33: suminf. 0.10577 (1) obj. 328.32 iterations 3
Cbc0038I Pass 34: suminf. 0.10577 (1) obj. 328.32 iterations 0
Cbc0038I Pass 35: suminf. 0.06997 (1) obj. 328.32 iterations 4
Cbc0038I Pass 36: suminf. 0.10577 (1) obj. 328.32 iterations 4
Cbc0038I Pass 37: suminf. 0.10577 (1) obj. 328.32 iterations 0
Cbc0038I Pass 38: suminf. 0.06997 (1) obj. 328.32 iterations 4
Cbc0038I Pass 39: suminf. 0.51615 (2) obj. 328.32 iterations 3
Cbc0038I Pass 40: suminf. 0.51615 (2) obj. 328.32 iterations 0
Cbc0038I Pass 41: suminf. 0.06914 (1) obj. 328.32 iterations 1
Cbc0038I Pass 42: suminf. 0.51615 (2) obj. 328.32 iterations 1
Cbc0038I Pass 43: suminf. 0.06997 (1) obj. 328.32 iterations 4
Cbc0038I Pass 44: suminf. 0.10254 (1) obj. 328.32 iterations 5
Cbc0038I Pass 45: suminf. 0.07325 (1) obj. 328.32 iterations 4
Cbc0038I Pass 46: suminf. 0.10430 (1) obj. 328.32 iterations 4
Cbc0038I Pass 47: suminf. 0.06914 (1) obj. 328.32 iterations 4
Cbc0038I Pass 48: suminf. 0.06914 (1) obj. 328.32 iterations 0
Cbc0038I Pass 49: suminf. 0.06914 (1) obj. 328.32 iterations 0
Cbc0038I Pass 50: suminf. 0.06914 (1) obj. 328.32 iterations 0
Cbc0038I Pass 51: suminf. 0.06914 (1) obj. 328.32 iterations 0
Cbc0038I Pass 52: suminf. 0.06914 (1) obj. 328.32 iterations 0
Cbc0038I Pass 53: suminf. 0.10430 (1) obj. 328.32 iterations 4
Cbc0038I Pass 54: suminf. 0.06914 (1) obj. 328.32 iterations 4
Cbc0038I Pass 55: suminf. 0.10577 (1) obj. 328.32 iterations 3
Cbc0038I Pass 56: suminf. 0.10577 (1) obj. 328.32 iterations 0
Cbc0038I Pass 57: suminf. 0.10577 (1) obj. 328.32 iterations 0
Cbc0038I Pass 58: suminf. 0.10577 (1) obj. 328.32 iterations 0
Cbc0038I Pass 59: suminf. 0.54340 (2) obj. 328.32 iterations 3
Cbc0038I Pass 60: suminf. 0.54340 (2) obj. 328.32 iterations 0
Cbc0038I Rounding solution of 328.32 is better than previous of 365.4

Cbc0038I Before mini branch and bound, 0 integers at bound fixed and 0 continuous
Cbc0038I Full problem 9 rows 7 columns, reduced to 9 rows 7 columns
Cbc0038I Mini branch and bound did not improve solution (0.01 seconds)
Cbc0038I Round again with cutoff of 283.824
Cbc0038I Pass 60: suminf. 0.22179 (2) obj. 283.824 iterations 1
Cbc0038I Pass 61: suminf. 0.17742 (1) obj. 283.824 iterations 6
Cbc0038I Pass 62: suminf. 0.15078 (1) obj. 283.824 iterations 4
Cbc0038I Pass 63: suminf. 0.15078 (1) obj. 283.824 iterations 0
Cbc0038I Pass 64: suminf. 0.63082 (2) obj. 283.824 iterations 1
Cbc0038I Pass 65: suminf. 0.63082 (2) obj. 283.824 iterations 0
Cbc0038I Pass 66: suminf. 0.63082 (2) obj. 283.824 iterations 0
Cbc0038I Pass 67: suminf. 0.63082 (2) obj. 283.824 iterations 0
Cbc0038I Pass 68: suminf. 0.63082 (2) obj. 283.824 iterations 0
Cbc0038I Pass 69: suminf. 0.63082 (2) obj. 283.824 iterations 0
Cbc0038I Pass 70: suminf. 0.63082 (2) obj. 283.824 iterations 0
Cbc0038I Pass 71: suminf. 0.63082 (2) obj. 283.824 iterations 0
Cbc0038I Pass 72: suminf. 0.63082 (2) obj. 283.824 iterations 0
Cbc0038I Pass 73: suminf. 0.63082 (2) obj. 283.824 iterations 0
```

```
Cbc0038I Pass 74: suminf. 0.63082 (2) obj. 283.824 iterations 0
Cbc0038I Pass 75: suminf. 0.63082 (2) obj. 283.824 iterations 0
Cbc0038I Pass 76: suminf. 0.63082 (2) obj. 283.824 iterations 0
Cbc0038I Pass 77: suminf. 0.63082 (2) obj. 283.824 iterations 0
Cbc0038I Pass 78: suminf. 0.15014 (2) obj. 283.824 iterations 3
Cbc0038I Pass 79: suminf. 0.67402 (2) obj. 283.824 iterations 4
Cbc0038I Pass 80: suminf. 0.67402 (2) obj. 283.824 iterations 0
Cbc0038I Pass 81: suminf. 0.67402 (2) obj. 283.824 iterations 0
Cbc0038I Pass 82: suminf. 0.67402 (2) obj. 283.824 iterations 0
Cbc0038I Pass 83: suminf. 0.17420 (1) obj. 283.824 iterations 6
Cbc0038I Pass 84: suminf. 0.15014 (2) obj. 283.824 iterations 4
Cbc0038I Pass 85: suminf. 0.63082 (2) obj. 283.824 iterations 3
Cbc0038I Pass 86: suminf. 0.15014 (2) obj. 283.824 iterations 3
Cbc0038I Pass 87: suminf. 0.15014 (2) obj. 283.824 iterations 0
Cbc0038I Pass 88: suminf. 0.15014 (2) obj. 283.824 iterations 0
Cbc0038I Pass 89: suminf. 0.15014 (2) obj. 283.824 iterations 0
Cbc0038I Rounding solution of 283.824 is better than previous of 328.32

Cbc0038I Before mini branch and bound, 0 integers at bound fixed and 0 continuous
Cbc0038I Full problem 9 rows 7 columns, reduced to 9 rows 7 columns
Cbc0038I Mini branch and bound did not improve solution (0.01 seconds)
Cbc0038I Round again with cutoff of 252.677
Cbc0038I Pass 89: suminf. 0.33554 (3) obj. 252.677 iterations 1
Cbc0038I Pass 90: suminf. 0.30238 (2) obj. 252.677 iterations 6
Cbc0038I Pass 91: suminf. 0.21061 (2) obj. 252.677 iterations 4
Cbc0038I Pass 92: suminf. 0.21061 (2) obj. 252.677 iterations 0
Cbc0038I Pass 93: suminf. 0.33554 (3) obj. 252.677 iterations 2
Cbc0038I Pass 94: suminf. 0.33554 (3) obj. 252.677 iterations 0
Cbc0038I Pass 95: suminf. 0.33554 (3) obj. 252.677 iterations 0
Cbc0038I Pass 96: suminf. 0.33554 (3) obj. 252.677 iterations 0
Cbc0038I Pass 97: suminf. 0.33554 (3) obj. 252.677 iterations 0
Cbc0038I Pass 98: suminf. 0.33554 (3) obj. 252.677 iterations 0
Cbc0038I Pass 99: suminf. 0.33554 (3) obj. 252.677 iterations 0
Cbc0038I Pass 100: suminf. 0.33554 (3) obj. 252.677 iterations 0
Cbc0038I Pass 101: suminf. 0.33554 (3) obj. 252.677 iterations 0
Cbc0038I Pass 102: suminf. 0.33554 (3) obj. 252.677 iterations 0
Cbc0038I Pass 103: suminf. 0.33554 (3) obj. 252.677 iterations 0
Cbc0038I Pass 104: suminf. 0.33554 (3) obj. 252.677 iterations 0
Cbc0038I Pass 105: suminf. 0.33554 (3) obj. 252.677 iterations 0
Cbc0038I Pass 106: suminf. 0.33554 (3) obj. 252.677 iterations 0
Cbc0038I Pass 107: suminf. 0.33554 (3) obj. 252.677 iterations 0
Cbc0038I Pass 108: suminf. 0.33554 (3) obj. 252.677 iterations 0
Cbc0038I Pass 109: suminf. 0.33554 (3) obj. 252.677 iterations 0
Cbc0038I Pass 110: suminf. 0.33554 (3) obj. 252.677 iterations 0
Cbc0038I Pass 111: suminf. 0.33554 (3) obj. 252.677 iterations 0
Cbc0038I Pass 112: suminf. 0.33554 (3) obj. 252.677 iterations 0
Cbc0038I Pass 113: suminf. 0.33554 (3) obj. 252.677 iterations 0
Cbc0038I Pass 114: suminf. 0.33554 (3) obj. 252.677 iterations 0
Cbc0038I Pass 115: suminf. 0.33554 (3) obj. 252.677 iterations 0
Cbc0038I Pass 116: suminf. 0.33554 (3) obj. 252.677 iterations 0
Cbc0038I Pass 117: suminf. 0.33554 (3) obj. 252.677 iterations 0
Cbc0038I Pass 118: suminf. 0.33554 (3) obj. 252.677 iterations 0
Cbc0038I No solution found this major pass
Cbc0038I Before mini branch and bound, 0 integers at bound fixed and 0 continuous
Cbc0038I Full problem 9 rows 7 columns, reduced to 9 rows 7 columns
```

```
Cbc0038I Mini branch and bound did not improve solution (0.01 seconds)
Cbc0038I After 0.01 seconds - Feasibility pump exiting with objective of 283.824 - took 0.00 seconds
Cbc0012I Integer solution of 394 found by feasibility pump after 0 iterations and 0 nodes (0.01
    seconds)
Cbc0012I Integer solution of 386 found by DiveCoefficient after 0 iterations and 0 nodes (0.01
    seconds)
Cbc0012I Integer solution of 371 found by DiveCoefficient after 787 iterations and 0 nodes (0.05
    seconds)
Cbc0031I 7 added rows had average density of 3.1428571
Cbc0013I At root node, 7 cuts changed objective from 180 to 364.30825 in 100 passes
Cbc0014I Cut generator 0 (Probing) - 583 row cuts average 3.0 elements, 0 column cuts (0 active) in
    0.005 seconds - new frequency is 1
Cbc0014I Cut generator 1 (Gomory) - 228 row cuts average 4.2 elements, 0 column cuts (0 active) in
    0.003 seconds - new frequency is 1
Cbc0014I Cut generator 2 (Knapsack) - 0 row cuts average 0.0 elements, 0 column cuts (0 active) in
    0.001 seconds - new frequency is -100
Cbc0014I Cut generator 3 (Clique) - 0 row cuts average 0.0 elements, 0 column cuts (0 active) in
    0.000 seconds - new frequency is -100
Cbc0014I Cut generator 4 (OddWheel) - 0 row cuts average 0.0 elements, 0 column cuts (0 active) in
    0.000 seconds - new frequency is -100
Cbc0014I Cut generator 5 (MixedIntegerRounding2) - 25 row cuts average 2.3 elements, 0 column cuts
    (0 active) in 0.002 seconds - new frequency is 1
Cbc0014I Cut generator 6 (FlowCover) - 0 row cuts average 0.0 elements, 0 column cuts (0 active) in
    0.002 seconds - new frequency is -100
Cbc0014I Cut generator 7 (TwoMirCuts) - 27 row cuts average 2.5 elements, 0 column cuts (0 active)
    in 0.002 seconds - new frequency is 1
Cbc0012I Integer solution of 366 found by rounding after 800 iterations and 2 nodes (0.05 seconds)
Cbc0001I Search completed - best objective 366, took 800 iterations and 2 nodes (0.05 seconds)
Cbc0032I Strong branching done 6 times (17 iterations), fathomed 0 nodes and fixed 0 variables
Cbc0035I Maximum depth 0, 0 variables fixed on reduced cost
Total time (CPU seconds): 0.05 (Wallclock seconds): 0.06

Tempo total de producao: 366.00.
x[1,2] = 1
x[1,3] = 0
x[2,1] = 0
x[2,3] = 0
x[3,1] = 1
x[3,2] = 1
C[1] = 304
C[2] = 366
C[3] = 180
Na solucao otima, a sequencia dos jobs e: [3, 1, 2]
```

Quando comparamos a solução aleatória, representada na Figura 16.2.1, presente no início deste capítulo, com a solução ótima obtida pela formulação (16.3.1)-(16.3.7), representada na Figura 16.4.1, foi possível concluir a produção das três mesas reduzindo o tempo de operação em $(392 - 366)/392 \approx 6,63\%$.

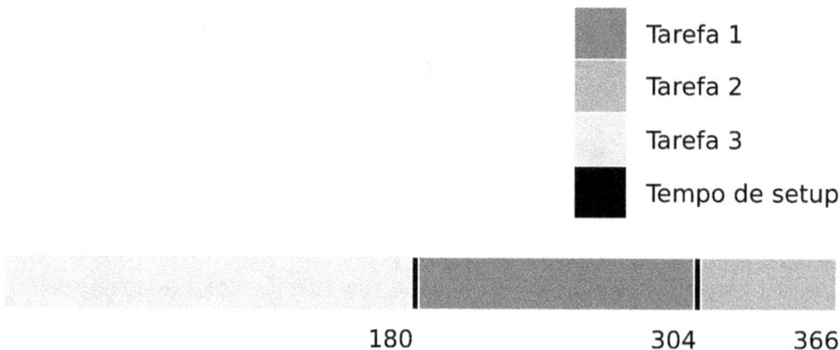

Figura 16.4.1: Representação gráfica da solução ótima para o problema de sequenciamento.

16.5 CONCLUSÃO

Este capítulo abordou o problema de sequenciamento em uma máquina com setup. Através do caso da empresa de móveis, ilustramos como este problema se manifesta na prática e as implicações de uma otimização ineficaz no tempo total de produção. O modelo de programação matemática proposto foi implementado nas linguagens MathProg e Python e os resultados obtidos foram apresentados.

Ao usar técnicas de programação matemática, organizações como a Rivadália podem significativamente reduzir o tempo de inatividade e aumentar a eficiência da produção. Este benefício é crucial em um mercado competitivo, onde a eficiência operacional pode ser um diferencial estratégico.

No exemplo da Rivadália, o objetivo foi minimizar o tempo total de produção. Quais outros critérios de desempenho poderiam ser considerados? Como a formulação matemática se alteraria para considerar esses outros critérios de desempenho?

REFERÊNCIAS

Baker, Kenneth R e Dan Trietsch (2013). *Principles of sequencing and scheduling*. John Wiley & Sons.

Blazewicz, Jacek et al. (2019). *Handbook on scheduling*. Springer.

Martinelli, Renan, Flávia Cristina Martins Queiroz Mariano e Camila Bertini Martins (2022). "Single machine scheduling in make to order environments: A systematic review". Em: *Computers & Industrial Engineering* 169, p. 108190.

Pinedo, Michael (2016). *Scheduling. Theory, Algorithms and systems*.

17

PROBLEMA DE SEQUENCIAMENTO EM MÁQUINAS PARALELAS COM SETUP

Fátima M. de Souza Lima
fatimamslima@face.ufmg.br
Universidade Federal de Minas Gerais

Guilherme de Souza Ferreira
ferreira.guilherme@gmail.com
Universidade Federal de Minas Gerais

Luiza Bernardes Real
luiza.real@ifmg.edu.br
Instituto Federal de Minas Gerais

Ricardo Camargo
rcamargo@dep.ufmg.br
Universidade Federal de Minas Gerais

17.1 INTRODUÇÃO

No capítulo 16, exploramos como organizar tarefas em uma única máquina, considerando os tempos de setup. Avançando, neste capítulo, discutimos o problema de sequenciamento em máquinas paralelas com setup. Aqui, a complexidade aumenta significativamente, pois além de determinar a ordem das tarefas, é necessário decidir qual máquina processará qual tarefa. Temos então as decisões de alocação e de programação das tarefas nas máquinas.

Este cenário é comum em ambientes onde múltiplos recursos similares operam simultaneamente (Mokotoff (2004)). Na área de produção, diferentes partes de um produto podem ser montadas em linhas de montagem paralelas para maximizar a eficiência. Na área de logística, em centros de distribuição, várias esteiras transportadoras podem ser usadas para classificar pacotes. Na área de tecnologia da informação, servidores paralelos podem ser utilizados para processar dados para otimizar o tempo de processamento e a utilização de recursos. No setor de saúde, múltiplos equipamentos de diagnóstico podem ser programados para atender a um fluxo contínuo de pacientes para minimizar os tempos de espera e maximizar o uso do equipamento.

As máquinas paralelas são classificadas em três categorias: idênticas, uniformes e não relacionadas. No caso de máquinas idênticas, o tempo de processar determinada tarefa é o mesmo, independente da máquina. No caso de máquinas uniformes, o tempo de processar uma tarefa muda a uma taxa uniforme de uma máquina para a outra. Por fim, no caso das máquinas não relacionadas, o tempo de processar determinada tarefa se altera de máquina para máquina. Este capítulo considera o caso de máquina paralelas idênticas.

O problema de sequenciamento em máquinas paralelas, deste capítulo, pode ser caracterizado como:

- Existem n tarefas para serem processadas que estão disponíveis no tempo zero;
- Existem m recursos que devem processar todas as tarefas;
- O recurso pode processar somente uma tarefa por vez;
- Ao iniciar o processamento de uma tarefa, este deve ir até o fim;
- Os tempos de processamento não são dependentes do recurso;
- Os tempos de setup são conhecidos e dependem apenas da tarefa processada anteriormente;
- Não são consideradas quebras de máquina;
- O objetivo é minimizar o tempo total de produção.

Uma revisão sobre o problema de máquina paralelas idênticas minimizando o tempo total de produção pode ser encontrado em Mokotoff (2001). Os códigos do capítulo estão disponíveis em `https://pifop.com/app/view/mvj0JU5HaY1S2pEoTtRi`.

17.2 O CASO

Tabela 17.2.1: Tempo de processamento das tarefas

Tarefa	Tempo de processamento (u.t.)
1	3
2	4
3	2
4	5
5	3
6	6
7	4

Considere que a empresa de móveis Rivadália adquiriu mais duas máquinas capazes de produzir mesas, totalizando agora 3 máquinas. Com isso, a empresa expandiu seu portifólio de mesas e é capaz de produzir sete tipos de mesas: mesa de centro de vidro (Tarefa 1), mesa de MDF (Tarefa 2), mesa de centro folheado (Tarefa 3), mesa de jantar retangular de vidro (Tarefa 4), mesa de jantar retangular folheada (Tarefa 5), mesa de jantar quadrada de vidro (Tarefa 6), mesa de jantar quadrada folheada (Tarefa 7). A Tabela 17.2.1 apresenta o tempo de processamento das tarefas, enquanto a Tabela 17.2.2 apresenta o tempo de setup das tarefas.

Tabela 17.2.2: Tempo de setup entre tarefas

Tempo de setup (u.t.)							
Tarefa \ Tarefa	1	2	3	4	5	6	7
1	0	2	2	1	1	3	2
2	1	0	1	2	2	1	3
3	2	1	0	1	3	2	1
4	1	3	2	0	1	2	1
5	2	1	1	2	0	3	2
6	3	1	2	1	2	0	1
7	1	2	3	2	1	2	0

A Figura 17.2.1 ilustra o tempo total de produção, 13 unidades de tempo (u.t.), se a mesa de centro de vidro, a mesa de centro folheado e a mesa de jantar quadrada folheada fossem produzidas na máquina 1; se a mesa de jantar retangular de vidro e a mesa de jantar quadrada de vidro fossem produzidas na máquina 2; e se a mesa de MDF e a mesa de jantar retangular folheada fossem produzidas na máquina 3. Surge então a pergunta: Essa é a melhor solução? Qual máquina deve produzir qual mesa para minimizar o tempo total de produção? E em qual ordem as mesas devem ser produzidas em cada máquina?

17.3 NOTAÇÃO, DEFINIÇÕES E MODELO

Para modelar matematicamente o problema, vamos considerar o conjunto de tarefas a serem processadas $J = \{1, ..., n\}$ e o conjunto de máquinas idênticas $K = \{1, ..., m\}$. Também consideramos uma tarefa fictícia (*dummy job*) 0, que servirá para padronizar o estado inicial e final de todas as máquinas. A primeira e a última tarefa a ser processada em cada máquina é a tarefa fictícia. Com isso, temos $J\_ = \{0, ..., n\}$. Cada tarefa $i \in J\_$, tem um tempo de processamento p_i e um tempo de setup s_{ij} de processar a tarefa $j \in J\_$ depois da tarefa $i \in J\_$. Para a tarefa fictícia, temos $p_0 = 0$, $s_{0j} = s_{i0} = 0$.

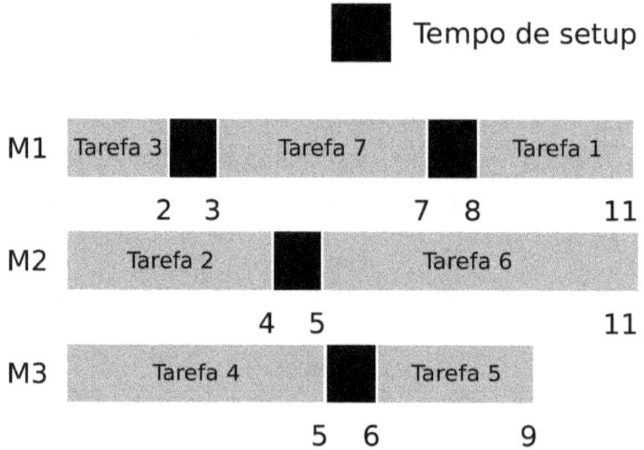

Figura 17.2.1: Representação gráfica de uma solução aleatória.

Seja x_{ijk} uma variável binária que indica se a tarefa $i \in J\_$ é processada imediatamente antes da tarefa $j \in J\_$ na máquina $k \in M$, C_i uma variável contínua que calcula o tempo de término da tarefa $i \in J\_$ e C_{max} uma variável contínua que calcula o tempo total de produção. Aqui, também será necessário usar a constante M-grande. As Tabelas 17.3.1 resumem os parâmetros e as variáveis do problema.

O problema de sequenciamento em máquinas paralelas pode ser formulado da seguinte forma:

$$\min Z = C_{max} \tag{17.3.1}$$

$$\text{s.t.:} \sum_{k \in K} \sum_{i \in J\_} x_{ijm} = 1 \qquad \forall j \in J\_ \tag{17.3.2}$$

$$\sum_{i \in J\_} x_{0jk} \leq 1 \qquad \forall k \in K \tag{17.3.3}$$

$$\sum_{\substack{i \in J\_ \\ i \neq l}} x_{ilk} = \sum_{\substack{j \in J\_ \\ j \neq l}} x_{ljk} \qquad \forall l \in J, k \in K \tag{17.3.4}$$

$$C_j \geq C_i + \sum_{k \in K} x_{ijk}(p_j + s_{ij}) + M \sum_{k \in K} (x_{ijk} - 1) \qquad \forall i \in J\_, j \in J \tag{17.3.5}$$

$$C_{max} \geq C_i \qquad \forall i \in J \tag{17.3.6}$$

$$x_{ijk} \in \{0, 1\} \qquad \forall i \in J\_, j \in J\_, k \in K \tag{17.3.7}$$

$$C_i \geq 0 \qquad \forall i \in J\_ \tag{17.3.8}$$

$$C_{max} \geq 0 \tag{17.3.9}$$

Tabela 17.3.1: Lista de parâmetros e variáveis.

Conjuntos

$J : \{1, \ldots, n\}$: conjunto de tarefas a serem processadas,

$J\_ : \{0, \ldots, n\}$: conjunto de tarefas a serem processadas considerando a tarefa fictícia,

$K : \{1, \ldots, m\}$:conjunto de máquinas.

Parâmetros

n : quantidade de tarefas a serem processadas,

m : quantidade de máquinas,

p_i : tempo de processamento da tarefa $i \in J\_$,

s_{ij} : tempo de setup de processar $j \in J\_$ depois de $i \in J\_$,

M : parâmetro auxiliar.

Variáveis de Decisão

$x_{ijk} \in \{0, 1\}$: 1, se a tarefa $i \in J\_$ é processada imediatamente antes da tarefa $j \in J\_$ na máquina $k \in M$; 0, caso contrário,

$C_i \geq 0$: tempo de término da tarefa $i \in J\_$,

$C_{max} \geq 0$: tempo total de produção.

A função objetivo (17.3.1) minimiza o tempo total gasto para processar todas as tarefas. As restrições (17.3.2) garantem que existe apenas uma tarefa que precede a tarefa j em uma única maquina. As restrições (17.3.3) iniciam as sequências nas máquinas que forem utilizadas com a tarefa fictícia. As restrições (17.3.4) garantem que cada tarefa l tem exatamente uma tarefa predecessora e uma tarefa sucessora. As restrições (17.3.5) calculam o tempo de término de cada tarefa. Estarão ativas se a tarefa i preceder imediatamente a tarefa j em alguma máquina, ou seja, se $\sum_{k \in K} x_{ijk} = 1$, então $C_j \geq C_i + (p_j + s_{ij})$. No caso da tarefa i não preceder imediatamente a tarefa j em alguma máquina, ou seja, $\sum_{k \in K} x_{ijk} = 0$, então $C_j \geq C_i - M$, mas como M é um número muito grande, as restrições (17.3.5) são desativadas (C_j pode assumir qualquer valor maior ou igual a zero). As restrições (17.3.6) calculam o tempo total de processar todas as tarefas. Por fim, as restrições (17.3.7), (17.3.8) e (17.3.9) definem o domínio das variáveis.

17.4 CÓDIGOS E RESULTADOS DO MODELO

O código e o resultado do modelo implementado em MathProg são apresentados a seguir:

Código 17.1: Modelo feito em MathProg

```
# conjunto de tarefas
set J default {};

# conjunto de tarefas com tarefa ficticia
set J_ default {};

# conjunto de maquinas
set K default {};

# tempo de processamento
param p{i in J}          >= 0;

# tempo de setup
param s{i in J_, j in J_} >= 0;

# Big-M
param M := sum{j in J} p[j] + sum{i in J, j in J} s[i,j];

# variavel: igual a 1 se a tarefa i precede imediatamente
# a tarefase processada j na maquina m; 0, caso contrario
var x{i in J_, j in J_, k in K} binary;

# variavel: tempo de termino da tarefa i
var C{i in J_} >=0;

# variavel: tempo total de producao
var C_max >=0;

# funcao objetivo: minimizar o tempo total de producao (makespan)
minimize FOTempo : C_max;

# restricao: existe apenas uma tarefa que precede a tarefa j em
# uma unica maquina
s.t. r1{j in J}: sum{k in K, i in J_}x[i,j,k] = 1;

# restricao: para cada maquina, se ela for usada, existe apenas
# uma tarefa que sucede a tarefa ficticia
s.t. r2{k in K}: sum{j in J}x[0,j,k] <= 1;

# restricao: cada tarefa k tem apenas uma tarefa predecessora
# e uma tarefa sucessora
s.t. r3{l in J, k in K}: sum{i in J_: i != l}x[i,l,k] = sum{j in J_: j != l}x[l,j,k];

# restricao: calcula o tempo de termino da tarefa
s.t. r4{i in J_, j in J}: C[j] >= C[i] + sum{k in K}x[i,j,k] * (p[j] + s[i,j]) + M * (sum{k in
    K}x[i,j,k] - 1);

```

```
# restricao: o tempo total de producao e maior ou igual ao tempo de termino de todas as tarefas
s.t. r5{i in J}: C_max >= C[i];


solve;


printf '\n\n';
printf "Tempo total de producao : %18.2f\n",FOTempo;

display C;
display x;


data;

set J := 1 2 3 4 5 6 7;

set J_ := 0 1 2 3 4 5 6 7;

set K := 1 2 3;

param p :=
1 3
2 4
3 2
4 5
5 3
6 6
7 4
;


param s :
   0  1  2  3  4  5  6   7   :=
0  0  0  0  0  0  0  0   0
1  0  0  2  2  1  1  3   2
2  0  1  0  1  2  2  1   3
3  0  2  1  0  1  3  2   1
4  0  1  3  2  0  1  2   1
5  0  2  1  1  2  0  3   2
6  0  3  1  2  1  2  0   1
7  0  1  2  3  2  1  2   0
;
```

Código 17.2: Resultados do modelo em Mathprog

```
GLPSOL--GLPK LP/MIP Solver 5.0
Parameter(s) specified in the command line:
 -m mathprog/seqmaqparalelassetup.mod
Reading model section from mathprog/seqmaqparalelassetup.mod...
Reading data section from mathprog/seqmaqparalelassetup.mod...
mathprog/seqmaqparalelassetup.mod:90: warning: unexpected end of file; missing end statement
    inserted
90 lines were read
```

```
Generating FOTempo...
Generating r1...
Generating r2...
Generating r3...
Generating r4...
Generating r5...
Model has been successfully generated
GLPK Integer Optimizer 5.0
95 rows, 198 columns, 764 non-zeros
189 integer variables, all of which are binary
Preprocessing...
94 rows, 177 columns, 721 non-zeros
168 integer variables, all of which are binary
Scaling...
 A: min|aij| = 1.000e+00 max|aij| = 1.090e+02 ratio = 1.090e+02
GM: min|aij| = 8.544e-01 max|aij| = 1.170e+00 ratio = 1.370e+00
EQ: min|aij| = 7.303e-01 max|aij| = 1.000e+00 ratio = 1.369e+00
2N: min|aij| = 5.000e-01 max|aij| = 1.000e+00 ratio = 2.000e+00
Constructing initial basis...
Size of triangular part is 94
Solving LP relaxation...
GLPK Simplex Optimizer 5.0
94 rows, 177 columns, 721 non-zeros
      0: obj = 0.000000000e+00 inf = 4.969e+01 (8)
     13: obj = 0.000000000e+00 inf = 0.000e+00 (0)
OPTIMAL LP SOLUTION FOUND
Integer optimization begins...
Long-step dual simplex will be used
+    13: mip =  not found yet >=      -inf     (1; 0)
+   180: >>>>> 3.000000000e+01 >= 0.000000000e+00 100.0% (38; 4)
+   270: >>>>> 2.500000000e+01 >= 0.000000000e+00 100.0% (58; 12)
+   750: >>>>> 2.400000000e+01 >= 0.000000000e+00 100.0% (140; 29)
+   942: >>>>> 2.100000000e+01 >= 0.000000000e+00 100.0% (169; 39)
+  1045: >>>>> 2.000000000e+01 >= 0.000000000e+00 100.0% (183; 49)
+  1175: >>>>> 1.400000000e+01 >= 0.000000000e+00 100.0% (191; 62)
+  4554: >>>>> 1.300000000e+01 >= 3.000000000e+00 76.9% (575; 294)
+  7964: >>>>> 1.200000000e+01 >= 3.000000000e+00 75.0% (891; 618)
+  8558: >>>>> 1.100000000e+01 >= 3.000000000e+00 72.7% (907; 738)
+ 74488: mip = 1.100000000e+01 >= 7.000000000e+00 36.4% (1948; 14434)
+117571: mip = 1.100000000e+01 >= tree is empty 0.0% (0; 40049)
INTEGER OPTIMAL SOLUTION FOUND
Time used: 8.9 secs
Memory used: 6.4 Mb (6727555 bytes)
Tempo total de producao :      11.00
Display statement at line 57
C[1].val = 3
C[0].val = 0
C[2].val = 8
C[3].val = 11
C[4].val = 9
C[5].val = 3
C[6].val = 6
C[7].val = 11
```

```
Display statement at line 58
x[0,1,1].val = 1
x[1,1,1].val = 0
x[2,1,1].val = 0
x[3,1,1].val = 0
x[4,1,1].val = 0
x[5,1,1].val = 0
x[6,1,1].val = 0
x[7,1,1].val = 0
x[0,1,2].val = 0
x[1,1,2].val = 0
x[2,1,2].val = 0
x[3,1,2].val = 0
x[4,1,2].val = 0
x[5,1,2].val = 0
x[6,1,2].val = 0
x[7,1,2].val = 0
x[0,1,3].val = 0
x[1,1,3].val = 0
x[2,1,3].val = 0
x[3,1,3].val = 0
x[4,1,3].val = 0
x[5,1,3].val = 0
x[6,1,3].val = 0
x[7,1,3].val = 0
x[0,2,1].val = 0
x[1,2,1].val = 0
x[2,2,1].val = 0
x[3,2,1].val = 0
x[4,2,1].val = 0
x[5,2,1].val = 0
x[6,2,1].val = 0
x[7,2,1].val = 0
x[0,2,2].val = 0
x[1,2,2].val = 0
x[2,2,2].val = 0
x[3,2,2].val = 0
x[4,2,2].val = 0
x[5,2,2].val = 1
x[6,2,2].val = 0
x[7,2,2].val = 0
x[0,2,3].val = 0
x[1,2,3].val = 0
x[2,2,3].val = 0
x[3,2,3].val = 0
x[4,2,3].val = 0
x[5,2,3].val = 0
x[6,2,3].val = 0
x[7,2,3].val = 0
x[0,3,1].val = 0
x[1,3,1].val = 0
x[2,3,1].val = 0
x[3,3,1].val = 0
x[4,3,1].val = 0
x[5,3,1].val = 0
```

```
x[6,3,1].val = 0
x[7,3,1].val = 0
x[0,3,2].val = 0
x[1,3,2].val = 0
x[2,3,2].val = 1
x[3,3,2].val = 0
x[4,3,2].val = 0
x[5,3,2].val = 0
x[6,3,2].val = 0
x[7,3,2].val = 0
x[0,3,3].val = 0
x[1,3,3].val = 0
x[2,3,3].val = 0
x[3,3,3].val = 0
x[4,3,3].val = 0
x[5,3,3].val = 0
x[6,3,3].val = 0
x[7,3,3].val = 0
x[0,4,1].val = 0
x[1,4,1].val = 1
x[2,4,1].val = 0
x[3,4,1].val = 0
x[4,4,1].val = 0
x[5,4,1].val = 0
x[6,4,1].val = 0
x[7,4,1].val = 0
x[0,4,2].val = 0
x[1,4,2].val = 0
x[2,4,2].val = 0
x[3,4,2].val = 0
x[4,4,2].val = 0
x[5,4,2].val = 0
x[6,4,2].val = 0
x[7,4,2].val = 0
x[0,4,3].val = 0
x[1,4,3].val = 0
x[2,4,3].val = 0
x[3,4,3].val = 0
x[4,4,3].val = 0
x[5,4,3].val = 0
x[6,4,3].val = 0
x[7,4,3].val = 0
x[0,5,1].val = 0
x[1,5,1].val = 0
x[2,5,1].val = 0
x[3,5,1].val = 0
x[4,5,1].val = 0
x[5,5,1].val = 0
x[6,5,1].val = 0
x[7,5,1].val = 0
x[0,5,2].val = 1
x[1,5,2].val = 0
x[2,5,2].val = 0
x[3,5,2].val = 0
x[4,5,2].val = 0
```

```
x[5,5,2].val = 0
x[6,5,2].val = 0
x[7,5,2].val = 0
x[0,5,3].val = 0
x[1,5,3].val = 0
x[2,5,3].val = 0
x[3,5,3].val = 0
x[4,5,3].val = 0
x[5,5,3].val = 0
x[6,5,3].val = 0
x[7,5,3].val = 0
x[0,6,1].val = 0
x[1,6,1].val = 0
x[2,6,1].val = 0
x[3,6,1].val = 0
x[4,6,1].val = 0
x[5,6,1].val = 0
x[6,6,1].val = 0
x[7,6,1].val = 0
x[0,6,2].val = 0
x[1,6,2].val = 0
x[2,6,2].val = 0
x[3,6,2].val = 0
x[4,6,2].val = 0
x[5,6,2].val = 0
x[6,6,2].val = 0
x[7,6,2].val = 0
x[0,6,3].val = 1
x[1,6,3].val = 0
x[2,6,3].val = 0
x[3,6,3].val = 0
x[4,6,3].val = 0
x[5,6,3].val = 0
x[6,6,3].val = 0
x[7,6,3].val = 0
x[0,7,1].val = 0
x[1,7,1].val = 0
x[2,7,1].val = 0
x[3,7,1].val = 0
x[4,7,1].val = 0
x[5,7,1].val = 0
x[6,7,1].val = 0
x[7,7,1].val = 0
x[0,7,2].val = 0
x[1,7,2].val = 0
x[2,7,2].val = 0
x[3,7,2].val = 0
x[4,7,2].val = 0
x[5,7,2].val = 0
x[6,7,2].val = 0
x[7,7,2].val = 0
x[0,7,3].val = 0
x[1,7,3].val = 0
x[2,7,3].val = 0
x[3,7,3].val = 0
```

```
x[4,7,3].val = 0
x[5,7,3].val = 0
x[6,7,3].val = 1
x[7,7,3].val = 0
x[1,0,1].val = 0
x[1,0,2].val = 0
x[1,0,3].val = 0
x[2,0,1].val = 0
x[2,0,2].val = 0
x[2,0,3].val = 0
x[3,0,1].val = 0
x[3,0,2].val = 1
x[3,0,3].val = 0
x[4,0,1].val = 1
x[4,0,2].val = 0
x[4,0,3].val = 0
x[5,0,1].val = 0
x[5,0,2].val = 0
x[5,0,3].val = 0
x[6,0,1].val = 0
x[6,0,2].val = 0
x[6,0,3].val = 0
x[7,0,1].val = 0
x[7,0,2].val = 0
x[7,0,3].val = 1
Model has been successfully processed
```

O código e o resultado do modelo implementado em Python são apresentados a seguir. Reparem que na implementação em Python, como por padrão a numeração dos vetores começa em 0, escolhemos considerar a tarefa fictícia como sendo a tarefa n. Dessa forma, nesse código, as tarefas vão de $0 a n - 1$.

Código 17.3: Modelo feito em Python

```python
from mip import Model, xsum, minimize, CBC, OptimizationStatus, BINARY
from itertools import product
import matplotlib.pyplot as plt
from math import sqrt
import numpy as np

# parametros

# numero de tarefas
n = 7
# Tarefas = {0,..., n-1}
J = range(n)

# Tarefa ficticia j = n
J_ = range(n+1)

# numero de maquinas
m = 3
K = range(m)

```

```
# tempo de processamento
p = [3, 4, 2, 5, 3, 6, 4]

# tempo de setup
s = [[0, 2, 2, 1, 1, 3, 2, 0],
[1, 0, 1, 2, 2, 1, 3, 0],
[2, 1, 0, 1, 3, 2, 1, 0],
[1, 3, 2, 0, 1, 2, 1, 0],
[2, 1, 1, 2, 0, 3, 2, 0],
[3, 1, 2, 1, 2, 0, 1, 0],
[1, 2, 3, 2, 1, 2, 0, 0],
[0, 0, 0, 0, 0, 0, 0, 0]];

#Big-M
M = sum(p) + np.sum(s)

# declaracao do modelo
model = Model('Problema de Sequenciamento em Maquinas Paralelas com Setup',solver_name=CBC)

# declaracao das variaveis

# variavel: igual a 1 se a tarefa i precede imediatamente
# a tarefase processada j na maquina m; 0, caso contrario
x = {(i,j,k) : model.add_var('x({},{},{})'.format(i,j,k),var_type=BINARY) for i in J_ for j in J_
    for k in K}

# variavel: tempo de termino da tarefa i
C = [model.add_var('C({})'.format(i), lb=0.0) for i in J_]

# variavel: tempo total de producao
C_max = model.add_var('Cmax',lb=0.0)

# definicao da funcao objetivo
# funcao objetivo: minimizar o tempo total de producao (makespan)
model.objective = minimize(C_max)

# restricoes

# restricao: existe apenas uma tarefa que precede a tarefa j em
# uma unica maquina
# s.t. r1{j in J}: sum{k in K, i in J_}x[i,j,k] = 1;
for j in J:
   model += xsum(x[i,j,k] for k in K for i in J_) == 1

# restricao: para cada maquina, se ela for usada, existe apenas
# uma tarefa que sucede a tarefa ficticia
#s.t. r2{k in K}: sum{j in J}x[0,j,k] <= 1;
for k in K:
   model += xsum(x[n,j,k] for j in J) <= 1

# restricao: cada tarefa k tem apenas uma tarefa predecessora
# e uma tarefa sucessora
#s.t. r3{l in J, k in K}: sum{i in J_: i != l}x[i,l,k] = sum{j in J_: j != l}x[l,j,k];
for l in J:
   for k in K:
```

```
        model += xsum(x[i,l,k] for i in J_ if i != l) == xsum(x[l,j,k] for j in J_ if j != l)

# restricao: calcula o tempo de termino da tarefa
#s.t. r4{i in J_, j in J}: C[j] >= C[i] + sum{k in K}x[i,j,k] * (p[j] + s[i,j]) + M * (sum{k in K}x[i,j,k] - 1);
for i in J_:
    for j in J:
        model += C[j] >= C[i] + xsum(x[i,j,k] for k in K) * (p[j]+s[i][j]) + M * (xsum(x[i,j,k] for k in K) - 1)

# restricao: o tempo total de producao e maior ou igual ao tempo de termino de todas as tarefas
#s.t. r5{i in J}: C_max >= C[i];
for i in J:
    model += C_max >= C[i]

# otimiza o modelo chamando o resolvedor
status = model.optimize()


# imprime solucao
if status == OptimizationStatus.OPTIMAL:
    print("Tempo total de producao: {:12.2f}.".format(model.objective_value))

    for i in J_:
        for j in J_:
            if i != j:
                for k in K:
                    if x[i,j,k].x > 0.5:
                        print("x[{:d},{:d},{:d}] = {:.0f}".format(i+1,j+1,k+1,x[i,j,k].x))
    for i in J:
        print("C[{:d}] = {:.0f}".format(i+1,C[i].x))



ordem_das_tarefas = {}
for k in K:
    ordem_das_tarefas[k+1] = []
    i = n
    #i_ = i+1
    j = 0
    while j != n:
        if x[i,j,k].x > 0.5:
            ordem_das_tarefas[k + 1].append(j+1)
            i = j
            j = 0
        else:
            j += 1


print('A ordem das tarefas e:')
for k in K:
    print('Na maquina {:d} :'.format(k+1), end='')
    print(ordem_das_tarefas[k+1])
```

Código 17.4: Resultados do modelo em Python

```
Welcome to the CBC MILP Solver
Version: Trunk
Build Date: Oct 24 2021

Starting solution of the Linear programming relaxation problem using Dual Simplex

Clp0024I Matrix will be packed to eliminate 7 small elements
Coin0506I Presolve 87 (-7) rows, 155 (-46) columns and 693 (-70) elements
Clp0014I Perturbing problem by 0.001% of 1.7933827 - largest nonzero change 0.00047403353 ( 0.026432369%) - largest zero change 0.00045065674
Clp0000I Optimal - objective value 0
Coin0511I After Postsolve, objective 0, infeasibilities - dual 0 (0), primal 0 (0)
Clp0032I Optimal objective 0 - 15 iterations time 0.002, Presolve 0.00

Starting MIP optimization
Cgl0003I 0 fixed, 0 tightened bounds, 7 strengthened rows, 0 substitutions
Cgl0003I 0 fixed, 0 tightened bounds, 7 strengthened rows, 0 substitutions
Cgl0003I 0 fixed, 0 tightened bounds, 7 strengthened rows, 0 substitutions
Cgl0003I 0 fixed, 0 tightened bounds, 7 strengthened rows, 0 substitutions
Cgl0003I 0 fixed, 0 tightened bounds, 7 strengthened rows, 0 substitutions
Cgl0003I 0 fixed, 0 tightened bounds, 7 strengthened rows, 0 substitutions
Cgl0003I 0 fixed, 0 tightened bounds, 7 strengthened rows, 0 substitutions
Cgl0003I 0 fixed, 0 tightened bounds, 7 strengthened rows, 0 substitutions
Cgl0003I 0 fixed, 0 tightened bounds, 7 strengthened rows, 0 substitutions
Cgl0004I processed model has 87 rows, 155 columns (147 integer (147 of which binary)) and 756 elements
Coin3009W Conflict graph built in 0.000 seconds, density: 3.485%
Cgl0015I Clique Strengthening extended 0 cliques, 0 were dominated
Cbc0045I Nauty did not find any useful orbits in time 0.000767
Cbc0038I Initial state - 19 integers unsatisfied sum - 0.979243
Cbc0038I Pass 1: suminf. 0.71722 (19) obj. 4.60302 iterations 65
Cbc0038I Pass 2: suminf. 0.90566 (14) obj. 6 iterations 58
Cbc0038I Pass 3: suminf. 0.33962 (6) obj. 9 iterations 29
Cbc0038I Pass 4: suminf. 0.00000 (0) obj. 20 iterations 29
Cbc0038I Solution found of 20
Cbc0038I Relaxing continuous gives 20
Cbc0038I Before mini branch and bound, 110 integers at bound fixed and 0 continuous
Cbc0038I Full problem 87 rows 155 columns, reduced to 84 rows 45 columns
Cbc0038I Mini branch and bound improved solution from 20 to 13 (0.10 seconds)
Cbc0038I Round again with cutoff of 11.6999
Cbc0038I Pass 5: suminf. 0.71722 (19) obj. 4.60302 iterations 0
Cbc0038I Pass 6: suminf. 0.90566 (14) obj. 6 iterations 32
Cbc0038I Pass 7: suminf. 0.33962 (6) obj. 9 iterations 24
Cbc0038I Pass 8: suminf. 0.23767 (5) obj. 11.6999 iterations 30
Cbc0038I Pass 9: suminf. 0.15710 (6) obj. 11.6999 iterations 17
Cbc0038I Pass 10: suminf. 0.19343 (4) obj. 11.6999 iterations 32
Cbc0038I Pass 11: suminf. 0.19343 (7) obj. 11.6999 iterations 10
Cbc0038I Pass 12: suminf. 0.08075 (4) obj. 11.6999 iterations 11
Cbc0038I Pass 13: suminf. 0.18579 (11) obj. 11.6999 iterations 72
Cbc0038I Pass 14: suminf. 0.15956 (8) obj. 11.6999 iterations 18
Cbc0038I Pass 15: suminf. 0.27907 (4) obj. 11.6999 iterations 23
Cbc0038I Pass 16: suminf. 0.27907 (4) obj. 11.6999 iterations 5
Cbc0038I Pass 17: suminf. 0.10463 (6) obj. 11.6999 iterations 23
Cbc0038I Pass 18: suminf. 0.27907 (4) obj. 11.6999 iterations 19
Cbc0038I Pass 19: suminf. 5.00000 (10) obj. 11.6999 iterations 46
```

```
Cbc0038I Pass 20: suminf. 2.00000 (6) obj. 11.6999 iterations 40
Cbc0038I Pass 21: suminf. 0.26981 (6) obj. 11.6999 iterations 16
Cbc0038I Pass 22: suminf. 0.23077 (2) obj. 11.6999 iterations 19
Cbc0038I Pass 23: suminf. 0.22642 (4) obj. 11.6999 iterations 8
Cbc0038I Pass 24: suminf. 0.17916 (4) obj. 11.6999 iterations 13
Cbc0038I Pass 25: suminf. 4.00000 (8) obj. 11.6999 iterations 25
Cbc0038I Pass 26: suminf. 0.68048 (7) obj. 11.6999 iterations 30
Cbc0038I Pass 27: suminf. 0.41363 (4) obj. 11.6999 iterations 15
Cbc0038I Pass 28: suminf. 0.30716 (7) obj. 11.6999 iterations 19
Cbc0038I Pass 29: suminf. 0.28733 (4) obj. 11.6999 iterations 14
Cbc0038I Pass 30: suminf. 0.28455 (4) obj. 11.6999 iterations 4
Cbc0038I Pass 31: suminf. 0.28733 (4) obj. 11.6999 iterations 11
Cbc0038I Pass 32: suminf. 0.16227 (4) obj. 11.6999 iterations 37
Cbc0038I Pass 33: suminf. 0.08113 (2) obj. 11.6999 iterations 29
Cbc0038I Pass 34: suminf. 0.09907 (2) obj. 11.6999 iterations 14
Cbc0038I No solution found this major pass
Cbc0038I Before mini branch and bound, 73 integers at bound fixed and 0 continuous
Cbc0038I Full problem 87 rows 155 columns, reduced to 87 rows 82 columns
Cbc0038I Mini branch and bound improved solution from 13 to 12 (0.24 seconds)
Cbc0038I Round again with cutoff of 9.35993
Cbc0038I Pass 34: suminf. 0.71722 (19) obj. 4.60302 iterations 0
Cbc0038I Pass 35: suminf. 0.90566 (14) obj. 6 iterations 32
Cbc0038I Pass 36: suminf. 0.33962 (6) obj. 9 iterations 24
Cbc0038I Pass 37: suminf. 0.32515 (5) obj. 9.35993 iterations 30
Cbc0038I Pass 38: suminf. 0.20139 (6) obj. 9.35993 iterations 17
Cbc0038I Pass 39: suminf. 0.23737 (4) obj. 9.35993 iterations 32
Cbc0038I Pass 40: suminf. 0.23737 (7) obj. 9.35993 iterations 10
Cbc0038I Pass 41: suminf. 0.24823 (4) obj. 9.35993 iterations 18
Cbc0038I Pass 42: suminf. 4.00000 (8) obj. 9.35993 iterations 50
Cbc0038I Pass 43: suminf. 0.93902 (7) obj. 9.35993 iterations 35
Cbc0038I Pass 44: suminf. 0.62197 (9) obj. 9.35993 iterations 35
Cbc0038I Pass 45: suminf. 0.44037 (6) obj. 9.35993 iterations 30
Cbc0038I Pass 46: suminf. 0.44037 (6) obj. 9.35993 iterations 0
Cbc0038I Pass 47: suminf. 0.38849 (6) obj. 9.35993 iterations 25
Cbc0038I Pass 48: suminf. 0.38849 (6) obj. 9.35993 iterations 8
Cbc0038I Pass 49: suminf. 0.30236 (7) obj. 9.35993 iterations 30
Cbc0038I Pass 50: suminf. 0.38849 (6) obj. 9.35993 iterations 24
Cbc0038I Pass 51: suminf. 6.00000 (12) obj. 9.35993 iterations 38
Cbc0038I Pass 52: suminf. 0.43124 (7) obj. 9.35993 iterations 27
Cbc0038I Pass 53: suminf. 0.42617 (7) obj. 9.35993 iterations 13
Cbc0038I Pass 54: suminf. 0.37736 (4) obj. 9.35993 iterations 17
Cbc0038I Pass 55: suminf. 0.37736 (4) obj. 9.35993 iterations 2
Cbc0038I Pass 56: suminf. 0.29671 (4) obj. 9.35993 iterations 12
Cbc0038I Pass 57: suminf. 4.00000 (12) obj. 9.35993 iterations 44
Cbc0038I Pass 58: suminf. 0.38251 (12) obj. 9.35993 iterations 54
Cbc0038I Pass 59: suminf. 0.36841 (9) obj. 9.35993 iterations 15
Cbc0038I Pass 60: suminf. 0.29298 (6) obj. 9.35993 iterations 22
Cbc0038I Pass 61: suminf. 0.29298 (6) obj. 9.35993 iterations 3
Cbc0038I Pass 62: suminf. 0.34868 (4) obj. 9.35993 iterations 22
Cbc0038I Pass 63: suminf. 0.27198 (4) obj. 9.35993 iterations 6
Cbc0038I No solution found this major pass
Cbc0038I Before mini branch and bound, 75 integers at bound fixed and 0 continuous
Cbc0038I Full problem 87 rows 155 columns, reduced to 87 rows 80 columns
Cbc0038I Mini branch and bound improved solution from 12 to 11 (0.37 seconds)
Cbc0038I Round again with cutoff of 6.55195
```

```
Cbc0038I Pass 63: suminf. 0.71722 (19) obj. 4.60302 iterations 0
Cbc0038I Pass 64: suminf. 3.99964 (15) obj. 6.55195 iterations 43
Cbc0038I Pass 65: suminf. 1.07104 (17) obj. 6.55195 iterations 16
Cbc0038I Pass 66: suminf. 0.74963 (13) obj. 6.55195 iterations 42
Cbc0038I Pass 67: suminf. 0.35076 (7) obj. 6.55195 iterations 35
Cbc0038I Pass 68: suminf. 0.35172 (12) obj. 6.55195 iterations 3
Cbc0038I Pass 69: suminf. 0.42393 (12) obj. 6.55195 iterations 54
Cbc0038I Pass 70: suminf. 0.41817 (9) obj. 6.55195 iterations 17
Cbc0038I Pass 71: suminf. 0.50337 (9) obj. 6.55195 iterations 32
Cbc0038I Pass 72: suminf. 0.34778 (9) obj. 6.55195 iterations 14
Cbc0038I Pass 73: suminf. 0.42208 (8) obj. 6.55195 iterations 29
Cbc0038I Pass 74: suminf. 0.73239 (12) obj. 6.55195 iterations 59
Cbc0038I Pass 75: suminf. 0.62085 (10) obj. 6.55195 iterations 42
Cbc0038I Pass 76: suminf. 0.49788 (6) obj. 6.55195 iterations 28
Cbc0038I Pass 77: suminf. 0.49823 (6) obj. 6.55195 iterations 5
Cbc0038I Pass 78: suminf. 0.44895 (7) obj. 6.55195 iterations 26
Cbc0038I Pass 79: suminf. 0.57167 (6) obj. 6.55195 iterations 24
Cbc0038I Pass 80: suminf. 0.36544 (6) obj. 6.55195 iterations 7
Cbc0038I Pass 81: suminf. 0.61682 (6) obj. 6.55195 iterations 24
Cbc0038I Pass 82: suminf. 0.38264 (6) obj. 6.55195 iterations 15
Cbc0038I Pass 83: suminf. 0.32778 (7) obj. 6.55195 iterations 29
Cbc0038I Pass 84: suminf. 0.45740 (6) obj. 6.55195 iterations 27
Cbc0038I Pass 85: suminf. 0.33652 (8) obj. 6.55195 iterations 2
Cbc0038I Pass 86: suminf. 0.34808 (6) obj. 6.55195 iterations 27
Cbc0038I Pass 87: suminf. 0.24340 (8) obj. 6.55195 iterations 6
Cbc0038I Pass 88: suminf. 0.45740 (6) obj. 6.55195 iterations 20
Cbc0038I Pass 89: suminf. 0.59380 (11) obj. 6.55195 iterations 28
Cbc0038I Pass 90: suminf. 0.38841 (6) obj. 6.55195 iterations 33
Cbc0038I Pass 91: suminf. 0.38095 (4) obj. 6.55195 iterations 24
Cbc0038I Pass 92: suminf. 0.37916 (7) obj. 6.55195 iterations 10
Cbc0038I No solution found this major pass
Cbc0038I Before mini branch and bound, 74 integers at bound fixed and 0 continuous
Cbc0038I Full problem 87 rows 155 columns, reduced to 87 rows 81 columns
Cbc0038I Mini branch and bound did not improve solution (0.39 seconds)
Cbc0038I After 0.39 seconds - Feasibility pump exiting with objective of 11 - took 0.33 seconds
Cbc0012I Integer solution of 11 found by feasibility pump after 0 iterations and 0 nodes (0.39
    seconds)
Cbc0038I Full problem 87 rows 155 columns, reduced to 74 rows 31 columns
Cbc0031I 27 added rows had average density of 93.259259
Cbc0013I At root node, 27 cuts changed objective from 0 to 5.9999827 in 100 passes
Cbc0014I Cut generator 0 (Probing) - 2986 row cuts average 15.8 elements, 1 column cuts (1 active)
    in 0.107 seconds - new frequency is 1
Cbc0014I Cut generator 1 (Gomory) - 1415 row cuts average 122.6 elements, 0 column cuts (0 active)
    in 0.067 seconds - new frequency is 1
Cbc0014I Cut generator 2 (Knapsack) - 0 row cuts average 0.0 elements, 0 column cuts (0 active) in
    0.014 seconds - new frequency is -100
Cbc0014I Cut generator 3 (Clique) - 0 row cuts average 0.0 elements, 0 column cuts (0 active) in
    0.005 seconds - new frequency is -100
Cbc0014I Cut generator 4 (OddWheel) - 0 row cuts average 0.0 elements, 0 column cuts (0 active) in
    0.008 seconds - new frequency is -100
Cbc0014I Cut generator 5 (MixedIntegerRounding2) - 142 row cuts average 5.0 elements, 0 column cuts
    (0 active) in 0.057 seconds - new frequency is 1
Cbc0014I Cut generator 6 (FlowCover) - 0 row cuts average 0.0 elements, 0 column cuts (0 active) in
    0.018 seconds - new frequency is -100
```

```
Cbc0014I Cut generator 7 (TwoMirCuts) - 198 row cuts average 38.5 elements, 0 column cuts (0 active) in 0.015 seconds - new frequency is 1
Cbc0010I After 0 nodes, 1 on tree, 11 best solution, best possible 5.9999827 (1.12 seconds)
Cbc0038I Full problem 87 rows 155 columns, reduced to 77 rows 29 columns
Cbc0038I Full problem 87 rows 155 columns, reduced to 71 rows 22 columns
Cbc0010I After 139 nodes, 11 on tree, 11 best solution, best possible 5.9999827 (1.83 seconds)
Cbc0038I Full problem 87 rows 155 columns, reduced to 78 rows 35 columns
Cbc0010I After 303 nodes, 37 on tree, 11 best solution, best possible 5.9999827 (2.53 seconds)
Cbc0038I Full problem 87 rows 155 columns, reduced to 74 rows 25 columns
Cbc0010I After 500 nodes, 53 on tree, 11 best solution, best possible 5.9999827 (3.26 seconds)
Cbc0010I After 571 nodes, 47 on tree, 11 best solution, best possible 5.9999827 (3.96 seconds)
Cbc0038I Full problem 87 rows 155 columns, reduced to 70 rows 25 columns
Cbc0010I After 777 nodes, 77 on tree, 11 best solution, best possible 5.9999827 (4.66 seconds)
Cbc0038I Full problem 87 rows 155 columns, reduced to 66 rows 18 columns
Cbc0038I Full problem 87 rows 155 columns, reduced to 66 rows 21 columns
Cbc0010I After 971 nodes, 115 on tree, 11 best solution, best possible 5.9999827 (5.36 seconds)
Cbc0038I Full problem 87 rows 155 columns, reduced to 71 rows 29 columns
Cbc0038I Full problem 87 rows 155 columns, reduced to 71 rows 23 columns
Cbc0010I After 1351 nodes, 89 on tree, 11 best solution, best possible 5.9999827 (6.07 seconds)
Cbc0010I After 1672 nodes, 102 on tree, 11 best solution, best possible 5.9999827 (6.77 seconds)
Cbc0038I Full problem 87 rows 155 columns, reduced to 72 rows 26 columns
Cbc0010I After 1996 nodes, 84 on tree, 11 best solution, best possible 5.9999827 (7.47 seconds)
Cbc0010I After 2399 nodes, 68 on tree, 11 best solution, best possible 5.9999827 (8.17 seconds)
Cbc0010I After 2951 nodes, 49 on tree, 11 best solution, best possible 5.9999827 (8.87 seconds)
Cbc0038I Full problem 87 rows 155 columns, reduced to 68 rows 19 columns
Cbc0010I After 3457 nodes, 38 on tree, 11 best solution, best possible 5.9999827 (9.57 seconds)
Cbc0010I After 3944 nodes, 52 on tree, 11 best solution, best possible 5.9999827 (10.28 seconds)
Cbc0038I Full problem 87 rows 155 columns, reduced to 72 rows 27 columns
Cbc0010I After 4491 nodes, 30 on tree, 11 best solution, best possible 5.9999827 (10.98 seconds)
Cbc0038I Full problem 87 rows 155 columns, reduced to 63 rows 19 columns
Cbc0010I After 5018 nodes, 43 on tree, 11 best solution, best possible 5.9999827 (11.68 seconds)
Cbc0038I Full problem 87 rows 155 columns, reduced to 67 rows 19 columns
Cbc0010I After 5594 nodes, 27 on tree, 11 best solution, best possible 5.9999827 (12.38 seconds)
Cbc0038I Full problem 87 rows 155 columns, reduced to 73 rows 26 columns
Cbc0010I After 6165 nodes, 34 on tree, 11 best solution, best possible 5.9999827 (13.08 seconds)
Cbc0010I After 6723 nodes, 20 on tree, 11 best solution, best possible 5.9999827 (13.78 seconds)
Cbc0010I After 7171 nodes, 19 on tree, 11 best solution, best possible 5.9999827 (14.48 seconds)
Cbc0038I Full problem 87 rows 155 columns, reduced to 75 rows 27 columns
Cbc0010I After 7612 nodes, 34 on tree, 11 best solution, best possible 10 (15.18 seconds)
Cbc0038I Full problem 87 rows 155 columns, reduced to 61 rows 18 columns
Cbc0001I Search completed - best objective 11, took 271348 iterations and 10142 nodes (15.76 seconds)
Cbc0032I Strong branching done 20608 times (291094 iterations), fathomed 208 nodes and fixed 1272 variables
Cbc0041I Maximum depth 77, 7203 variables fixed on reduced cost (complete fathoming 13 times, 2152 nodes taking 29260 iterations)
Total time (CPU seconds): 14.91 (Wallclock seconds): 15.78

Tempo total de producao: 11.00.
x[1,8,1] = 1
x[2,6,2] = 1
x[3,7,1] = 1
x[4,5,3] = 1
x[5,8,3] = 1
x[6,8,2] = 1
```

```
x[7,1,1] = 1
x[8,2,2] = 1
x[8,3,1] = 1
x[8,4,3] = 1
C[1] = 11
C[2] = 4
C[3] = 2
C[4] = 5
C[5] = 9
C[6] = 11
C[7] = 7
A ordem das tarefas e:
Na maquina 1 :[3, 7, 1]
Na maquina 2 :[2, 6]
Na maquina 3 :[4, 5]
```

Quando comparamos a solução aleatória, representada na Figura 17.2.1, presente no início deste capítulo, com a solução ótima obtida pela formulação (17.3.1)-(17.3.9), representada na Figura 17.4.1, foi possível concluir a produção das sete mesas reduzindo o tempo de operação em $(13 - 11)/11 \approx 18,18\%$.

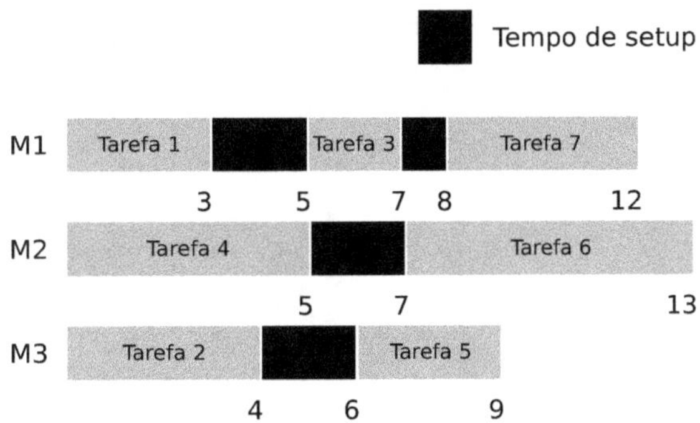

Figura 17.4.1: Representação gráfica da solução ótima para o problema de sequenciamento.

17.5 CONCLUSÃO

Este capítulo abordou o problema de sequenciamento em máquinas paralelas com setup. Através do caso da empresa de móveis, ilustramos como este problema se manifesta na prática. O modelo de programação matemática proposto foi implementado nas linguagens MathProg e Python e os resultados obtidos foram apresentados.

Algumas situações reais podem exigir características um pouco diferentes do que foi considerado neste capítulo. Por exemplo, e se uma máquina fosse mais eficiente que a outra para produzir determinadas mesas? E se o tempo de setup dependesse da tarefa predecessora e variasse conforme a máquina? Como a formulação matemática se alteraria nesses casos?

REFERÊNCIAS

Mokotoff, Ethel (2001). "Parallel machine scheduling problems: A survey". Em: *Asia-Pacific Journal of Operational Research* 18.2, p. 193.

— (2004). "An exact algorithm for the identical parallel machine scheduling problem". Em: *European Journal of Operational Research* 152.3, pp. 758–769.

18

PROBLEMA DE SEQUENCIAMENTO DO TIPO FLOW SHOP

Fátima M. de Souza Lima
fatimamslima@face.ufmg.br
Universidade Federal de Minas Gerais
Luiza Bernardes Real
luiza.real@ifmg.edu.br
Instituto Federal de Minas Gerais

Guilherme de Souza Ferreira
ferreira.guilherme@gmail.com
Universidade Federal de Minas Gerais
Ricardo Camargo
rcamargo@dep.ufmg.br
Universidade Federal de Minas Gerais

18.1 INTRODUÇÃO

Nos capítulos 16 e 17, abordamos problemas de sequenciamento que consideram apenas uma operação, ou estágio. Neste capítulo, apresentamos o problema de sequenciamento do tipo flow shop. Esse problema se apresenta em ambientes de produção em que cada tarefa precisa passar por vários estágios. Em outras palavras, cada tarefa precisa passar por uma série de máquinas em sequência. Apesar do tempo de processamento poder variar entre as máquinas e as tarefas, cada tarefa passa por todas as máquinas na mesma ordem. O objetivo é determinar a sequência de processamento das tarefas para minimizar algum critério de desempenho como o tempo total de produção. Mais detalhes e variações sobre este problema podem ser encontrados em Emmons e Vairaktarakis (2012).

Além de encontrar diversas aplicações na indústria manufatureira, onde diferentes produtos passam por uma série de etapas de processamento em ordem específica, este problema também aplica-se a cenários de serviços. Em hospitais, por exemplo, é comum ter pacientes que precisam passar pela mesma sequência de um conjunto de procedimentos. Assim, a capacidade de resolver com eficácia problemas de sequenciamento do tipo flow shop é fundamental para melhorar a produtividade, reduzir tempos de espera e custos.

O problema de sequenciamento do tipo flow shop, deste capítulo, pode ser caracterizado como:

- Existem n tarefas para serem processadas que estão disponíveis no tempo zero;
- Todas as tarefas precisam passar por m estágios / operações na mesma ordem;

- Cada estágio possui apenas uma máquina;
- Cada máquina pode processar somente uma tarefa por vez;
- Ao iniciar o processamento de uma tarefa, este deve ir até o fim;
- Os tempos de processamento em cada máquina são conhecidos;
- Não são consideradas quebras de máquina;
- O objetivo é minimizar o tempo total de produção.

Uma revisão sobre o problema de sequenciamento do tipo flow shop visando minimizar o tempo total de produção pode ser encontrado em Reza Hejazi e Saghafian (2005). Os códigos do capítulo estão disponíveis em `https://pifop.com/app/view/mvj0ThzDJAoyKSi3b8kl`.

18.2 O CASO

A empresa Rivadália fabrica três modelos de cadeiras: Cadeira Viena (Tarefa 1), Cadeira Laura (Tarefa 2) e Cadeira Izzys (Tarefa 3). Vamos considerar que essas cadeiras precisam passar por três operações: Corte, Lixamento e Pintura. Hoje, para cada uma dessas operações, existe uma máquina disponível. Cada cadeira precisa passar por estas três máquinas nesta ordem, mas o tempo de processamento varia conforme o produto e a máquina. A Tabela 18.2.1 apresenta o tempo de processamento de cada tarefa em cada máquina.

Tabela 18.2.1: Tempo de processamento de cada tarefa em cada operação

Produto	Corte	Lixamento	Pintura
Tarefa 1	30	20	40
Tarefa 2	15	25	30
Tarefa 3	45	30	50

A Figura 18.2.1 ilustra o tempo total de produção, 180 unidades de tempo (u.t.), se as cadeiras fossem produzidas na ordem: Cadeira Viena, Cadeira Laura, Cadeira Izzys. Surge então a pergunta: Essa é a melhor solução? Como organizar a produção das cadeiras para ser o mais eficiente possível? Em outras palavras, em que ordem as cadeiras devem ser produzidas para minimizar o tempo total gasto na produção desses três produtos?

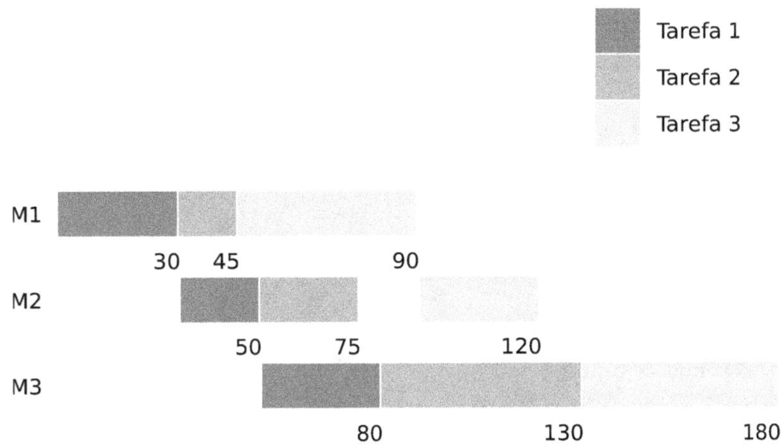

Figura 18.2.1: Representação gráfica de uma solução aleatória.

18.3 NOTAÇÃO, DEFINIÇÕES E MODELO

Vamos considerar o conjunto de tarefas a serem processadas $J = \{1, ..., n\}$ em um conjunto de máquinas $K = \{1, ..., m\}$. Cada tarefa $i \in J$ tem um tempo de processamento na máquina $k \in K$ de p_{ik}. Dado que temos apenas uma máquina em cada tipo de operação, a primeira tarefa a ser processada na primeira operação, será também a primeira tarefa a ser processada nas demais operações. E isso é válido para a tarefa que ocupar a segunda, a terceira (e assim por diante) posição na sequência de processamento. Logo, para modelar matematicamente o problema, vamos considerar um conjunto de posições $P = \{1, ..., n\}$.

Nosso objetivo é determinar qual tarefa ocupará qual posição. Para isso, consideramos as variáveis binárias x_{ij} que indicam se a tarefa $i \in J$ é alocada na posição $j \in P$, as variáveis contínuas t_{kj} que calculam o momento de início de processamento na máquina $k \in K$ da tarefa que ocupa a posição $j \in P$ e a variável contínua C_{max} que calcula o tempo total de produção. A Tabela 18.3.1 resume os parâmetros e as variáveis do problema.

Tabela 18.3.1: Lista de parâmetros e variáveis.

Conjuntos

$J : \{1, \ldots, n\}$: conjunto de tarefas a serem processadas,

$K : \{1, \ldots, m\}$: conjunto de máquinas,

$P : \{1, \ldots, m\}$: conjunto de posições.

Parâmetros

n : quantidade de tarefas a serem processadas,

m : quantidade de máquinas,

p_i : tempo de processamento da tarefa $i \in J$.

Variáveis de Decisão

$x_{ij} \in \{0,1\}$: 1, se a tarefa $i \in J$ é processada na posicao $j \in P$; 0, caso contrário,

$t_{kj} \geq 0$: momento de início de processamento na máquina $k \in K$ da tarefa alocada na posição $j \in P$,

$C_{max} \geq 0$: tempo total de produção.

O problema de sequenciamento do tipo flow shop pode ser formulado da seguinte forma:

$$\min Z = C_{max} \tag{18.3.1}$$

$$\text{s.t.:} \sum_{j \in P} x_{ij} = 1 \qquad \forall i \in J \tag{18.3.2}$$

$$\sum_{i \in J} x_{ij} = 1 \qquad \forall j \in P \tag{18.3.3}$$

$$t_{11} = 0 \tag{18.3.4}$$

$$t_{1j} = t_{1j-1} + \sum_{i \in J} p_{i1} x_{ij-1} \qquad \forall j \in P : j \neq 1 \tag{18.3.5}$$

$$t_{k1} = t_{k-11} + \sum_{i \in J} p_{ik-1} x_{i1} \qquad \forall k \in K : k \neq 1 \tag{18.3.6}$$

$$t_{kj} \geq t_{k-1j} + \sum_{i \in J} p_{ik-1} x_{ij} \qquad \forall j \in P, k \in K : j \neq 1, k \neq 1 \tag{18.3.7}$$

$$t_{kj+1} \geq t_{kj} + \sum_{i \in J} p_{ik} x_{ij} \qquad \forall j \in P, k \in K : j \neq n, k \neq 1 \tag{18.3.8}$$

$$C_{max} \geq t_{mn} + \sum_{i \in J} p_{im} x_{in} \tag{18.3.9}$$

$$x_{ij} \in \{0,1\} \qquad \forall i \in J, j \in P \tag{18.3.10}$$

$$t_{kj} \in \{0,1\} \qquad \forall k \in K, j \in P \tag{18.3.11}$$

$$C_{max} \geq 0 \tag{18.3.12}$$

A função objetivo (18.3.1) minimiza o tempo total gasto para processar todas as tarefas. As restrições (18.3.2) e (18.3.3) garantem que cada tarefa é alocada em uma posição e cada posição é ocupada com uma tarefa, respectivamente. A restrição (18.3.4) assegura que a tarefa alocada na primeira posição começa no momento zero na primeira máquina. As restrições (18.3.5) calculam o momento que as tarefas iniciam o processamento na primeira máquina. O momento de início na primeira máquina da tarefa alocada na posição j é igual ao momento de início da tarefa alocada na posição anterior mais o tempo de processamento dessa tarefa. As restrições (18.3.6) calculam o momento que a tarefa que ocupa a primeira posição na sequência de processamento inicia em cada máquina. O momento de início na máquina k da tarefa alocada na primeira posição é igual ao momento de início dessa tarefa na máquina anterior mais o tempo de processamento dessa tarefa. As restrições (18.3.7) garantem que o momento de início na máquina k da tarefa alocada na posição j é no mínimo igual ao momento de início dessa tarefa na máquina anterior mais o tempo de processamento dessa tarefa. As restrições (18.3.8) garantem que o momento de início na máquina k da tarefa alocada na posição $j+1$ é no mínimo igual ao momento de início da tarefa alocada na posição j dessa máquina k mais o tempo de processamento da tarefa j. As restrições (18.3.9) calculam o tempo total de processar todas as tarefas, garantindo que esse tempo será no mínimo igual ao momento de início na última máquina da última tarefa da sequência mais o tempo de processamento dessa tarefa na última máquina. As restrições (18.3.10), (18.3.11) e (18.3.12) definem o domínio das variáveis.

18.4 CÓDIGOS E RESULTADOS DO MODELO

O código e o resultado do modelo implementado em MathProg são apresentados a seguir:

Código 18.1: Modelo feito em MathProg

```
# numero de tarefas
param n;

# conjunto de tarefas
set J default {};

# numero de maquinas
param m;

# conjunto de maquinas
```

```
set K default {};

# conjunto de posicoes
set P default {};

# tempo de processamento
param p{i in J, k in K}        >= 0;


# variavel: igual a 1 se a tarefa i e processada na posicao j;
# 0, caso contrario
var x{i in J, j in P} binary;

# variavel: momento de inicio de processamento na maquina k da tarefa alocada
# na posicao j
var t{k in K, j in P} >= 0;

# variavel: tempo total de producao
var C_max >=0;

# funcao objetivo: minimizar o tempo total de producao (makespan)
minimize FOTempo : C_max;

# restricao: cada tarefa tem que ser alocada em um posicao
s.t. r1{i in J}: sum{j in P}x[i,j] = 1;

# restricao: cada posicao precisa ser ocupada com uma tarefa
s.t. r2{j in P}: sum{i in J}x[i,j] = 1;

# restricao: a tarefa alocada na primeira posicao comeca em zero na primeira maquina
s.t. r3: t[1,1] = 0;

# restricao: o momento de inicio na maquina 1 da tarefa alocada a posicao j e igual
# ao momento de inicio da tarefa alocada na posicao anterior mais o tempo de
# processamento dessa tarefa
s.t. r4{j in P: j != 1}: t[1, j] = t[1,j-1] + sum{i in J} p[i,1] * x[i,j-1] ;

# restricao: o momento de inicio na maquina k da tarefa alocada na primeira posicao
# e igual ao momento de inicio da tarefa alocada na primeira posicao da maquina anterior
# mais o tempo de processamento dessa tarefa
s.t. r5{k in K: k != 1}: t[k,1] = t[k-1,1] + sum{i in J} p[i,k-1] * x[i,1];


# restricao: o momento de inicio na maquina k da tarefa alocada na posicao j
# e no minimo igual ao momento de inicio da tarefa alocada na posicao j da maquina anterior
# mais o tempo de processamento dessa tarefa
s.t. r6{j in P, k in K: j != 1 and k != 1}: t[k,j] >= t[k-1,j] + sum{i in J} p[i,k-1] * x[i,j];


# restricao: o momento de inicio na maquina k da tarefa alocada na posicao j+1
# e no minimo igual ao momento de inicio da tarefa alocada na posicao j nessa maquina
# mais o tempo de processamento da tarefa j
s.t. r7{j in P, k in K: j != n and k != 1}: t[k,j+1] >= t[k,j] + sum{i in J} p[i,k] * x[i,j];

# restricao: o tempo total de procucao corresponde ao tempo de termino da tarefa processada
```

```
# na ultima posicao na ultima maquina
s.t. r8: C_max >= t[m,n] + sum{i in J} p[i,m] * x[i,n];


solve;


printf '\n\n';
printf "Tempo total de producao : %18.2f\n",FOTempo;

display x;
display t;

data;

param n := 3;

set J := 1 2 3;

param m := 3;

set K := 1 2 3;

set P := 1 2 3;

param p :
    1   2   3       :=
1  30  20  40
2  15  25  30
3  45  30  50
;
```

Código 18.2: Resultados do modelo em Mathprog

```
GLPSOL--GLPK LP/MIP Solver 5.0
Parameter(s) specified in the command line:
 -m flowshop.mod
Reading model section from flowshop.mod...
Reading data section from flowshop.mod...
flowshop.mod:97: warning: unexpected end of file; missing end statement inserted
97 lines were read
Generating FOTempo...
Generating r1...
Generating r2...
Generating r3...
Generating r4...
Generating r5...
Generating r6...
Generating r7...
Generating r8...
Model has been successfully generated
GLPK Integer Optimizer 5.0
21 rows, 19 columns, 85 non-zeros
9 integer variables, all of which are binary
Preprocessing...
```

```
18 rows, 17 columns, 76 non-zeros
9 integer variables, all of which are binary
Scaling...
 A: min|aij| = 1.000e+00 max|aij| = 5.000e+01 ratio = 5.000e+01
GM: min|aij| = 7.598e-01 max|aij| = 1.316e+00 ratio = 1.732e+00
EQ: min|aij| = 5.774e-01 max|aij| = 1.000e+00 ratio = 1.732e+00
2N: min|aij| = 4.688e-01 max|aij| = 1.250e+00 ratio = 2.667e+00
Constructing initial basis...
Size of triangular part is 17
Solving LP relaxation...
GLPK Simplex Optimizer 5.0
18 rows, 17 columns, 76 non-zeros
      0: obj = 2.000000000e+01 inf = 3.556e+01 (9)
     11: obj = 1.633333333e+02 inf = 0.000e+00 (0)
*    13: obj = 1.625301205e+02 inf = 0.000e+00 (0)
OPTIMAL LP SOLUTION FOUND
Integer optimization begins...
Long-step dual simplex will be used
+    13: mip = not found yet >=           -inf     (1; 0)
+    17: >>>>> 1.700000000e+02 >= 1.700000000e+02 0.0% (3; 0)
+    17: mip = 1.700000000e+02 >= tree is empty 0.0% (0; 5)
INTEGER OPTIMAL SOLUTION FOUND
Time used: 0.0 secs
Memory used: 0.2 Mb (186790 bytes)


Tempo total de producao :    170.00
Display statement at line 77
x[1,1].val = 0
x[1,2].val = 1
x[1,3].val = 0
x[2,1].val = 1
x[2,2].val = 0
x[2,3].val = 0
x[3,1].val = 0
x[3,2].val = 0
x[3,3].val = 1
Display statement at line 78
t[1,1].val = 0
t[1,2].val = 15
t[1,3].val = 45
t[2,1].val = 15
t[3,1].val = 40
t[2,2].val = 50
t[3,2].val = 70
t[2,3].val = 90
t[3,3].val = 120
Model has been successfully processed
```

O código e o resultado do modelo implementado em Python são apresentados a seguir:

Código 18.3: Modelo feito em Python

```
from mip import Model, xsum, minimize, CBC, OptimizationStatus, BINARY
```

```
from itertools import product
import matplotlib.pyplot as plt
from math import sqrt
import numpy as np

# parametros

# numero de tarefas
n = 3
J = range(n)

# numero de maquinas
m = 3
K = range(m)

# posicoes
P = range(n)

# tempo de processamento
p = [[30, 20, 40],
[15, 25, 30],
[45, 30, 50]];


# declaracao do modelo
model = Model('Problema de Sequenciamento do Tipo Flow Shop',solver_name=CBC)

# declaracao das variaveis

# variavel: igual a 1 se a tarefa i e processada na posicao j;
# 0, caso contrario
x = {(i,j) : model.add_var('x({},{})'.format(i,j),var_type=BINARY) for i in J for j in P}

# variavel: momento de inicio de processamento na maquina k da tarefa alocada
# na posicao j
t = {(k,j) : model.add_var('t({}{})'.format(k,j), lb=0.0) for k in K for j in P}

# variavel: tempo total de producao
C_max = model.add_var('Cmax',lb=0.0)

# definicao da funcao objetivo
# funcao objetivo: minimizar o tempo total de producao (makespan)
model.objective = minimize(C_max)

# restricoes

# restricao: cada tarefa tem que ser alocada em um posicao
# s.t. r1{i in J}: sum{j in P}x[i,j] = 1;
for i in J:
   model += xsum(x[i,j] for j in P) == 1

# restricao: cada posicao precisa ser ocupada com uma tarefa
# s.t. r2{j in P}: sum{i in J}x[i,j] = 1;
for j in P:
   model += xsum(x[i,j] for i in J) == 1
```

```

# restricao: a tarefa alocada na primeira posicao comeca em zero na primeira maquina
# s.t. r3: t[1,1] = 0;

model += t[0,0] == 0

# restricao: o momento de inicio na maquina 1 da tarefa alocada a posicao j e igual
# ao momento de inicio da tarefa alocada na posicao anterior mais o tempo de
# processamento dessa tarefa
# s.t. r4{j in P: j != 1}: t[1, j] = t[1,j-1] + sum{i in J} p[i,1] * x[i,j-1] ;
for j in P:
   if j != 0:
      model += t[0,j] == t[0,j-1] + xsum(p[i][0] * x[i,j-1] for i in J)

# restricao: o momento de inicio na maquina k da tarefa alocada na primeira posicao
# e igual ao momento de inicio da tarefa alocada na primeira posicao da maquina anterior
# mais o tempo de processamento dessa tarefa
# s.t. r5{k in K: k != 1}: t[k,1] = t[k-1,1] + sum{i in J} p[i,k-1] * x[i,1];
for k in K:
   if k != 0:
      model += t[k,0] == t[k-1,0] + xsum(p[i][k-1] * x[i,0] for i in J)

# restricao: o momento de inicio na maquina k da tarefa alocada na posicao j
# e no minimo igual ao momento de inicio da tarefa alocada na posicao j da maquina anterior
# mais o tempo de processamento dessa tarefa
# s.t. r6{j in P, k in K: j != 1 and k != 1}: t[k,j] >= t[k-1,j] + sum{i in J} p[i,k-1] * x[i,j];
for j in P:
   for k in K:
      if j != 0:
         if k != 0:
            model += t[k,j] >= t[k-1,j] + xsum(p[i][k-1] * x[i,j] for i in J)

# restricao: o momento de inicio na maquina k da tarefa alocada na posicao j+1
# e no minimo igual ao momento de inicio da tarefa alocada na posicao j nessa maquina
# mais o tempo de processamento da tarefa j
# s.t. r7{j in P, k in K: j != n and k != 1}: t[k,j+1] >= t[k,j] + sum{i in J} p[i,k] * x[i,j];
for j in P:
   for k in K:
      if j != n-1:
         if k != 0:
            model += t[k,j+1] >= t[k,j] + xsum(p[i][k] * x[i,j] for i in J)

# restricao: o tempo total de procucao corresponde ao tempo de termino da tarefa processada
# na ultima posicao na ultima maquina
# s.t. r8: C_max >= t[m,n] + sum{i in J} p[i,m] * x[i,n];
model += C_max >= t[m-1,n-1] + xsum(p[i][m-1]*x[i,n-1] for i in J)


# otimiza o modelo chamando o resolvedor
status = model.optimize()

# imprime solucao
if status == OptimizationStatus.OPTIMAL:
   print("Tempo total de producao: {:12.2f}.".format(model.objective_value))

```

```
    for i in J:
        for j in P:
            if x[i,j].x > 0.5:
                print("x[{:d},{:d}] = {:.0f}".format(i+1,j+1,x[i,j].x))
    for k in K:
        for j in P:
            if t[k,j].x > 0.5:
                print("t[{:d},{:d}] = {:.0f}".format(k+1,j+1,t[k,j].x))
```

Código 18.4: Resultados do modelo em Python

```
Welcome to the CBC MILP Solver
Version: Trunk
Build Date: Oct 24 2021

Starting solution of the Linear programming relaxation problem using Dual Simplex

Coin0506I Presolve 12 (-8) rows, 11 (-8) columns and 59 (-25) elements
Clp0000I Optimal - objective value 162.53012
Coin0511I After Postsolve, objective 162.53012, infeasibilities - dual 0 (0), primal 0 (0)
Clp0032I Optimal objective 162.5301205 - 12 iterations time 0.002, Presolve 0.00

Starting MIP optimization
Cgl0004I processed model has 15 rows, 14 columns (9 integer (9 of which binary)) and 68 elements
Coin3009W Conflict graph built in 0.000 seconds, density: 6.650%
Cgl0015I Clique Strengthening extended 0 cliques, 0 were dominated
Cbc0045I Nauty did not find any useful orbits in time 0
Cbc0038I Initial state - 7 integers unsatisfied sum - 1.63855
Cbc0038I Pass 1: suminf. 0.00000 (0) obj. 170 iterations 4
Cbc0038I Solution found of 170
Cbc0038I Relaxing continuous gives 170
Cbc0038I Before mini branch and bound, 2 integers at bound fixed and 0 continuous
Cbc0038I Full problem 15 rows 14 columns, reduced to 10 rows 8 columns
Cbc0038I Mini branch and bound did not improve solution (0.00 seconds)
Cbc0038I Round again with cutoff of 168.353
Cbc0038I Pass 2: suminf. 0.26350 (4) obj. 168.353 iterations 1
Cbc0038I Pass 3: suminf. 0.95464 (4) obj. 168.353 iterations 2
Cbc0038I Pass 4: suminf. 1.86350 (4) obj. 168.353 iterations 6
Cbc0038I Pass 5: suminf. 1.86350 (4) obj. 168.353 iterations 1
Cbc0038I Pass 6: suminf. 1.86350 (4) obj. 168.353 iterations 0
Cbc0038I Pass 7: suminf. 1.86350 (7) obj. 168.353 iterations 1
Cbc0038I Pass 8: suminf. 1.86350 (4) obj. 168.353 iterations 1
Cbc0038I Pass 9: suminf. 1.86350 (4) obj. 168.353 iterations 0
Cbc0038I Pass 10: suminf. 1.86350 (4) obj. 168.353 iterations 0
Cbc0038I Pass 11: suminf. 0.26350 (4) obj. 168.353 iterations 3
Cbc0038I Pass 12: suminf. 0.32938 (4) obj. 168.353 iterations 1
Cbc0038I Pass 13: suminf. 0.26350 (4) obj. 168.353 iterations 1
Cbc0038I Pass 14: suminf. 0.26350 (4) obj. 168.353 iterations 0
Cbc0038I Pass 15: suminf. 1.86350 (4) obj. 168.353 iterations 3
Cbc0038I Pass 16: suminf. 0.39526 (6) obj. 168.353 iterations 3
Cbc0038I Pass 17: suminf. 0.26350 (4) obj. 168.353 iterations 1
Cbc0038I Pass 18: suminf. 0.95464 (4) obj. 168.353 iterations 1
Cbc0038I Pass 19: suminf. 0.26350 (4) obj. 168.353 iterations 1
Cbc0038I Pass 20: suminf. 0.26350 (4) obj. 168.353 iterations 0
Cbc0038I Pass 21: suminf. 0.26350 (4) obj. 168.353 iterations 0
```

```
Cbc0038I Pass 22: suminf. 0.39526 (6) obj. 168.353 iterations 1
Cbc0038I Pass 23: suminf. 0.26350 (4) obj. 168.353 iterations 1
Cbc0038I Pass 24: suminf. 0.26350 (4) obj. 168.353 iterations 1
Cbc0038I Pass 25: suminf. 0.26350 (4) obj. 168.353 iterations 1
Cbc0038I Pass 26: suminf. 1.86350 (7) obj. 168.353 iterations 3
Cbc0038I Pass 27: suminf. 1.81159 (7) obj. 168.353 iterations 3
Cbc0038I Pass 28: suminf. 0.82345 (7) obj. 168.353 iterations 1
Cbc0038I Pass 29: suminf. 1.86350 (4) obj. 168.353 iterations 3
Cbc0038I Pass 30: suminf. 0.32938 (4) obj. 168.353 iterations 2
Cbc0038I Pass 31: suminf. 0.26350 (4) obj. 168.353 iterations 1
Cbc0038I No solution found this major pass
Cbc0038I Before mini branch and bound, 0 integers at bound fixed and 0 continuous
Cbc0038I Full problem 15 rows 14 columns, reduced to 15 rows 14 columns
Cbc0038I Mini branch and bound did not improve solution (0.01 seconds)
Cbc0038I After 0.01 seconds - Feasibility pump exiting with objective of 170 - took 0.00 seconds
Cbc0012I Integer solution of 170 found by feasibility pump after 0 iterations and 0 nodes (0.01
    seconds)
Cbc0038I Full problem 15 rows 14 columns, reduced to 10 rows 8 columns
Cbc0031I 2 added rows had average density of 9
Cbc0013I At root node, 15 cuts changed objective from 162.53012 to 170 in 2 passes
Cbc0014I Cut generator 0 (Probing) - 0 row cuts average 0.0 elements, 0 column cuts (0 active) in
    0.000 seconds - new frequency is -100
Cbc0014I Cut generator 1 (Gomory) - 6 row cuts average 9.7 elements, 0 column cuts (0 active) in
    0.000 seconds - new frequency is 1
Cbc0014I Cut generator 2 (Knapsack) - 0 row cuts average 0.0 elements, 0 column cuts (0 active) in
    0.000 seconds - new frequency is -100
Cbc0014I Cut generator 3 (Clique) - 0 row cuts average 0.0 elements, 0 column cuts (0 active) in
    0.000 seconds - new frequency is -100
Cbc0014I Cut generator 4 (OddWheel) - 0 row cuts average 0.0 elements, 0 column cuts (0 active) in
    0.000 seconds - new frequency is -100
Cbc0014I Cut generator 5 (MixedIntegerRounding2) - 0 row cuts average 0.0 elements, 0 column cuts
    (0 active) in 0.000 seconds - new frequency is -100
Cbc0014I Cut generator 6 (FlowCover) - 0 row cuts average 0.0 elements, 0 column cuts (0 active) in
    0.000 seconds - new frequency is -100
Cbc0014I Cut generator 7 (TwoMirCuts) - 17 row cuts average 8.9 elements, 0 column cuts (0 active)
    in 0.000 seconds - new frequency is -100
Cbc0001I Search completed - best objective 170, took 8 iterations and 0 nodes (0.02 seconds)
Cbc0035I Maximum depth 0, 2 variables fixed on reduced cost
Total time (CPU seconds): 0.01 (Wallclock seconds): 0.02

Tempo total de producao: 170.00.
x[1,2] = 1
x[2,1] = 1
x[3,3] = 1
t[1,2] = 15
t[1,3] = 45
t[2,1] = 15
t[2,2] = 45
t[2,3] = 90
t[3,1] = 40
t[3,2] = 80
t[3,3] = 120
```

Quando comparamos a solução aleatória, representada na Figura 18.2.1, presente no início deste capítulo com a solução ótima obtida pela formulação

(18.3.1)-(18.3.12), representada na Figura 18.4.1, foi possível concluir a produção das três cadeiras reduzindo o tempo de operação em $(180 - 170)/170 \approx 5,56\%$.

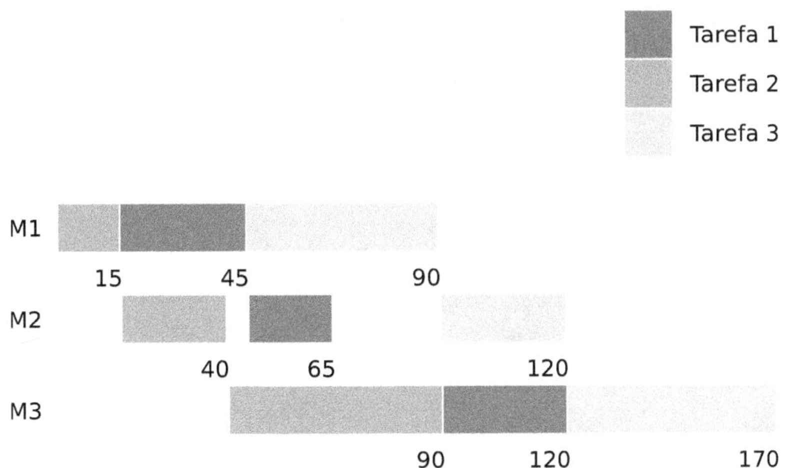

Figura 18.4.1: Representação gráfica da solução ótima para o problema de sequenciamento.

18.5 CONCLUSÃO

Este capítulo abordou o problema de sequenciamento do tipo flow shop. Através do caso da empresa de móveis, ilustramos como a ordem de produção dos produtos impacta no tempo total de produção. Não só compreendemos a importância da otimização de processos em ambientes de produção, mas também ganhamos *insights* sobre como abordagens analíticas podem e devem ser empregadas para melhorar a eficiência operacional, reduzir custos e maximizar a satisfação do cliente. O modelo de programação matemática proposto foi implementado nas linguagens MathProg e Python e os resultados obtidos foram apresentados.

No exemplo da Rivadália, há apenas uma máquina disponível para executar cada operação. E se houvesse máquinas paralelas por estágio? E se fosse importante considerar tempo de setup entre o processamento das tarefas? Como a formulação matemática se alteraria?

REFERÊNCIAS

Emmons, Hamilton e George Vairaktarakis (2012). *Flow shop scheduling: theoretical results, algorithms, and applications*. Vol. 182. Springer Science & Business Media.

Reza Hejazi, S e S Saghafian (2005). "Flowshop-scheduling problems with makespan criterion: a review". Em: *International Journal of Production Research* 43.14, pp. 2895–2929.

19

PROBLEMA DE SEQUENCIAMENTO DO TIPO JOB SHOP

Fátima M. de Souza Lima
fatimamslima@face.ufmg.br
Universidade Federal de Minas Gerais
Luiza Bernardes Real
luiza.real@ifmg.edu.br
Instituto Federal de Minas Gerais

Guilherme de Souza Ferreira
ferreira.guilherme@gmail.com
Universidade Federal de Minas Gerais
Ricardo Camargo
rcamargo@dep.ufmg.br
Universidade Federal de Minas Gerais

19.1 INTRODUÇÃO

Neste capítulo, apresentamos o problema de sequenciamento do tipo job shop. Como no problema de flow shop, descrito no capítulo 18, em ambientes de produção do tipo job shop, cada tarefa precisa passar por várias operações, ou estágios. Cada operação é associada a uma máquina. Porém, diferentemente do problema de flow shop, no problema de job shop, cada tarefa possui um roteiro tecnológico. Em outras palavras, cada tarefa possui uma ordem de operações que precisa ser seguida. O objetivo é determinar a sequência de processamento das tarefas para melhorar algum critério de desempenho.

A Figura 19.1.1 ilustra um ambiente do tipo job shop. As tarefas 1 e 2 precisam passar pelas três máquinas. Porém, enquanto a tarefa 1 precisa passar pelas máquinas 1, 2 e 3 nessa ordem, a tarefa 2 precisa passar pelas máquinas 3, 1 e 2 nessa ordem.

Este cenário é comum em fábricas que lidam com uma variedade de produtos, cada um requerendo diferentes sequências de processos em máquinas compartilhadas. Além da manufatura, esse problema encontra aplicações na área de saúde, por exemplo, para agendar procedimentos em equipamentos médicos limitados, quando cada paciente precisa seguir um roteiro específico de exames ou procedimentos.

O problema de sequenciamento do tipo job shop, deste capítulo, pode ser caracterizado como:

- Existem n tarefas para serem processadas que estão disponíveis no tempo zero;
- Existem m operações e uma máquina associada a cada operação;
- O roteiro de cada tarefa é definido por sua sequência de operações;

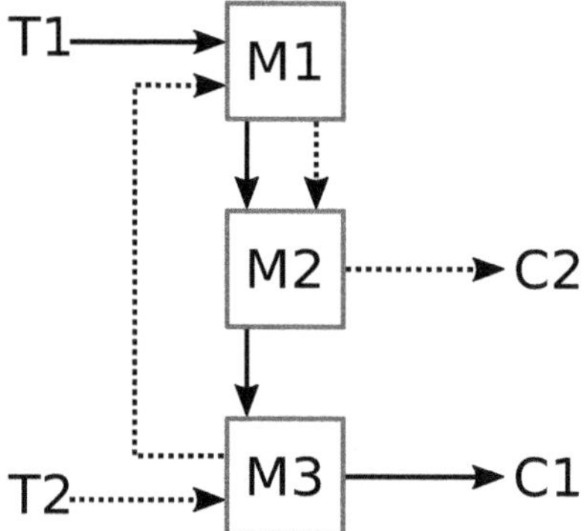

Figura 19.1.1: No ambiente Job-Shop as tarefas podem possuir rotas tecnológicas distintas.

- Todas as tarefas precisam passar pelas m operações;
- A ordem em que cada tarefa passa por cada operação pode variar;
- Cada máquina pode processar somente uma tarefa por vez;
- Ao iniciar o processamento de uma tarefa, este deve ir até o fim;
- Os tempos de processamento de cada tarefa em cada máquina são conhecidos;
- Não são consideradas quebras de máquina;
- O objetivo é minimizar o tempo total de produção.

Uma revisão sobre o problema de sequenciamento do tipo job shop pode ser encontrado em Xiong et al. (2022). Os códigos do capítulo estão disponíveis em `https://pifop.com/app/view/mvj0TrtBZjxBU97kRR60`.

19.2 O CASO

Assuma que a empresa Rivadália mudou um pouco o estilo de suas cadeiras: Cadeira Viena (Tarefa 1), Cadeira Laura (Tarefa 2), Cadeira Izzys (Tarefa 3). Agora, ao invés de termos um ambiente do tipo flow shop, temos um ambiente do tipo job shop. Vamos considerar que essas cadeiras precisam passar por quatro operações: Corte (Máquina 1), Lixamento (Máquina 2), Montagem (Máquina 3) e Pintura (Máquina 4). Para cada uma dessas operações, existe uma máquina disponível. Cada cadeira passa por todas as máquinas, mas em ordens diferentes. As Tabelas 19.2.1 e 19.2.2 mostram a rota tecnológica e o tempo de processamento de cada cadeira em cada operação, respectivamente.

Tabela 19.2.1: Roteiro tecnológico de cada tarefa

Produto	Operação 1	Operação 2	Operação 3	Operação 4
Tarefa 1	Corte	Lixamento	Montagem	Pintura
Tarefa 2	Lixamento	Corte	Pintura	Montagem
Tarefa 3	Montagem	Pintura	Corte	Lixamento

Tabela 19.2.2: Tempo de processamento de cada tarefa em cada operação

Produto	Corte	Lixamento	Montagem	Pintura
Tarefa 1	10	15	20	25
Tarefa 2	15	10	25	20
Tarefa 3	20	25	15	10

19.3 NOTAÇÃO, DEFINIÇÕES E MODELO

Para modelar matematicamente o problema, vamos considerar o conjunto de tarefas a serem processadas $J = \{1, ..., n\}$ e o conjunto de máquinas $K = \{1, ..., m\}$. Cada tarefa tem um roteiro de produção a seguir, tal que r_{ik} representa a k-ésima máquina que a tarefa $i \in J$ deve passar. Cada tarefa $i \in J$ tem um tempo de processamento na máquina $k \in K$ de p_{ik}.

Seja x_{ijk} uma variável binária que indica se a tarefa $i \in J$ é processada antes da tarefa $j \in J$ na máquina $k \in M$, C_{ik} uma variável contínua que calcula o tempo de término da tarefa $i \in J$ na máquina $k \in K$ e C_{max} uma variável contínua que calcula o tempo total de produção. Aqui, também será necessário usar a constante M-grande. A Tabela 19.3.1 resume os parâmetros e as variáveis do problema.

Tabela 19.3.1: Lista de parâmetros e variáveis.

Conjuntos

$J : \{1, \ldots, n\}$: conjunto de tarefas a serem processadas,

$K : \{1, \ldots, m\}$: conjunto de máquinas.

Parâmetros

n : quantidade de tarefas a serem processadas,

m : quantidade de máquinas,

p_{ik} : tempo de processamento da tarefa $i \in J$ na máquina $k \in K$,

r_{ik} : roteiro de processamento da tarefa $i \in J$ nas máquinas $k \in K$,

M : parâmetro auxiliar.

Variáveis de Decisão

$x_{ijk} \in \{0, 1\}$: 1, se a tarefa $i \in J$ é processada antes da tarefa $j \in J$ na máquina $k \in M$; 0, caso contrário,

$C_{ik} \geq 0$: tempo de término da tarefa $i \in J$, na máquina $k \in K$,

$C_{max} \geq 0$: tempo total de produção.

O problema de sequenciamento do tipo job shop pode ser formulado da seguinte forma:

$$\min Z = C_{max} \tag{19.3.1}$$

$$\text{s.t.:} C_{ir_{i1}} \geq p_{ir_{i1}} \quad \forall i \in J \tag{19.3.2}$$

$$C_{ir_{ik+1}} \geq C_{ir_{ik}} + p_{ir_{ik+1}} \quad \forall i \in J, k \in K : k \neq m \tag{19.3.3}$$

$$C_{jk} \geq C_{ik} + p_{jk} - M(1 - x_{ijk}) \quad \forall i \in J, j \in J, k \in K : i \neq j \tag{19.3.4}$$

$$C_{ik} \geq C_{jk} + p_{ik} - Mx_{ijk} \quad \forall i \in J, j \in J, k \in K : i \neq j \tag{19.3.5}$$

$$C_{max} \geq C_{ik} \quad \forall i \in J, k \in K \tag{19.3.6}$$

$$x_{ijk} \in \{0, 1\} \quad \forall i \in J, j \in J, k \in K \tag{19.3.7}$$

$$C_{ik} \geq 0 \quad \forall i \in J, k \in K \tag{19.3.8}$$

$$C_{max} \geq 0 \tag{19.3.9}$$

A função objetivo (19.3.1) minimiza o tempo total gasto para processar todas as tarefas. As restrições (19.3.2) garantem que o tempo de término da tarefa i na primeira máquina do seu roteiro de produção (r_{i1}) tem que ser no mínimo igual ao tempo de processamento dessa tarefa nessa máquina. As restrições (19.3.3) garantem que o tempo de término da tarefa i na máquina r_{ik+1} é no mínimo igual ao tempo de término dessa tarefa na máquina anterior r_{ik} mais o tempo de processamento na máquina r_{ik+1}.

As restrições (19.3.4) e (19.3.5) garantem que se uma tarefa é processada antes da outra, então o tempo de término da tarefa que é processada depois é no mínimo igual ao tempo de término da tarefa que é processada antes mais o tempo de processamento da tarefa que é processada depois. Mais especificamente, as restrições (19.3.4) estarão ativas quando a tarefa i preceder a tarefa j, ou seja, se $x_{ijk} = 1$, o tempo de término da tarefa j na máquina k, será obtido por $C_{jk} \geq C_{ik} + p_{jk}$. Caso a tarefa i não preceda a tarefa j, ou seja, quando $x_{ijk} = 0$, o tempo de término da tarefa j na máquina k é calculado por $C_{jk} \geq C_{ik} + p_{jk} - M$. Como M representa um valor muito grande, o lado direito desta inequação fica negativo (a restrição fica inativa). O contrário acontece no caso das restrições (19.3.5). Elas estarão ativas quando a tarefa i não preceder a tarefa j, ou seja, quando $x_{ijk} = 0$, o tempo de término da tarefa i na máquina k é obtido por $C_{ik} \geq C_{jk} + p_{ik}$. As restrições (19.3.5) serão desativadas, no caso da tarefa i preceder a tarefa j, ou seja, quando $x_{ijk} = 1$, o tempo de término da tarefa i na máquina k será calculado por $C_{ik} \geq C_{jk} + p_{ik} - M$.

Por fim, as restrições (19.3.6) calculam o tempo total de processar todas as tarefas, enquanto as restrições (19.3.7), (19.3.8) e (19.3.9) definem o domínio das variáveis.

19.4 CÓDIGOS E RESULTADOS DO MODELO

O código e o resultado do modelo implementado em MathProg são apresentados a seguir:

Código 19.1: Modelo feito em MathProg

```
# numero de tarefas
param n;

# conjunto de tarefas
set J default {};

# numero de maquinas
```

```
param m;

# conjunto de maquinas
set K default {};

# tempo de processamento
param p{i in J, k in K}        >= 0;

# roteiro
param r{i in J, k in K}        >= 0;

# Big-M
param M := sum{j in J, k in K} p[j,k];

# variavel: igual a 1 se a tarefa i e processada antes da tarefa j
# na maquina k; 0, caso contrario
var x{i in J, j in J, k in K} binary;

# variavel: momento de termino de processamento da tarefa i
# na maquina k
var C{i in J, k in K} >= 0;

# variavel: tempo total de producao
var C_max >=0;

# funcao objetivo: minimizar o tempo total de producao (makespan)
minimize FOTempo : C_max;

# restricao: o tempo de termino da tarefa na primeira maquina
# do roteiro tem que ser no minimo igual ao tempo de
# processamento dessa tarefa nessa maquina
s.t. r1{i in J}: C[i,r[i,1]] >= p[i,r[i,1]];

# restricao: o tempo de termino da tarefa em uma maquina r[i,k+1] e
# no minimo igual ao tempo de termino dessa tarefa na maquina anterior r[i,k]
# mais o tempo de processamento na maquina r[i,k+1]
s.t. r2{i in J, k in K: k != m}: C[i,r[i,k+1]] >= C[i,r[i,k]] + p[i,r[i,k+1]];

# restricao: se i e processado antes de j, o tempo de termino de j e
# no minimo igual ao tempo de termino de i mais o tempo de processamento de j
s.t. r3{i in J, j in J, k in K: i != j}: C[j,k] >= C[i,k] + p[j,k] - M*(1-x[i,j,k]);

# restricao: se i e processado depois de j, o tempo de termino de i e
# no minimo igual ao tempo de termino de j mais o tempo de processamento de i
s.t. r4{i in J, j in J, k in K: i != j}: C[i,k] >= C[j,k] + p[i,k] - M*x[i,j,k];

# restricao: o tempo total de producao e maior ou igual ao tempo de termino
# de todas as tarefas em cada maquina
s.t. r5{i in J, k in K}: C_max >= C[i,k];


solve;


printf '\n\n';
```

```
printf "Tempo total de producao : %18.2f\n",FOTempo;

display x;
display C;

data;

param n := 3;

set J := 1 2 3;

param m := 4;

set K := 1 2 3 4;

param p :
    1   2   3   4 :=
1  33  19  10  31
2  27  20  12  44
3  11  32  38  32
;

param r :
    1   2   3   4 :=
1   1   2   3   4
2   2   1   4   3
3   3   4   1   2
;
```

Código 19.2: Resultados do modelo em Mathprog

```
GLPSOL--GLPK LP/MIP Solver 5.0
Parameter(s) specified in the command line:
 -m mathprog/jobshop.mod
Reading model section from mathprog/jobshop.mod...
Reading data section from mathprog/jobshop.mod...
mathprog/jobshop.mod:92: warning: unexpected end of file; missing end statement inserted
92 lines were read
Generating FOTempo...
Generating r1...
Generating r2...
Generating r3...
Generating r4...
Generating r5...
Model has been successfully generated
GLPK Integer Optimizer 5.0
73 rows, 37 columns, 190 non-zeros
24 integer variables, all of which are binary
Preprocessing...
69 rows, 37 columns, 186 non-zeros
24 integer variables, all of which are binary
Scaling...
 A: min|aij| = 1.000e+00 max|aij| = 3.090e+02 ratio = 3.090e+02
GM: min|aij| = 1.000e+00 max|aij| = 1.000e+00 ratio = 1.000e+00
EQ: min|aij| = 1.000e+00 max|aij| = 1.000e+00 ratio = 1.000e+00
```

```
2N: min|aij| = 1.000e+00 max|aij| = 1.207e+00 ratio = 1.207e+00
Constructing initial basis...
Size of triangular part is 69
Solving LP relaxation...
GLPK Simplex Optimizer 5.0
69 rows, 37 columns, 186 non-zeros
      0: obj = 9.300000000e+01 inf = 9.070e+02 (18)
     26: obj = 1.680000000e+02 inf = 0.000e+00 (0)
*    30: obj = 1.130000000e+02 inf = 0.000e+00 (0)
OPTIMAL LP SOLUTION FOUND
Integer optimization begins...
Long-step dual simplex will be used
+    30: mip = not found yet >=       -inf      (1; 0)
+   104: >>>>> 1.450000000e+02 >= 1.450000000e+02 0.0% (12; 5)
+   104: mip = 1.450000000e+02 >= tree is empty 0.0% (0; 33)
INTEGER OPTIMAL SOLUTION FOUND
Time used: 0.0 secs
Memory used: 0.2 Mb (236172 bytes)


Tempo total de producao :    145.00
Display statement at line 65
x[1,2,1].val = 0
x[1,2,2].val = 0
x[1,2,3].val = 1
x[1,2,4].val = 0
x[1,3,1].val = 1
x[1,3,2].val = 1
x[1,3,3].val = 0
x[1,3,4].val = 0
x[2,1,1].val = 1
x[2,1,2].val = 1
x[2,1,3].val = 0
x[2,1,4].val = 1
x[2,3,1].val = 1
x[2,3,2].val = 1
x[2,3,3].val = 0
x[2,3,4].val = 0
x[3,1,1].val = 0
x[3,1,2].val = 0
x[3,1,3].val = 1
x[3,1,4].val = 1
x[3,2,1].val = 0
x[3,2,2].val = 0
x[3,2,3].val = 1
x[3,2,4].val = 1
Display statement at line 66
C[1,1].val = 80
C[2,2].val = 20
C[3,3].val = 38
C[1,2].val = 99
C[1,3].val = 109
C[1,4].val = 145
C[2,1].val = 47
C[2,4].val = 114
```

```
C[2,3].val = 145
C[3,4].val = 70
C[3,1].val = 113
C[3,2].val = 145
Model has been successfully processed
```

O código e o resultado do modelo implementado em Python são apresentados a seguir:

Código 19.3: Modelo feito em Python

```
from mip import Model, xsum, minimize, CBC, OptimizationStatus, BINARY
from itertools import product
import matplotlib.pyplot as plt
from math import sqrt
import numpy as np

# parametros

# numero de tarefas
n = 3
J = range(n)

# numero de maquinas
m = 4
K = range(m)

p = [[33, 19, 10, 31],
   [27, 20, 12, 44],
   [11, 32, 38, 32]]

r = [[1, 2, 3, 4],
   [2, 1, 4, 3],
   [3, 4, 1, 2]]

#Big-M
M = 100000

# declaracao do modelo
model = Model('Problema de Sequenciamento do Tipo Job Shop',solver_name=CBC)

# declaracao das variaveis
# variavel: igual a 1 se a tarefa i e processada antes da tarefa j
# na maquina k; 0, caso contrario

x = {(i,j,k) : model.add_var(var_type=BINARY) for i in J for j in J for k in K}

# variavel: momento de termino de processamento da tarefa i
# na maquina k
C = {(i,k) :model.add_var(lb=0.0) for i in J for k in K}

# variavel: tempo total de producao
C_max = model.add_var(lb=0.0)

# definicao da funcao objetivo
```

```
# funcao objetivo: minimizar o tempo total de producao (makespan)
model.objective = minimize(C_max)

# restricoes

# restricao: o tempo de termino da tarefa na primeira maquina
# do roteiro tem que ser no minimo igual ao tempo de
# processamento dessa tarefa nessa maquina
# s.t. r1{i in J}: C[i,r[i,1]] >= p[i,r[i,1]];
for i in J:
    model += C[i,r[i][0]-1] >= p[i][r[i][0]-1]

# restricao: o tempo de termino da tarefa em uma maquina r[i,k+1] e
# no minimo igual ao tempo de termino dessa tarefa na maquina anterior r[i,k]
# mais o tempo de processamento na maquina r[i,k+1]
#s.t. r2{i in J, k in K: k != m}:
for i in J:
    for k in K:
        if k != m-1:
            model += C[i,r[i][k+1]-1] >= C[i,r[i][k]-1] + p[i][r[i][k+1]-1];

# restricao: se i e processado antes de j, o tempo de termino de j e
# no minimo igual ao tempo de termino de i mais o tempo de processamento de j
#s.t. r3{i in J, j in J, k in K: i != j}: C[j,k] >= C[i,k] + p[j,k] - M*(1-x[i,j,k]);
for i in J:
    for j in J:
        for k in K:
            if i != j:
                model += C[j,k] >= C[i,k] + p[j][k] - M*(1-x[i,j,k]);

# restricao: se i e processado depois de j, o tempo de termino de i e
# no minimo igual ao tempo de termino de j mais o tempo de processamento de i
#s.t. r4{i in J, j in J, k in K: i != j}: C[i,k] >= C[j,k] + p[i,k] - M*x[i,j,k];
for i in J:
    for j in J:
        for k in K:
            if i != j:
                model += C[i,k] >= C[j,k] + p[i][k] - M*x[i,j,k];

# restricao: o tempo total de producao e maior ou igual ao tempo de termino
# de todas as tarefas em cada maquina
#s.t. r5{i in J, k in K}: C_max >= C[i,k];
for i in J:
    for k in K:
        model += C_max >= C[i,k]

# otimiza o modelo chamando o resolvedor
status = model.optimize()

# imprime solucao
if status == OptimizationStatus.OPTIMAL:
    print("Tempo total de producao: {:12.2f}.".format(model.objective_value))

    for i in J:
        for j in J:
```

```
            if i != j:
               for k in K:
                  if (x[i,j,k].x > 0.5):
                     print("x[{:d},{:d},{:d}] = {:.0f}".format(i+1,j+1,k+1,x[i,j,k].x))
   for i in J:
      for k in K:
         print("C[{:d}, {:d}] = {:.0f}".format(i+1,k+1,C[i,k].x))
```

Código 19.4: Resultados do modelo em Python

```
Welcome to the CBC MILP Solver
Version: Trunk
Build Date: Oct 24 2021

Starting solution of the Linear programming relaxation problem using Dual Simplex

Coin0506I Presolve 69 (-3) rows, 37 (-12) columns and 186 (-3) elements
Clp0014I Perturbing problem by 0.001% of 17.782794 - largest nonzero change 0.00019501056 (
     0.001096625%) - largest zero change 0.00011193055
Clp0000I Optimal - objective value 113
Coin0511I After Postsolve, objective 113, infeasibilities - dual 0 (0), primal 0 (0)
Clp0032I Optimal objective 113 - 26 iterations time 0.002, Presolve 0.00

Starting MIP optimization
Cgl0004I processed model has 45 rows, 37 columns (24 integer (24 of which binary)) and 114 elements
Coin3009W Conflict graph built in 0.000 seconds, density: 0.865%
Cgl0015I Clique Strengthening extended 0 cliques, 0 were dominated
Cbc0045I Nauty did not find any useful orbits in time 0
Cbc0038I Initial state - 16 integers unsatisfied sum - 0.00877
Cbc0038I Pass 1: suminf. 0.00846 (13) obj. 126 iterations 14
Cbc0038I Pass 2: suminf. 0.00720 (12) obj. 126 iterations 1
Cbc0038I Pass 3: suminf. 0.00720 (12) obj. 126 iterations 0
Cbc0038I Pass 4: suminf. 0.00724 (11) obj. 169 iterations 12
Cbc0038I Pass 5: suminf. 0.00266 (6) obj. 210 iterations 10
Cbc0038I Pass 6: suminf. 0.00159 (5) obj. 220 iterations 2
Cbc0038I Pass 7: suminf. 0.00159 (5) obj. 220 iterations 0
Cbc0038I Pass 8: suminf. 0.00599 (9) obj. 179 iterations 11
Cbc0038I Pass 9: suminf. 0.00120 (4) obj. 220 iterations 8
Cbc0038I Pass 10: suminf. 0.00120 (4) obj. 220 iterations 0
Cbc0038I Pass 11: suminf. 0.00459 (8) obj. 169 iterations 14
Cbc0038I Pass 12: suminf. 0.00312 (4) obj. 210 iterations 5
Cbc0038I Pass 13: suminf. 0.00070 (2) obj. 210 iterations 3
Cbc0038I Pass 14: suminf. 0.00070 (2) obj. 210 iterations 0
Cbc0038I Pass 15: suminf. 0.00732 (11) obj. 166 iterations 19
Cbc0038I Pass 16: suminf. 0.00566 (10) obj. 166 iterations 2
Cbc0038I Pass 17: suminf. 0.00566 (10) obj. 166 iterations 0
Cbc0038I Pass 18: suminf. 0.00527 (8) obj. 166 iterations 6
Cbc0038I Pass 19: suminf. 0.00527 (8) obj. 166 iterations 0
Cbc0038I Pass 20: suminf. 0.00527 (8) obj. 166 iterations 0
Cbc0038I Pass 21: suminf. 0.00705 (13) obj. 166 iterations 8
Cbc0038I Pass 22: suminf. 0.00292 (4) obj. 212 iterations 11
Cbc0038I Pass 23: suminf. 0.00292 (4) obj. 212 iterations 0
Cbc0038I Pass 24: suminf. 0.00816 (14) obj. 127 iterations 15
Cbc0038I Pass 25: suminf. 0.00600 (12) obj. 127 iterations 2
Cbc0038I Pass 26: suminf. 0.00600 (12) obj. 127 iterations 0
```

```
Cbc0038I Pass 27: suminf. 0.00626 (12) obj. 140 iterations 5
Cbc0038I Pass 28: suminf. 0.00626 (12) obj. 140 iterations 0
Cbc0038I Pass 29: suminf. 0.00626 (12) obj. 140 iterations 0
Cbc0038I Pass 30: suminf. 0.00725 (7) obj. 207 iterations 18
Cbc0038I Rounding solution of 207 is better than previous of 1e+50

Cbc0038I Before mini branch and bound, 0 integers at bound fixed and 0 continuous
Cbc0038I Full problem 45 rows 37 columns, reduced to 45 rows 37 columns
Cbc0038I Mini branch and bound improved solution from 207 to 145 (0.02 seconds)
Cbc0038I Round again with cutoff of 141.8
Cbc0038I Pass 30: suminf. 0.00846 (13) obj. 126 iterations 0
Cbc0038I Pass 31: suminf. 0.00720 (12) obj. 126 iterations 1
Cbc0038I Pass 32: suminf. 0.00720 (12) obj. 126 iterations 0
Cbc0038I Pass 33: suminf. 0.00769 (12) obj. 124 iterations 18
Cbc0038I Pass 34: suminf. 0.00645 (12) obj. 126 iterations 2
Cbc0038I Pass 35: suminf. 0.00645 (12) obj. 126 iterations 0
Cbc0038I Pass 36: suminf. 0.00643 (11) obj. 141.8 iterations 13
Cbc0038I Pass 37: suminf. 0.00527 (10) obj. 141.8 iterations 2
Cbc0038I Pass 38: suminf. 0.00527 (10) obj. 141.8 iterations 0
Cbc0038I Pass 39: suminf. 0.00443 (12) obj. 141.8 iterations 12
Cbc0038I Pass 40: suminf. 0.00443 (12) obj. 141.8 iterations 0
Cbc0038I Pass 41: suminf. 0.00443 (12) obj. 141.8 iterations 0
Cbc0038I Pass 42: suminf. 0.00517 (13) obj. 141.8 iterations 3
Cbc0038I Pass 43: suminf. 0.00517 (13) obj. 141.8 iterations 0
Cbc0038I Pass 44: suminf. 0.00517 (13) obj. 141.8 iterations 0
Cbc0038I Pass 45: suminf. 0.00620 (15) obj. 141.8 iterations 5
Cbc0038I Pass 46: suminf. 0.00620 (15) obj. 141.8 iterations 0
Cbc0038I Pass 47: suminf. 0.00620 (15) obj. 141.8 iterations 0
Cbc0038I Pass 48: suminf. 0.00848 (16) obj. 141.8 iterations 5
Cbc0038I Pass 49: suminf. 0.00739 (15) obj. 141.8 iterations 1
Cbc0038I Pass 50: suminf. 0.00739 (15) obj. 141.8 iterations 0
Cbc0038I Pass 51: suminf. 0.00945 (18) obj. 141.8 iterations 7
Cbc0038I Pass 52: suminf. 0.00619 (15) obj. 141.8 iterations 3
Cbc0038I Pass 53: suminf. 0.00619 (15) obj. 141.8 iterations 0
Cbc0038I Pass 54: suminf. 0.00682 (15) obj. 141.8 iterations 5
Cbc0038I Pass 55: suminf. 0.00460 (13) obj. 141.8 iterations 2
Cbc0038I Pass 56: suminf. 0.00460 (13) obj. 141.8 iterations 0
Cbc0038I Pass 57: suminf. 0.00535 (14) obj. 141.8 iterations 3
Cbc0038I Pass 58: suminf. 0.00422 (13) obj. 141.8 iterations 1
Cbc0038I Pass 59: suminf. 0.00422 (13) obj. 141.8 iterations 0
Cbc0038I No solution found this major pass
Cbc0038I Before mini branch and bound, 0 integers at bound fixed and 0 continuous
Cbc0038I Full problem 45 rows 37 columns, reduced to 45 rows 37 columns
Cbc0038I Mini branch and bound did not improve solution (0.04 seconds)
Cbc0038I After 0.04 seconds - Feasibility pump exiting with objective of 145 - took 0.03 seconds
Cbc0012I Integer solution of 145 found by feasibility pump after 0 iterations and 0 nodes (0.04
    seconds)
Cbc0038I Full problem 45 rows 37 columns, reduced to 45 rows 29 columns
Cbc0006I The LP relaxation is infeasible or too expensive
Cbc0013I At root node, 0 cuts changed objective from 112.99999 to 112.99999 in 1 passes
Cbc0014I Cut generator 0 (Probing) - 1 row cuts average 0.0 elements, 8 column cuts (8 active) in
    0.000 seconds - new frequency is 1
Cbc0014I Cut generator 1 (Gomory) - 0 row cuts average 0.0 elements, 0 column cuts (0 active) in
    0.000 seconds - new frequency is -100
```

```
Cbc0014I Cut generator 2 (Knapsack) - 0 row cuts average 0.0 elements, 0 column cuts (0 active) in
    0.000 seconds - new frequency is -100
Cbc0014I Cut generator 3 (Clique) - 0 row cuts average 0.0 elements, 0 column cuts (0 active) in
    0.000 seconds - new frequency is -100
Cbc0014I Cut generator 4 (OddWheel) - 0 row cuts average 0.0 elements, 0 column cuts (0 active) in
    0.000 seconds - new frequency is -100
Cbc0014I Cut generator 5 (MixedIntegerRounding2) - 0 row cuts average 0.0 elements, 0 column cuts
    (0 active) in 0.000 seconds - new frequency is -100
Cbc0014I Cut generator 6 (FlowCover) - 0 row cuts average 0.0 elements, 0 column cuts (0 active) in
    0.000 seconds - new frequency is -100
Cbc0014I Cut generator 7 (TwoMirCuts) - 0 row cuts average 0.0 elements, 0 column cuts (0 active)
    in 0.000 seconds - new frequency is -100
Cbc0014I Cut generator 8 (ZeroHalf) - 0 row cuts average 0.0 elements, 0 column cuts (0 active) in
    0.000 seconds - new frequency is -100
Cbc0001I Search completed - best objective 145.0000000000051, took 0 iterations and 0 nodes (0.05
    seconds)
Cbc0035I Maximum depth 0, 0 variables fixed on reduced cost
Total time (CPU seconds): 0.03 (Wallclock seconds): 0.05

Tempo total de producao: 145.00.
x[1,2,1] = 1
x[1,2,3] = 1
x[1,3,1] = 1
x[1,3,2] = 1
x[2,1,2] = 1
x[2,1,4] = 1
x[2,3,1] = 1
x[2,3,2] = 1
x[3,1,3] = 1
x[3,1,4] = 1
x[3,2,3] = 1
x[3,2,4] = 1
C[1, 1] = 33
C[1, 2] = 52
C[1, 3] = 62
C[1, 4] = 145
C[2, 1] = 60
C[2, 2] = 20
C[2, 3] = 126
C[2, 4] = 114
C[3, 1] = 81
C[3, 2] = 113
C[3, 3] = 38
C[3, 4] = 70
```

O menor tempo total para produzir as três cadeiras é de 145 unidades de tempo (u.t.). Note que, apesar de acharem o mesmo tempo total para fabricação das três cadeiras, os códigos em MathProg e em Python retornaram sequências diferentes por máquina, ou seja, diferentes soluções. Quando isso ocorre, dizemos que o problema possui múltiplas soluções ótimas. As Figuras 19.4.1 e 19.4.2 ilustram as soluções obtidas pelo código em MathProg e em Python, respectivamente.

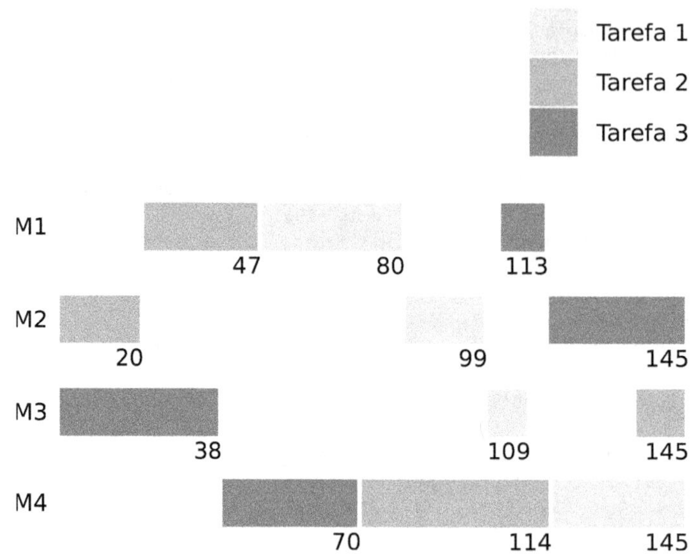

Figura 19.4.1: Representação gráfica da solução obtida no código MathProgr.

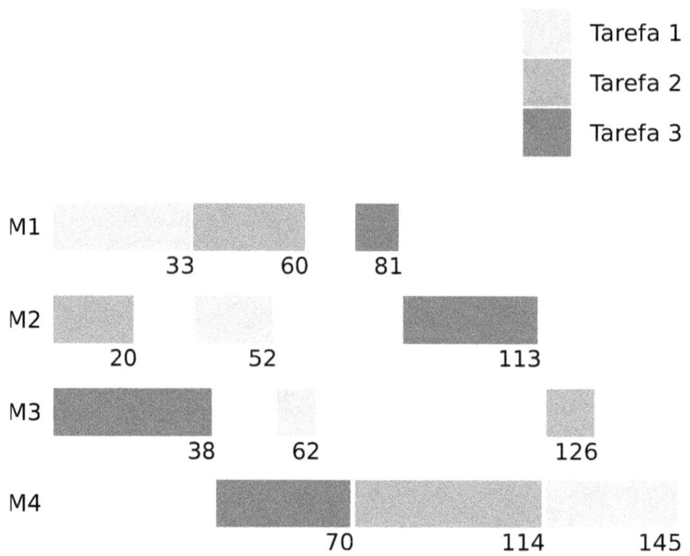

Figura 19.4.2: Representação gráfica da solução obtida no código de Python.

Se observamos mais detalhadamente as soluções, veremos que há uma certa flexibilidade na fabricação das tarefas 2 e 3 em algumas operações. Na solução obtida no código MathProg, a tarefa 2, por exemplo, pode ter seu início na máquina 3 do momento 114 ao momento 131 sem interferir no tempo total de 145 u.t.. A mesma flexibilidade é encontrada para processamento da tarefa 3 nas máquinas 1 e 2.

19.5 CONCLUSÃO

Este capítulo abordou o problema de sequenciamento do tipo job shop. Através do caso da empresa de móveis, ilustramos como diferentes produtos podem ter requisitos distintos de processamento e sequenciamento. O modelo de programação matemática proposto foi implementado nas linguagens MathProg e Python. Os resultados obtidos mostraram que algumas vezes podemos ter sequências diferentes gerando o mesmo valor de critério de desempenho.

No exemplo da Rivadália, consideramos que apesar de terem roteiros tecnológicos diferentes, todas as tarefas passam por todas as máquinas. E se algumas tarefas pudessem pular algumas operações? E se houvesse máquinas paralelas por operação? E se fosse importante considerar tempo de setup entre o processamento das tarefas? Como a formulação matemática se alteraria?

REFERÊNCIAS

Xiong, Hegen et al. (2022). "A survey of job shop scheduling problem: The types and models". Em: *Computers & Operations Research* 142, p. 105731.

20

PROBLEMA DE BALANCEAMENTO DE LINHA

Débora A. Ribeiro
deboralvesribeiro@gmail.com

Luiza Bernardes Real
luizabernardesreal@gmail.com
Instituto Federal de Minas Gerais

20.1 INTRODUÇÃO

Sistemas de produção em linha de montagem são caracterizados por um fluxo contínuo e são comuns na fabricação em grande escala de produtos padronizados, sendo cada vez mais relevantes, mesmo na produção personalizada em menor quantidade. No mundo real encontramos vasta aplicações, estando presente em vários setores da indústria, por exemplo, na montagem de veículos, móveis, eletrodomésticos e eletrônicos de consumo.

Dentro dos desafios de gestão desses sistemas, os problemas de balanceamento de linhas de montagem desempenham um papel crucial no planejamento de produção a médio prazo. O problema é caracterizado como um problema de otimização combinatória na área de manufatura e produção. Ele se concentra em distribuir tarefas ou operações, com restrições de precedência, de maneira equilibrada entre as estações ou postos de trabalho em uma linha de produção. O objetivo é minimizar os desequilíbrios de carga de trabalho entre as estações, melhorando a eficiência do processo produtivo.

Desde da formulação apresentada por Salveson (1955), o problema tem despertado bastante interesse dos pesquisadores. Em Boysen, Schulze e Scholl (2022) encontramos uma revisão da literatura que cobre 15 anos desde os levantamentos apresentados por Scholl e Becker (2006) e Boysen, Fliedner e Scholl (2007). O primeiro documenta diversos procedimentos exatos e heurísticos abordados no problema simples de balanceamento de linha (PSBL) e o segundo aborda as extensões ao problema de balanceamento de linha mais geral.

Neste capítulo iremos estudar o problema simples de balanceamento de linha de montagem. Os códigos apresentados aqui estão disponíveis para consulta no link `https://pifop.com/app/view/efcpETUJWuqQQgrlYbbW`.

20.2 O CASO

A empresa Móveis Rivadália é especializada na fabricação de mesas com *design* exclusivos. Recentemente, a demanda por seus produtos aumentou, e a empresa está buscando otimizar o processo de fabricação para atender a essa crescente demanda de maneira eficiente. A produção envolve diversas tarefas, desde o corte até a inspeção de qualidade final, ver Tabela 20.2.1, e restrições de precedência tais como:

- A tarefa 1 deve ser concluída antes de iniciar a tarefa 2.
- A tarefa 2 deve ser concluída antes de iniciar a tarefa 5.
- A tarefa 3 deve ser concluída antes de iniciar a tarefa 4.
- A tarefa 4 deve ser concluída antes de iniciar a tarefa 5.
- A tarefa 5 deve ser concluída antes de iniciar a tarefa 6.
- A tarefa 6 deve ser concluída antes de iniciar a tarefa 7.

Tabela 20.2.1: Tarefas e seus tempos de processamento na fabricação da mesa.

	Tarefas	Tempo(min.)
1	Corte de Madeira	5
2	Montagem do tampo	8
3	Pintura	10
4	Secagem	6
5	Montagem da estrutura	7
6	Instalação de acessórios	5
7	Inspeção de qualidade	3

Considerando que o tempo do processo desejado para atender à demanda do mercado seja 40 minutos, o número atual de estações é 6 e a capacidade máxima de cada estação é 15 minutos por ciclo. Minimize o número de estações de trabalho necessárias para atender a demanda diária, respeitando as restrições de precedência e o tempo de ciclo alvo.

20.3 NOTAÇÃO, DEFINIÇÕES E MODELO

Uma linha de produção é um sistema de fabricação organizado, onde um produto é montado ou produzido em etapas sequenciais ao longo de uma série de postos de trabalho, ou estações. Em um posto de trabalho é realizado uma única tarefa, já cada estação de trabalho é projetada para realizar uma ou mais tarefas específicas na fabricação do produto final.

Para ficar mais claro vamos entender alguns conceitos básicos e introduzir as notações. Seja $S = \{1, ..., m\}$ o conjunto formado por m estações. A fabricação de um produto em uma linha de montagem é dividido em n tarefas, seja $N = \{1, ..., n\}$ o conjunto delas, as quais são operações elementares. Além disso, uma tarefa é um elemento de trabalho que não pode ser subdividido sem gerar trabalho adicional. Cada tarefa possui um tempo de processamento p_j que é o tempo necessário para ela ser executada pelo operador.

Ademais, para um processo de fabricação suceder correta e eficientemente há restrições de precedência. Essas restrições, podem ser oriundas de condições organizacionais e/ou tecnológicas, se referem a um conjunto de restrições que indicam a sequência em que as tarefas são executadas. Elas são geralmente representadas por um grafo de precedência similar a Figura 20.3.1. O grafo se refere ao caso da empresa "Moveis Rivadália", onde os nós representam tarefas, seus pesos o tempo de processamento e as arestas as restrições de precedência.

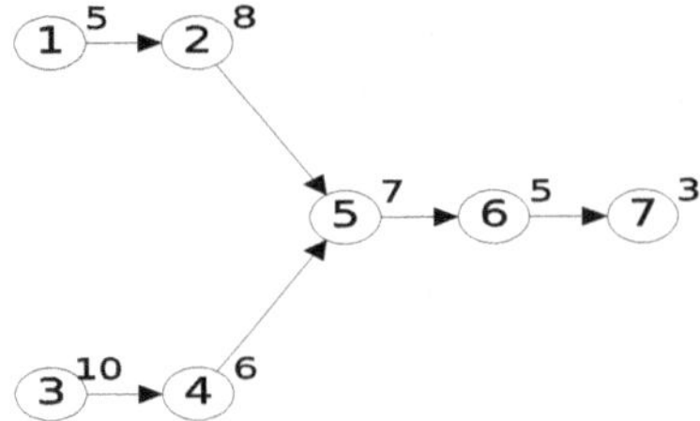

Figura 20.3.1: Precedência em uma linha de montagem

Na situação, a tarefa não pode ser iniciada até que todas as suas tarefas predecessoras (diretas e indiretas) tenham sido concluídas. Por exemplo, na Figura 20.3.1 a tarefa 6 só inicia após a tarefa 5 (sua predecessora direta) ter sido finalizada. Essa, por sua vez, somente pôde iniciar com o término das tarefas 2 e 4 (predecessoras diretas de 5 e indiretas da tarefa 6). A precedência é fundamental para garantir a sincronização adequada das operações e evitar problemas na produção.

Resolver um problema de balanceamento de linha caracteriza-se em encontrar um linha de produção viável, minimizando os desequilíbrios de carga de trabalho entre as estações. Daí, encontramos a atribuição de cada tarefa $j \in N$ a uma única estação $k \in S$, respeitando as restrições de precedência e assegurando que o tempo de cada estação não ultrapasse o tempo de ciclo c. Convém definir, que o tempo de cada estação é a soma dos p_j das tarefas pertencentes a ela, já o tempo de ciclo é o tempo máximo ou médio disponível para cada estação/ciclo de trabalho (é sua capacidade máxima), pode ser dado ou encontrado. Se o tempo da estação é menor que o tempo de ciclo, temos um tempo ocioso.

O problema simples de balanceamento de linha (PSBL) de acordo com Scholl e Scholl (1999), possui como características principais: produção em massa de um produto homogêneo, linha ritmada com tempo de ciclo fixo, tempos de operação determinísticos (e integrais), sem restrições de atribuição além das restrições de precedência, *layout* de linha serial com estações e todas as estações são igualmente equipadas em termos de máquinas e trabalhadores. Scholl e Becker (2006) apresenta quatro versões para esse problema, determinadas pela variação do objetivo.

O PSBL-F é um problema de viabilidade que busca determinar se existe ou não um balanceamento de linha viável para uma combinação específica de quantidade de estações (m) e tempo de ciclo (c). O PSBL-1 minimiza m com um c fixo, o PSBL-2 minimiza c (maximizando a taxa de produção) com m dado, e o PSBL-E é uma versão mais abrangente, visando maximizar a eficiência da linha ao mesmo tempo, em que minimiza c e m, considerando sua inter-relação.

A versão utilizada na resolução do caso apresentado na Seção 20.2, onde para aumentar a eficiência do processo produtivo da empresa "Móveis Rivadália" é a PSBL-1, onde pretendemos diminuir o tempo ocioso ao minimizar m para um dado c. As notações estão resumidas na Tabela **??**, e a formulação básica de modelo é apresentada.

$$\min \sum_{k \in S} k x_{nk} \tag{20.3.1}$$

$$\text{sujeito a: } \sum_{k \in S} x_{jk} = 1 \qquad \forall\, j \in N \tag{20.3.2}$$

$$\sum_{j \in N} p_j x_{jk} \leq c \qquad \forall\, k \in S \tag{20.3.3}$$

$$\sum_{k \in S} k x_{ik} \leq \sum_{k \in S} k x_{jk} \qquad \forall\, (i,j) \in E \tag{20.3.4}$$

$$x_{jk} \in \{0,1\} \qquad \forall\, j \in N,\ k \in S \tag{20.3.5}$$

A função objetivo (20.3.1) minimiza o número de estação determinando o índice da estação que é atribuída a última tarefa n. As restrições (20.3.2) garantem que toda tarefa $j \in N$ é atribuída a uma estação $k \in S$ e as restrições (20.3.3) asseguram que o tempo de ciclo c é respeitado em todas as estações. Já as precedências das tarefas são asseguradas pelas restrições (20.3.4) e o domínio das variáveis de decisões é definido em (20.3.5).

Tabela 20.3.1: Lista de parâmetros e variáveis.

Conjuntos

$N : \{1, \ldots, n\}$: conjunto de tarefas,

$S : \{1, \ldots, m\}$: conjunto de estações de trabalho,

$E : \{(i,j) \in NxN : i \text{ precede } j\}$: conjunto das restrições de precedência diretas, onde a tarefa i precede j

Parâmetros

n : número de tarefas,

m : número máximo de estações de trabalho,

c : tempo de ciclo,

p_j : tempo de processamento da tarefa $j \in N$,

Variáveis de Decisão

$x_{jk} \in \{0,1\}$: igual 1, se a tarefa $j \in N$ é atribuído a estação $k \in S$; 0, caso contrário

20.4 CÓDIGOS E RESULTADOS DO MODELO

O problema foi implementando nas linguagens MathProg e Python. Abaixo estão os códigos correspondentes e suas respectivas saídas. A otimização do problema indica que é possível organizar em três estações. A primeira estação realiza as tarefas 1 e 3, a segunda estação as tarefas 2 e 4, e a terceira as tarefas 5, 6 e 7. Os tempos de cada estação são 15, 14 e 15, respectivamente, sendo que somente a segunda estação fica com 1 unidade de tempo ocioso.

Código 20.1: Modelo do problema de balanceamento simples de linha em Mathprog

```
# numero de tarefas
param n, integer, > 0;
# numero de estacoes
param m, integer, > 0;
# conjunto de tarefas
set N := 1..n;
# conjunto de estacoes
set S := 1..m;
# conjunto de precedencia de tarefa
set E := {(1,2), (2,5), (3,4),(4,5),(5,6),(6,7)};
# tempo de processamento da tarefa j
```

```
param p{j in N}, >=0;
# tempo de ciclo
param c, >=0;

# variavel: se a tarefa j e atribuido a estacao s
var x{j in N, k in S}, binary;

# funcao objetivo: minimiza a quantidade de estacao
minimize obj: sum{k in S} k * x[n,k];

# restricao: toda tarefa deve ser atribuida a uma estacao
s.t. r1{j in N}: sum{k in S} x[j,k] = 1;
# restricao tempo de ciclo: o tempo de ciclo nao pode ser ultrapassado
s.t. r2{k in S}: sum{j in N} p[j]*x[j,k] <= c;
# restricao precedencia:
s.t. r3{(i,j) in E}: sum{k in S}k*x[i,k] <= sum{k in S}k*x[j,k];

solve;

# impressao do resultado
printf "\n-------------------------------------------------\n";
printf 'Resultado:\n';
printf 'Quantidade de estacoes:%2d\n', sum{k in S} k * x[n,k];
printf " estacao(k) tarefa (j) processamento p(j) \n";
for{k in S}{
   for{j in N: x[j,k] > 1-1e-6}
   {
      printf " k =%2d j =%2d p(j)= %2g\n",k, j, p[j];
   }
   #printf " \n";
}
printf "\n-------------------------------------------------\n";
# dados do problema
data;
param m := 6;
param n := 7;
param c := 15;
param p :=
1 5
2 8
3 10
4 6
5 7
6 5
7 3
;

end;
```

Código 20.2: Resultado do modelo de balanceamento simples de linha em Mathprog

```
> glpsol -m "matprog/problema_balenciamento_de_linha.mod"

GLPSOL: GLPK LP/MIP Solver, v4.65
Parameter(s) specified in the command line:
```

```
 -m matprog/problema_balenciamento_de_linha.mod
Reading model section from matprog/problema_balenciamento_de_linha.mod...
Reading data section from matprog/problema_balenciamento_de_linha.mod...
60 lines were read
Generating obj...
Generating r1...
Generating r2...
Generating r3...
Model has been successfully generated
GLPK Integer Optimizer, v4.65
20 rows, 42 columns, 162 non-zeros
42 integer variables, all of which are binary
Preprocessing...
19 rows, 42 columns, 156 non-zeros
42 integer variables, all of which are binary
Scaling...
 A: min|aij| = 1.000e+00 max|aij| = 1.000e+01 ratio = 1.000e+01
Problem data seem to be well scaled
Constructing initial basis...
Size of triangular part is 19
Solving LP relaxation...
GLPK Simplex Optimizer, v4.65
19 rows, 42 columns, 156 non-zeros
      0: obj = 6.000000000e+00 inf = 2.900e+01 (1)
      8: obj = 6.000000000e+00 inf = 0.000e+00 (0)
*    22: obj = 1.977272727e+00 inf = 0.000e+00 (0)
OPTIMAL LP SOLUTION FOUND
Integer optimization begins...
Long-step dual simplex will be used
+    22: mip = not found yet >=      -inf      (1; 0)
+    97: >>>>> 4.000000000e+00 >= 3.000000000e+00 25.0% (17; 1)
+   159: >>>>> 3.000000000e+00 >= 3.000000000e+00 0.0% (3; 39)
+   159: mip = 3.000000000e+00 >= tree is empty 0.0% (0; 49)
INTEGER OPTIMAL SOLUTION FOUND
Time used: 0.0 secs
Memory used: 0.2 Mb (181254 bytes)

------------------------------------------------
Resultado:
Quantidade de estacoes: 3
  estacao(k) tarefa (j) processamento p(j)
  k = 1 j = 1 p(j)= 5
  k = 1 j = 3 p(j)= 10
  k = 2 j = 2 p(j)= 8
  k = 2 j = 4 p(j)= 6
  k = 3 j = 5 p(j)= 7
  k = 3 j = 6 p(j)= 5
  k = 3 j = 7 p(j)= 3

------------------------------------------------
Model has been successfully processed
>
```

Código 20.3: Modelo do problema de balanceamento simples de linha em Python

```
from mip import Model, xsum, minimize, CBC, OptimizationStatus, BINARY
from itertools import product
import matplotlib.pyplot as plt
from math import sqrt
import numpy as np

# numero de tarefas
n = 7
# numero de estacoes
m = 6
# conjunto de tarefas e conjunto de estacoes
N = range(n)
S = range(m)
# tempo de ciclo
c = 15
# conjunto de precedencia de tarefa
E = {(1,2), (2,5), (3,4),(4,5),(5,6),(6,7)};

# tempo de processamento da tarefa j
p=[5,8, 10, 6, 7, 5, 3]
# declaracao do modelo
model = Model('Problema de Balenciamento de Linha ',solver_name=CBC)

# x_jk = 1 se a tarefa j e atribuido a estacao s
x = {(j,k) : model.add_var(var_type=BINARY) for j in N for k in S}


# funcao objetivo: minimizar o custo de atribuir o funcionario i a tarefa j
model.objective = minimize(xsum(k * x[n-1,k] for k in S))
#model.objective = maximize(xsum(a[i] * x[i] for i in N))


# restricao: toda tarefa deve ser atribuida a uma estacao
for j in N:
    model += xsum(x[j,k] for k in S) == 1

# restricao tempo de ciclo: o tempo de ciclo nao pode ser ultrapassado
for k in S:
    model += xsum(p[j]*x[j,k] for j in N) <= c

# restricao precedencia:
for (i,j) in E:
    model += xsum(k*x[i-1,k] for k in S) <= xsum(k*x[j-1,k] for k in S)

# otimiza o modelo chamando o resolvedor
status = model.optimize()

# resultado
if status == OptimizationStatus.OPTIMAL:
    print("\n-------------------------------------------------")
    print("Resultado:")
    print("Quantidade de estacoes: {:5.2f}".format(model.objective_value +1))
    for k in S:
        for j in N:
            if x[j,k].x > 0.5:
```

```
            print(" k={:2d} j= {:2d} p(j)={:1.0f}".format(k+1,j+1,p[j]))
        #print("\n")
    print("------------------------------------------------")
```

Código 20.4: Resultado do modelo de balanceamento simples de linha em Python

```
> python/problema_balenciamento_linha.py
Welcome to the CBC MILP Solver
Version: Trunk
Build Date: Oct 24 2021

Starting solution of the Linear programming relaxation problem using Primal Simplex

Clp0024I Matrix will be packed to eliminate 12 small elements
Coin0506I Presolve 19 (0) rows, 42 (0) columns and 144 (0) elements
Clp1000I sum of infeasibilities 9.05786e-06 - average 4.7673e-07, 1 fixed columns
Coin0506I Presolve 19 (0) rows, 41 (-1) columns and 140 (-4) elements
Clp0029I End of values pass after 41 iterations
Clp0000I Optimal - objective value 0.97727273
Clp0000I Optimal - objective value 0.97727273
Coin0511I After Postsolve, objective 0.97727273, infeasibilities - dual 0 (0), primal 0 (0)
Clp0000I Optimal - objective value 0.97727273
Clp0000I Optimal - objective value 0.97727273
Clp0000I Optimal - objective value 0.97727273
Clp0032I Optimal objective 0.9772727273 - 0 iterations time 0.012, Idiot 0.01

Starting MIP optimization
Cgl0003I 6 fixed, 0 tightened bounds, 4 strengthened rows, 0 substitutions
Cgl0003I 1 fixed, 0 tightened bounds, 3 strengthened rows, 0 substitutions
Cgl0003I 0 fixed, 0 tightened bounds, 2 strengthened rows, 0 substitutions
Cgl0003I 1 fixed, 0 tightened bounds, 7 strengthened rows, 0 substitutions
Cgl0003I 0 fixed, 0 tightened bounds, 1 strengthened rows, 0 substitutions
Cgl0004I processed model has 19 rows, 34 columns (34 integer (34 of which binary)) and 130 elements
Coin3009W Conflict graph built in 0.000 seconds, density: 5.286%
Cgl0015I Clique Strengthening extended 0 cliques, 0 were dominated
Cbc0045I Nauty did not find any useful orbits in time 0.00011
Cbc0038I Initial state - 0 integers unsatisfied sum - 3.77476e-15
Cbc0038I Solution found of 2
Cbc0038I Before mini branch and bound, 34 integers at bound fixed and 0 continuous
Cbc0038I Mini branch and bound did not improve solution (0.01 seconds)
Cbc0038I After 0.01 seconds - Feasibility pump exiting with objective of 2 - took 0.00 seconds
Cbc0012I Integer solution of 2 found by feasibility pump after 0 iterations and 0 nodes (0.01
     seconds)
Cbc0001I Search completed - best objective 2, took 0 iterations and 0 nodes (0.01 seconds)
Cbc0035I Maximum depth 0, 0 variables fixed on reduced cost
Total time (CPU seconds): 0.01 (Wallclock seconds): 0.01


------------------------------------------------
Resultado:
Quantidade de estacoes: 3.00
 k= 1 j= 1 p(j)=5
 k= 1 j= 3 p(j)=10
 k= 2 j= 2 p(j)=8
 k= 2 j= 4 p(j)=6
```

```
k= 3 j= 5 p(j)=7
k= 3 j= 6 p(j)=5
k= 3 j= 7 p(j)=3
-----------------------------------------------

>
```

O problema apresentado é uma representação simplificada e, na prática, a empresa "Móveis Rivadália" poderia enfrentar considerações adicionais e realizar análises mais detalhadas para uma implementação ainda mais eficaz. A complexidade da produção de móveis pode envolver fatores como a variedade de modelos, demanda sazonal, características específicas dos materiais utilizados, entre outros. Assim, ao abordar o problema em um cenário mais completo, a empresa deve levar em consideração essas variáveis para otimizar ainda mais sua linha de produção e atender de maneira eficiente às demandas do mercado.

20.5 CONCLUSÃO

O problema de balanceamento de linha desempenha um papel crucial na otimização da produção, buscando distribuir eficientemente as tarefas ao longo das estações de trabalho. Neste estudo, exploramos o problema simples de balanceamento de linha, abordando desde a formulação matemática até a implementação prática utilizando programação em MathProg e Python.

Ao programar um estudo de caso, foi possível demonstrar como as decisões relacionadas ao número de estações e ao tempo de ciclo impactam diretamente na eficiência da linha de montagem. Além disso, considerações sobre precedências, alternativas de processamento e a escolha entre modos de produção automatizados ou manuais podem ser abordadas, enriquecendo a análise do problema.

A utilização de MathProg e Python como ferramenta de implementação permitiu uma abordagem prática e flexível, facilitando a modelagem e a resolução de problemas de balanceamento de linha. A compreensão desses conceitos é essencial para profissionais e pesquisadores envolvidos na otimização de processos produtivos, proporcionando *insights* valiosos para aprimorar a eficiência e a produtividade nas linhas de montagem. Este estudo não apenas abordou aspectos teóricos do problema, mas também forneceu uma aplicação prática, destacando a importância do balanceamento de linha na indústria contemporânea.

REFERÊNCIAS

Boysen, Nils, Malte Fliedner e Armin Scholl (2007). "A classification of assembly line balancing problems". Em: *European journal of operational research* 183.2, pp. 674–693.

Boysen, Nils, Philipp Schulze e Armin Scholl (2022). "Assembly line balancing: What happened in the last fifteen years?" Em: *European Journal of Operational Research* 301.3, pp. 797–814.

Salveson, Melvin E (1955). "The assembly-line balancing problem". Em: *Transactions of the American Society of Mechanical Engineers* 77.6, pp. 939–947.

Scholl, Armin e Christian Becker (2006). "State-of-the-art exact and heuristic solution procedures for simple assembly line balancing". Em: *European Journal of Operational Research* 168.3, pp. 666–693.

Scholl, Armin e Armin Scholl (1999). *Balancing and sequencing of assembly lines*. Springer.

21

PROBLEMA DE PROGRAMAÇÃO DE HORÁRIOS

Fátima M. de Souza Lima
fatimamslima@face.ufmg.br
Universidade Federal de Minas Gerais

Luiza Bernardes Real
luizabernardesreal@gmail.com
Instituto Federal de Minas Gerais

Thaís Fernandes Oliveira
tatafernandesoliveira9@gmail.com
Instituto Federal de Minas Gerais

Ricardo Camargo
rcamargo@dep.ufmg.br
Universidade Federal de Minas Gerais

21.1 INTRODUÇÃO

Neste capítulo, abordamos o problema de programação de horários, que é um desafio comum em diversas organizações, desde instituições educacionais até indústrias. O objetivo é determinar a alocação ótima de pessoal em um período específico de tempo (um dia, uma semana, um mês, um ano, etc.) para satisfazer as necessidades operacionais com o menor custo possível, enquanto se consideram restrições legais e preferências individuais. Este problema é particularmente relevante por estar relacionado a um gasto importante das organizações, a mão-de-obra, e à satisfação dos funcionários, a qual muitas vezes determina a eficiência e a qualidade dos processos e produtos, influenciando no sucesso da empresa.

Diferentes aplicações do problema de programação de horários podem ser encontradas em Ernst et al. (2004). Nas instituições de ensino, o problema de programação de horários envolve alocar professores, turmas e espaços físicos de forma que não haja conflitos de horário, maximizando a utilização das salas e atendendo às preferências ou restrições de professores e alunos. No setor de transporte, a programação de horários é aplicada na organização de rotas de ônibus, grade horária de trens, programação de voos e navios, incluindo a otimização de horários de partida e chegada, a alocação de veículos e tripulações e a minimização de tempos de espera e trânsito. O setor de saúde também se beneficia da programação eficaz de horários, por exemplo, para a criação de escalas de trabalho para enfermeiras, considerando uma variedade de restrições e requisitos, tais como a disponibilidade das enfermeiras, as necessidades de cobertura de turnos 24 horas por dia, 7 dias por semana, preferências pessoais, normas trabalhistas

Tabela 21.2.1: Número de funcionários necessários para cada dia

Id	Dias	Demanda de trabalhadores
1	Domingo	25
2	Segunda-feira	40
3	Terça-feira	35
4	Quarta-feira	35
5	Quinta-feira	40
6	Sexta-feira	45
7	Sábado	30

O problema de programação de horários apresentado neste capítulo tem o objetivo de definir o número mínimo de funcionários por período de modo que a demanda de carga de trabalho seja satisfeita e as folgas trabalhistas legais sejam respeitadas (Guéret, Prins e Sevaux (1999)). Como folgas trabalhistas, consideraremos apenas um tipo de folga por período.

Uma revisão sobre o problema pode ser encontrado em Burke et al. (2004). Os códigos do capítulo estão disponíveis em `https://pifop.com/app/view/uibjswtHKcdhnoHXf8MT`.

21.2 O CASO

A empresa de móveis Rivadália enfrenta um desafio ao tentar definir a escala de trabalho de seus funcionários, visando garantir uma produção contínua. Até então, a equipe dependia de planilhas para gerenciar os horários dos trabalhadores, mas essa abordagem se mostrou trabalhosa e pouco eficiente na alocação adequada de funcionários para cada dia. Com certa frequência, havia falta de funcionários em alguns dias e excesso em outros, o que prejudicava a produtividade. Diante disso, a empresa busca desenvolver uma escala de trabalho semanal que leve em consideração a quantidade ideal de funcionários necessários para manter a produção sem interrupções. A Tabela 21.2.1 mostra a quantidade necessária de funcionários para cada dia da semana.

Para garantir que haja uma distribuição equitativa da carga de trabalho e que as operações da empresa sejam atendidas de maneira eficiente em todos os dias da semana, os funcionários necessitam trabalhar por cinco dias consecutivos para, em seguida, folgarem dois dias, e esse ciclo de folgas é rotativo. A Figura 21.2.1 exemplifica as escalas de trabalho, ilustrando os dias de trabalho e de folga conforme o dia de início do serviço. Por exemplo, um funcionário que inicia seu trabalho no domingo trabalhará de domingo a quinta-feira, folgando na sexta-feira e no sábado.

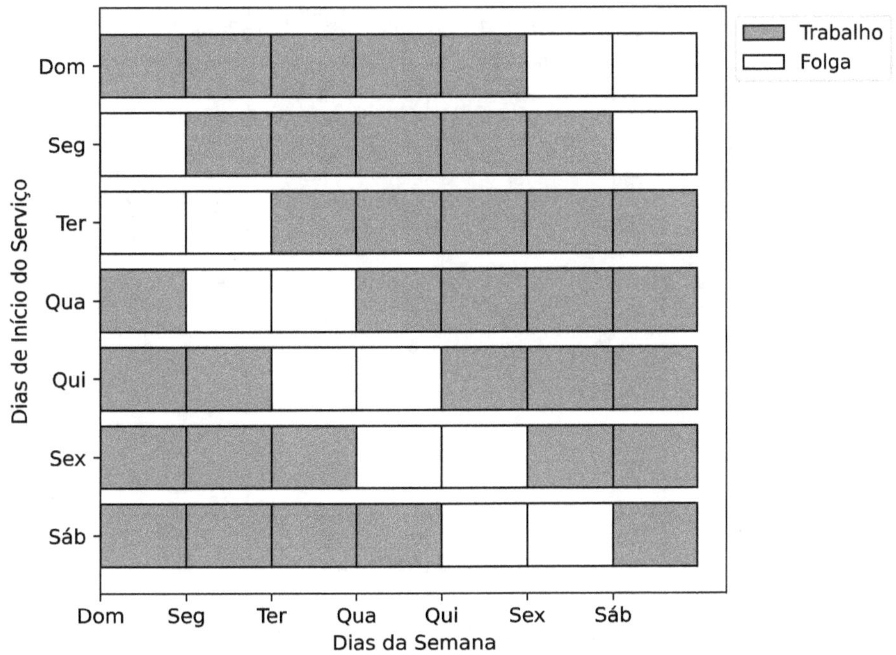

Figura 21.2.1: Representação das escalas de trabalho.

Além do mais, para uma alocação eficiente dos funcionários, é essencial atender à demanda de trabalhadores em cada dia da semana, levando em consideração o dia de início de trabalho de cada funcionário. Por exemplo, a quantidade de funcionários necessária em um dia como sexta-feira é influenciada pela quantidade de funcionários que iniciaram sua escala de trabalho na segunda, terça, quarta, quinta e sexta-feira. Isso ocorre porque aqueles que começaram a trabalhar na segunda-feira só terão folga no sábado e no domingo.

Por tanto, uma forma de atender às necessidades de trabalhadores apresentadas na Tabela 21.2.1 seria contratar 60 funcionários. A Figura 21.2.2 ilustra como esses trabalhadores estariam distribuídos ao longo da semana. Podemos ver que 10, 15, 10, 5, 10, 5 e 5 funcionários iniciariam sua jornada no domingo, na segunda, na terça, na quarta, na quinta, na sexta e no sábado, respectivamente. Assim, no domingo, por exemplo, haveria 35 funcionários trabalhando.

A Figura 21.2.3 compara a quantidade de funcionários necessária para atender à demanda diária com a quantidade efetivamente alocada em cada dia da semana, evidenciando as sobras em alguns dias. Surge, então, a questão: seria possível alocar

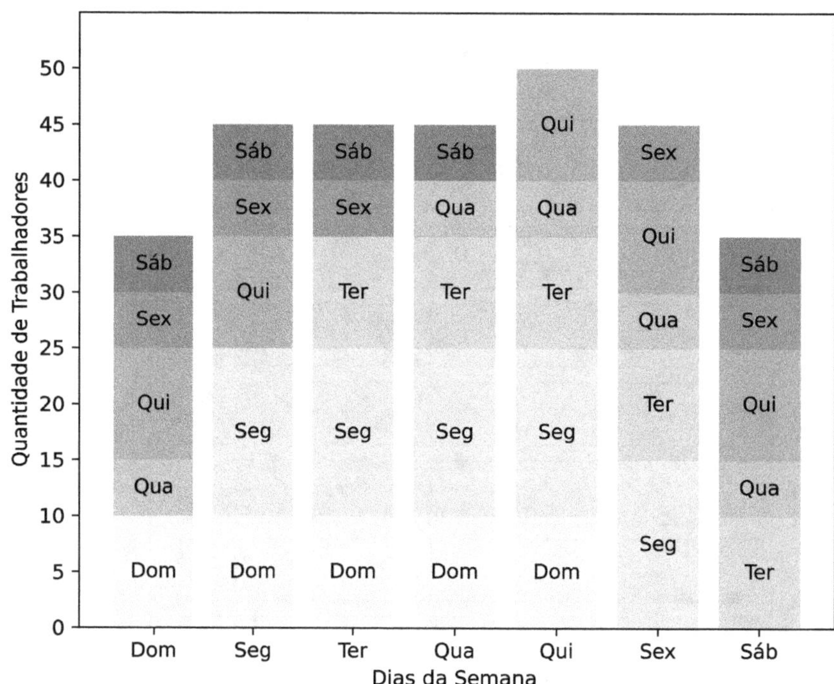

Figura 21.2.2: Representação da influência das quantidades de um dia em outro.

menos do que 60 funcionários para atender à demanda de cada dia da semana? Quantos? Como deveria ser a escala desses funcionários?

21.3 NOTAÇÃO, DEFINIÇÕES E MODELO

Para o problema de programação de horários, consideramos um conjunto de períodos $P = \{1, \ldots, n\}$ e um subconjunto $J_p \subset P$ que possui os intervalos de períodos que afetam a quantidade de trabalhadores disponíveis no período $p \in P$. Seguindo o exemplo apresentado anteriormente, temos $P = \{1, 2, 3, 4, 5, 6, 7\}$, em que 1 representa o domingo, 2 representa a segunda-feira e assim por diante. Para o domingo, por exemplo, temos o subconjunto $J_1 = \{1, 4, 5, 6, 7\}$, indicando que os dias $1, 4, 5, 6, 7$ impactam na quantidade de funcionários do dia 1.

Para entender a geração do subconjunto J_p, precisamos ter em mente que a quantidade de funcionários disponíveis em um dia é influenciada pela quantidade de funcionários que iniciam seu trabalho em 5 dias diferentes. Por exemplo, a quantidade de funcionários disponíveis na segunda é dada pela quantidade de funcionários que começam sua semana na segunda, na quinta, na sexta, no sábado e no domingo. Então,

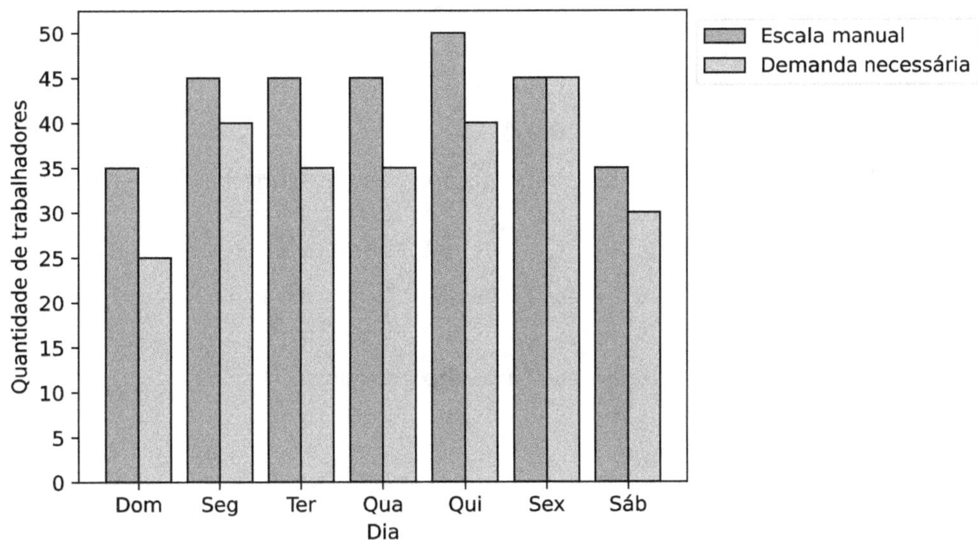

Figura 21.2.3: Comparação entre a demanda diária de funcionários e a alocação real.

para gerar J_p, utilizamos a expressão $(p+1+t)\ mod\ n+1, \forall t \in C = \{1,\ldots,5\}$, em que t varia em $C = \{1,\ldots,5\}$. O parâmetro n indica o número total de períodos, logo, $mod\ n$ garante que os valores calculados estejam dentro do intervalo dos períodos disponíveis. Por exemplo, para calcular J_6, realizamos a seguinte operação: $(6+1+1)$ $mod\ 7+1 = (8\ mod\ 7)+1$, resultando em $J_6 = 2$. Para encontrar o próximo valor de J_6, realizamos a operação $(6+1+2)\ mod\ 7+1$, adicionando o valor da operação em $J_6 = 2,3$. Esse processo continua até chegarmos ao último valor de t, que é 5, calculando $(6+1+5)\ mod\ 7+1$, resultando em $J_6 = 2,3,...,6$. E assim é feito para cada $p \in P$, gerando todos os subconjuntos J_p.

A demanda de funcionários para trabalhar no período p é representada por d_p. Seja x_p uma variável contínua que representa o número de servidores que começam a trabalhar no período $p \in P$. A Tabela 21.3.1 resume os parâmetros e as variáveis do problema.

A formulação do problema de escala pode ser expressa da seguinte forma:

$$\min Z = \sum_{p \in P} x_p \tag{21.3.1}$$

$$\text{sujeito a: } \sum_{j \in J_p} x_j \geq d_p \qquad \forall\, p \in P \tag{21.3.2}$$

$$x_p \geq 0 \qquad \forall\, p \in P \tag{21.3.3}$$

Tabela 21.3.1: Lista de parâmetros e variáveis..

Conjuntos

$P : \{1, \ldots, n\}$: conjunto de períodos,

$J_p \subset P$: conjunto de intervalos que tem impacto no período $p \in P$.

Parâmetros

n : número de períodos,

d_p : número de trabalhadores necessários no período p.

Variáveis de Decisão

$x_p \geq 0$: quantidade de trabalhadores que iniciam trabalho no período $p \in P$.

A função objetivo (21.3.1) minimiza o número de trabalhadores que iniciam serviço no período p e, como consequência, minimiza o número total de trabalhadores. As restrições (21.3.2) asseguram que o número de funcionários por período respeite a demanda. As restrições (21.3.3) definem o domínio das variáveis.

21.4 CÓDIGOS E RESULTADOS DO MODELO

O código e o resultado do modelo implementado em MathProg são apresentados a seguir:

Código 21.1: Modelo feito em MathProg

```
# numero de periodos
param n;

# conjunto de periodos
set P := 1..n;

# numero de dias que impactam outros dias
param cd;

# conjunto de dias que impactam outros dias
set C := 1..cd;

# conjunto de intervalos que tem impacto no periodo p
set J{p in P} := setof{t in C} (p +1 + t) mod n + 1;

# demanda de trabalhadores no periodo p
param d{P};
```

```

# variavel: numero de trabalhadores que iniciam trabalho no periodo p
var x{P}, >= 0;

# funcao objetivo: minimizar o numero de funcionarios necessarios para atender a demanda
minimize of : sum{p in P} x[p];

# restricao: numero de servidores atenda a demanda
s.t. r1{p in P}: sum{j in J[p]} x[j] >= d[p];

solve;

printf 'Dia : Dias que impactam na demanda\n';
for{p in P}
{
   printf "%2d : ", p;
   printf{i in J[p]} "%2d ",i;
   printf "\n";
}
printf 'Numero de funcionarios que iniciam no dia\n';
display x;

data;

param n :=    7;

param cd :=   5;

param d :=
  1  25
  2  40
  3  35
  4  35
  5  40
  6  45
  7  30
;
end;
```

Código 21.2: Resultados em Mathprog

```
> glpsol -m "mathprog/problema_de_escala.mod"

GLPSOL: GLPK LP/MIP Solver, v4.65
Parameter(s) specified in the command line:
 -m mathprog/problema_de_escala.mod
Reading model section from mathprog/problema_de_escala.mod...
Reading data section from mathprog/problema_de_escala.mod...
55 lines were read
Generating of...
Generating r1...
Model has been successfully generated
GLPK Simplex Optimizer, v4.65
8 rows, 7 columns, 42 non-zeros
Preprocessing...
```

```
7 rows, 7 columns, 35 non-zeros
Scaling...
 A: min|aij| = 1.000e+00 max|aij| = 1.000e+00 ratio = 1.000e+00
Problem data seem to be well scaled
Constructing initial basis...
Size of triangular part is 7
      0: obj = 0.000000000e+00 inf = 2.500e+02 (7)
      4: obj = 7.000000000e+01 inf = 0.000e+00 (0)
*     8: obj = 5.000000000e+01 inf = 0.000e+00 (0)
OPTIMAL LP SOLUTION FOUND
Time used: 0.0 secs
Memory used: 0.1 Mb (108399 bytes)
Dia : Dias que impactam na demanda
 1 : 4 5 6 7 1
 2 : 5 6 7 1 2
 3 : 6 7 1 2 3
 4 : 7 1 2 3 4
 5 : 1 2 3 4 5
 6 : 2 3 4 5 6
 7 : 3 4 5 6 7
Numero de funcionarios que iniciam no dia
Display statement at line 38
x[1].val = 0
x[2].val = 20
x[3].val = 5
x[4].val = 5
x[5].val = 10
x[6].val = 5
x[7].val = 5
Model has been successfully processed
>
```

O código e o resultado do modelo implementado em Python são apresentados a seguir:

Código 21.3: Modelo feito em Python

```
from mip import Model, xsum, minimize, CBC, OptimizationStatus, BINARY

# parametros

# numero de periodos, numero de dias que impactam outro dia
n, cd = 7, 5
P, C = range(1, n+1), range(1, cd+1)

# conjunto de intervalos que tem impacto no periodo p
J = {p: {(p + 1 + t) % n + 1 for t in C} for p in P}

# demanda de trabalhadores no periodo p
d = {1: 25, 2: 40, 3: 35, 4: 35, 5: 40, 6: 45, 7: 30}

# declaracao do modelo
model = Model('Problema de Escala',solver_name=CBC)

# declaracao das variaveis
```

```
# variavel: numero de trabalhadores que iniciam trabalho no periodo p
x = {(p) : model.add_var(lb=0.0) for p in P}



# definicao da funcao objetivo
# funcao objetivo: minimizar o numero de funcionarios necessarios para atender a demanda
model.objective = minimize(xsum(x[p] for p in P))

# restricoes

# restricao: numero de servidores atenda a demanda
#s.t. r1{p in P}: sum{j in J[p]} x[j] >= d[p];
for p in P:
   model += xsum(x[j] for j in J[p]) >= d[p]


# otimiza o modelo chamando o resolvedor
status = model.optimize()

print('Dia : Dias que impactam na demanda')
for p in P:
   print("J[{:d}] = {}".format(p, J[p]))

# imprime solucao
if status == OptimizationStatus.OPTIMAL:
   print("Numero de funcionarios que iniciam no dia")
   for p in P:
      print("x[{}] = {:.0f}".format(p, round(x[p].x, 1)))
```

Código 21.4: Resultados em Python

```
> python/problema_de_escala.py
Welcome to the CBC MILP Solver
Version: Trunk
Build Date: Oct 24 2021

Starting solution of the Linear programming problem using Primal Simplex

Coin0506I Presolve 7 (0) rows, 7 (0) columns and 35 (0) elements
Clp1000I sum of infeasibilities 0 - average 0, 0 fixed columns
Coin0506I Presolve 7 (0) rows, 7 (0) columns and 35 (0) elements
Clp0029I End of values pass after 7 iterations
Clp0000I Optimal - objective value 50
Clp0000I Optimal - objective value 50
Clp0000I Optimal - objective value 50
Clp0032I Optimal objective 50 - 0 iterations time 0.002, Idiot 0.00
Dia : Dias que impactam na demanda
J[1] = {1, 4, 5, 6, 7}
J[2] = {1, 2, 5, 6, 7}
J[3] = {1, 2, 3, 6, 7}
J[4] = {1, 2, 3, 4, 7}
J[5] = {1, 2, 3, 4, 5}
J[6] = {2, 3, 4, 5, 6}
J[7] = {3, 4, 5, 6, 7}
```

```
Numero de funcionarios que iniciam no dia
x[1] = 0
x[2] = 20
x[3] = 5
x[4] = 5
x[5] = 10
x[6] = 5
x[7] = 5

>
```

Comparando a escala manual representada pela Figura 21.2.2 com a solução ótima obtida pela formulação (21.3.1)-(21.3.3) representado a seguir pela Figura 21.4.1 foi possível obter uma redução na quantidade de funcionários em $(60-50)/50 = 20\%$. Na Figura 21.4.2 temos a comparação entre os dois cenários e a demanda necessária, demonstrando que a otimização garantiu o atendimento da demanda sem sobrarem excedentes.

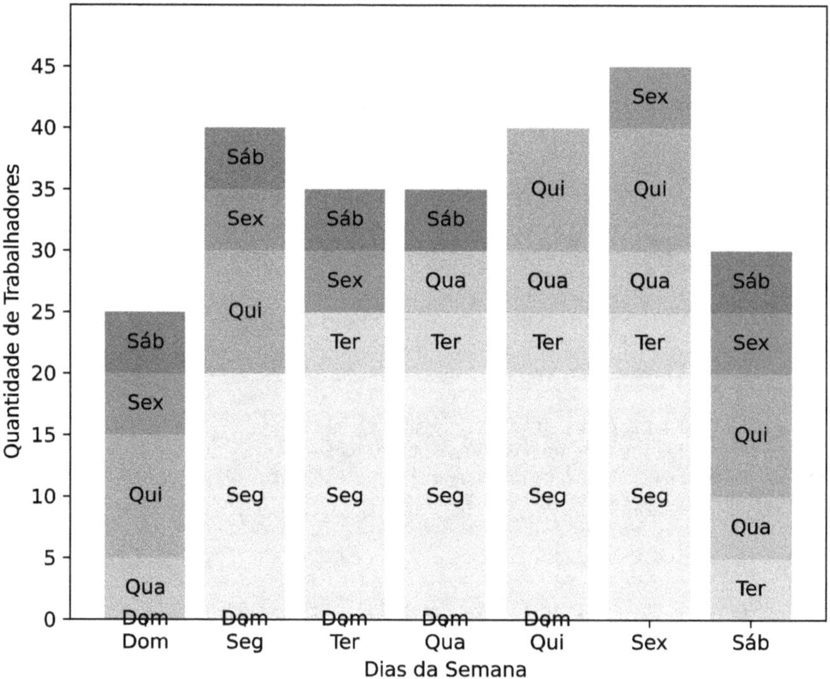

Figura 21.4.1: Quantidade de funcionários necessários de acordo com a escala otimizada.

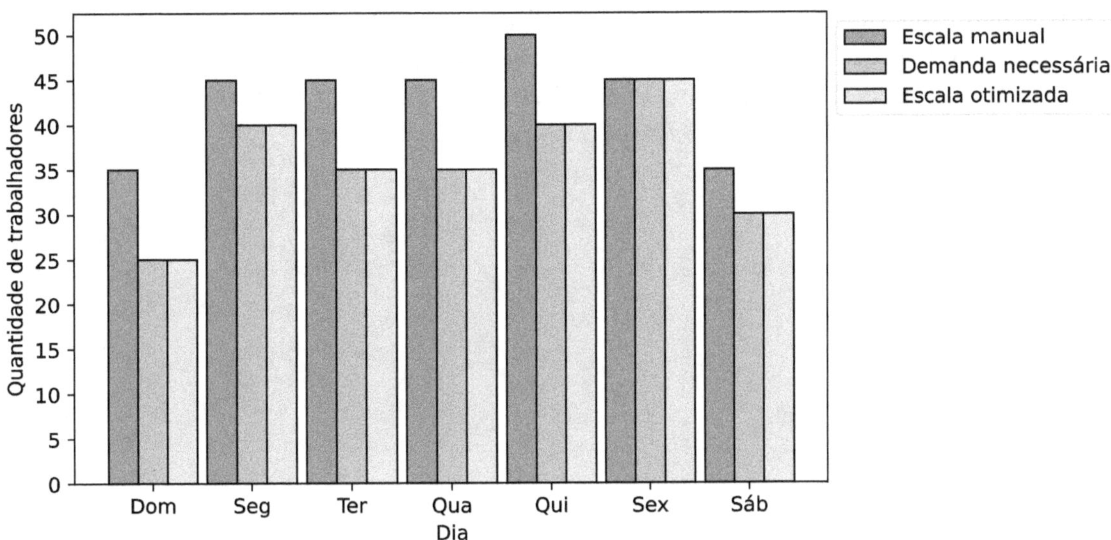

Figura 21.4.2: Comparação entre a demanda, a escala manual e a escala otimizada.

21.5 CONCLUSÃO

Este capítulo explorou o desafio da programação de horários, evidenciando sua relevância no contexto empresarial. Através do exemplo da empresa de móveis, destacamos como esse problema se manifesta na prática. Ao otimizar os horários de trabalho, além de buscar atender as demandas da empresa, acabamos minimizando os gastos associados à alocação de recursos humanos com a diminuição de funcionários alocados semanalmente. O modelo de programação matemática proposto foi implementado nas linguagens MathProg e Python e os resultados obtidos foram apresentados.

Para este problema, consideramos apenas o atendimento, a necessidade diária de funcionários e uma folga de dois dias consecutivos na semana. Mas e se os recursos humanos fossem limitados? E se cada funcionário tivesse um custo associado diferente? E se precisássemos discretizar mais o problema e considerar o momento de intervalo por funcionário? Como você incorporaria essas situações ao modelo de programação de horários?

REFERÊNCIAS

Burke, Edmund K et al. (2004). "The state of the art of nurse rostering". Em: *Journal of scheduling* 7, pp. 441–499.

Ernst, Andreas T et al. (2004). "Staff scheduling and rostering: A review of applications, methods and models". Em: *European journal of operational research* 153.1, pp. 3–27.

Guéret, Christelle, Christian Prins e Marc Sevaux (1999). "Applications of optimization with Xpress-MP". Em: *contract*, p. 00034.

22

PROBLEMA DE CORTE

Fátima M. de Souza Lima
fatimamslima@face.ufmg.br
Universidade Federal de Minas Gerais

Luiza Bernardes Real
luiza.real@ifmg.edu.br
Instituto Federal de Minas Gerais

Guilherme de Souza Ferreira
ferreira.guilherme@gmail.com
Universidade Federal de Minas Gerais

Ricardo Camargo
rcamargo@dep.ufmg.br
Universidade Federal de Minas Gerais

22.1 INTRODUÇÃO

O problema de corte, no inglês conhecido como *Cutting Problem*, é um problema clássico da Pesquisa Operacional, com aplicações em várias indústrias manufatureiras. Fábricas de papel, móvel, vidro, plástico, tecido, entre outros, em geral, adquirem como matéria-prima peças grandes de tamanhos padronizados e precisam cortá-las em peças menores de tamanhos variados para atender a demanda de seus clientes.

Normalmente, existem várias formas de cortar a peça grande nas peças menores. A Figura 22.1.1a ilustra uma peça de 50m que precisa ser cortada em peças de 30m e 20m. As Figuras 22.1.1b e 22.1.1c mostram duas formas de cortar essa peça grande nas peças menores. A grande questão é como cortar as peças para minimizar o número total de peças utilizadas, garantindo que a demanda dos clientes seja atendida.

O problema de corte pode ser classificado em três categorias, com base na dimensionalidade: unidimensional, bidimensional e tridimensional. No caso unidimensional, o problema envolve cortar objetos de uma única dimensão, como fios ou tubos. Por exemplo, cortar barras de aço em comprimentos específicos para construção. O problema bidimensional envolve cortes em duas dimensões, como folhas de papel, chapas de metal ou madeira, onde o objetivo é maximizar o aproveitamento da área disponível. Uma aplicação típica é o corte de painéis de vidro para janelas. Já o problema tridimensional aparece quando três dimensões são relevantes no processo de corte, por exemplo, o corte de blocos de espumas para a produção de colchões e travesseiros.

Essencialmente, o problema consiste em otimizar o uso de materiais e recursos, buscando a máxima eficiência no corte de peças a partir de materiais brutos. Além

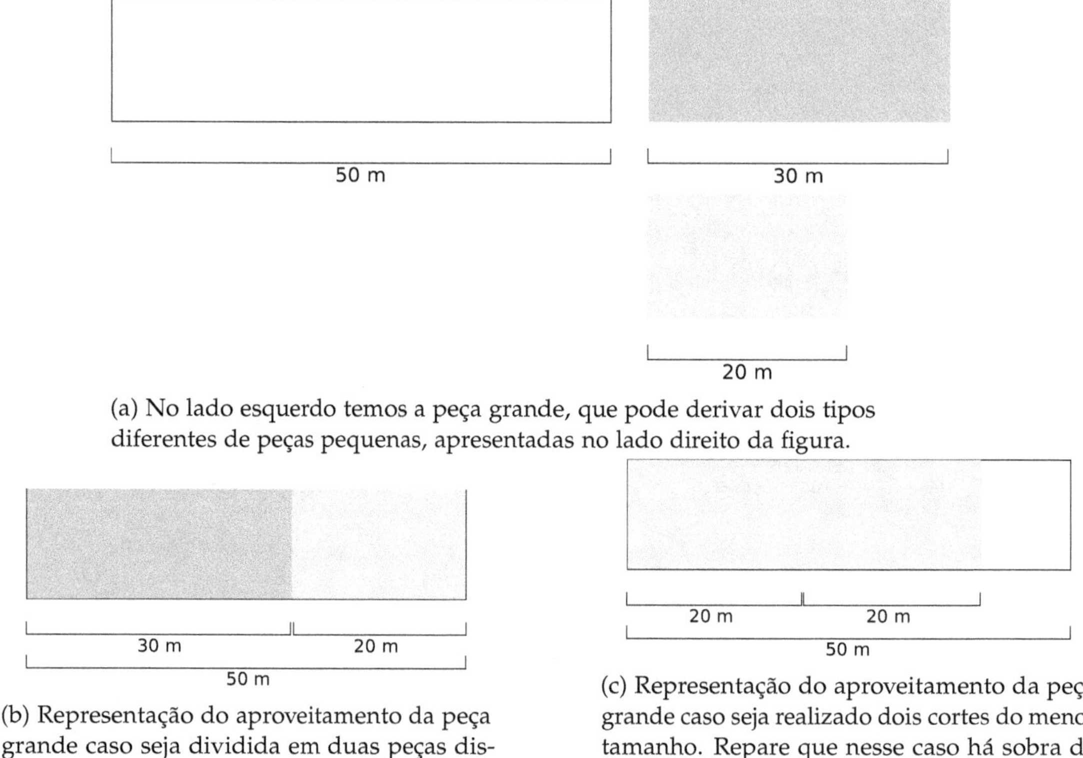

(a) No lado esquerdo temos a peça grande, que pode derivar dois tipos diferentes de peças pequenas, apresentadas no lado direito da figura.

(b) Representação do aproveitamento da peça grande caso seja dividida em duas peças distintas.

(c) Representação do aproveitamento da peça grande caso seja realizado dois cortes do menor tamanho. Repare que nesse caso há sobra de material.

Figura 22.1.1: Ilustração do problema de corte.

da preocupação econômica, existe também a preocupação ambiental. A escolha dos padrões de cortes impacta na quantidade de material a ser desperdiçada.

Este capítulo explora o problema de corte unidimensional. Uma revisão sobre o problema de corte pode ser encontrado em C. Cheng, Feiring e T. Cheng (1994). Os códigos do capítulo estão disponíveis em `https://pifop.com/app/view/mvj0GdvpaaBCqmuXjZrl`.

22.2 O CASO

A empresa Rivadália produz móveis sob medida. Um de seus principais produtos são mesas, que requerem barras de madeira de tamanhos variados. Eles compram barras de madeira em comprimentos padrão de 10 m e precisam cortá-las para atender especificações exatas dos projetos de móveis. A Tabela 22.2.1 indica os tamanhos e as demandas de cada tampo de mesa.

Tabela 22.2.1: Comprimento e demanda de cada tampo de mesa

Tampo de mesa	Comprimento (m)	Demanda (unid.)
1	2	5
2	3	4
3	4	4

A Rivadália precisa planejar os cortes das barras de 10m de modo que os pedidos de mesas de diferentes tamanhos sejam atendidos com o menor número de barras de madeiras. Este desafio envolve a análise de como combinar pedidos de modo a utilizar de maneira eficiente o comprimento total das barras de madeira.

A Figura 22.2.1 ilustra todos os padrões de corte possíveis para essa situação. Uma forma de atender esses pedidos seria utilizar cinco barras: 1 barra do padrão 1, 2 barras do padrão 5, 1 barra do padrão 6 e 1 barra do padrão 7. Surge então a pergunta: Essa é a melhor solução? Existe outra forma de combinar esses padrões de barras para necessitar de menos barras de madeiras?

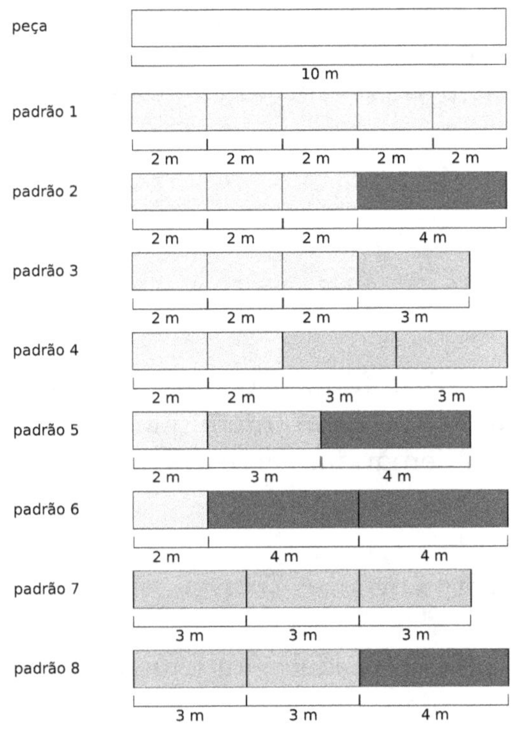

Figura 22.2.1: Ilustração com todos os padrões de cortes possíveis.

22.3 NOTAÇÃO, DEFINIÇÕES E MODELO

Vamos considerar o conjunto de itens $I = \{1, ..., n\}$ e a demanda d_i de cada item $i \in I$. Consideramos também o conjunto de padrões de corte $P = \{1, ..., m\}$. Cada padrão de corte representa uma forma de cortar a barra, sendo a_{ip} a quantidade de itens $i \in I$ no padrão $p \in P$. Vale destacar que um padrão de corte é válido apenas se a equação a seguir é satisfeita:

$$\sum_{i \in I} l_i a_{ip} \leq L,$$

em que l_i é o comprimento do item $i \in I$ e L é o tamanho da barra grande.

Nem sempre será possível ou viável enumerar todos os padrões de corte. Nessas situações, podemos recorrer a métodos de geração de coluna para que os padrões de corte sejam gerados de forma conveniente. Mais detalhes sobre a aplicação desse método no contexto do problema de corte pode ser visto em Desaulniers, Desrosiers e Solomon (2006).

Por fim, seja x_p uma variável inteira positiva que representa a quantidade utilizada do padrão de corte $p \in P$. A Tabela 22.3.1 resume os parâmetros e as variáveis do problema.

O problema de corte pode ser formulado da seguinte forma:

$$\min Z = \sum_{p \in P} x_p \tag{22.3.1}$$

$$\text{s.t.:} \sum_{p \in P} a_{ip} x_p \geq d_i \qquad \forall i \in I \tag{22.3.2}$$

$$x_p \in \mathbb{Z}^+ \qquad \forall p \in P \tag{22.3.3}$$

A função objetivo (22.3.1) minimiza o número total de padrões de corte utilizados. As restrições (22.3.2) garantem que a quantidade obtida de cada item é no mínimo a sua demanda. As restrições (22.3.3) definem o domínio das variáveis.

22.4 CÓDIGOS E RESULTADOS DO MODELO

O código e o resultado do modelo implementado em MathProg são apresentados a seguir:

Código 22.1: Modelo feito em MathProg

```
# conjunto de padroes de corte
```

Tabela 22.3.1: Lista de parâmetros e variáveis.

Conjuntos

$I : \{1, \ldots, n\}$: conjunto de itens,

$P : \{1, \ldots, m\}$: conjunto de padrões de corte.

Parâmetros

n : quantidade de tipos de itens,

m : quantidade de padrões de corte,

d_i : demanda do item $i \in I$,

a_{ip} : quantidade do item $i \in I$ no padrão de corte $p \in P$.

Variáveis de Decisão

$x_p \in \mathbb{Z}^+$: quantidade utilizada do padrão de corte $p \in P$.

```
set P default {};

# conjunto de itens
set I default {};

# demanda do item i
param d{i in I}           >= 0;

# quantidade de item i no padrao de corte p
param a{p in P, i in I}         >= 0;

# quantidade utilizada do padrao de corte p
var x{p in P} >= 0, integer;


# funcao objetivo: minimizar o numero de placas utilizadas
minimize FOqnt : sum{p in P} x[p];

# restricao: a quantidade cortada do item i tem que ser no minimo a demanda do item
s.t. r1{i in I}: sum{p in P} a[p,i] * x[p] >= d[i];


solve;


printf '\n\n';
```

```
printf "Tempo total de producao : %18.2f\n",FOqnt;

display x;


data;

set P := 1 2 3 4 5 6 7 8;

set I := 1 2 3;

param d :=
1 5
2 4
3 4
;

param a :
   1  2 3 :=
1 5  0 0
2 3  0 1
3 3  1 0
4 2  2 0
5 1  1 1
6 1  0 2
7 0  3 0
8 0  2 1
;
```

Código 22.2: Resultados do modelo em Mathprog

```
GLPSOL--GLPK LP/MIP Solver 5.0
Parameter(s) specified in the command line:
 -m mathprog/corte.mod
Reading model section from mathprog/corte.mod...
Reading data section from mathprog/corte.mod...
mathprog/corte.mod:55: warning: unexpected end of file; missing end statement inserted
55 lines were read
Generating FOqnt...
Generating r1...
Model has been successfully generated
GLPK Integer Optimizer 5.0
4 rows, 8 columns, 23 non-zeros
8 integer variables, none of which are binary
Preprocessing...
3 rows, 8 columns, 15 non-zeros
8 integer variables, none of which are binary
Scaling...
 A: min|aij| = 1.000e+00 max|aij| = 5.000e+00 ratio = 5.000e+00
Problem data seem to be well scaled
Constructing initial basis...
Size of triangular part is 3
Solving LP relaxation...
GLPK Simplex Optimizer 5.0
3 rows, 8 columns, 15 non-zeros
```

```
      0: obj = 0.000000000e+00 inf = 1.300e+01 (3)
      3: obj = 3.933333333e+00 inf = 0.000e+00 (0)
*     5: obj = 3.800000000e+00 inf = 0.000e+00 (0)
OPTIMAL LP SOLUTION FOUND
Integer optimization begins...
Long-step dual simplex will be used
+     5: mip =     not found yet >=              -inf        (1; 0)
Solution found by heuristic: 4
+     5: mip = 4.000000000e+00 >=     tree is empty 0.0% (0; 1)
INTEGER OPTIMAL SOLUTION FOUND
Time used: 0.0 secs
Memory used: 0.1 Mb (139809 bytes)


Tempo total de producao :        4.00
Display statement at line 30
x[1].val = 0
x[2].val = 0
x[3].val = 0
x[4].val = 2
x[5].val = 0
x[6].val = 2
x[7].val = 0
x[8].val = 0
Model has been successfully processed
```

O código e o resultado do modelo implementado em Python são apresentados a seguir:

Código 22.3: Modelo feito em Python

```python
from mip import Model, xsum, minimize, CBC, OptimizationStatus, INTEGER
from itertools import product
import matplotlib.pyplot as plt
from math import sqrt
import numpy as np

# parametros

# numero de itens
n = 3
I = range(n)

# numero de padroes de corte
m = 8
P = range(m)

# demanda
d = [5, 4, 4]

# quantidade de itens em cada padrao de corte
a = [[5, 0, 0],
     [3, 0, 1],
     [3, 1, 0],
     [2, 2, 0],
```

```
    [1, 1, 1],
    [1, 0, 2],
    [0, 3, 0],
    [0, 2, 1]]

# declaracao do modelo
model = Model('Problema de Corte',solver_name=CBC)

# declaracao das variaveis

# variavel:
x = [model.add_var(var_type=INTEGER, lb=0.0) for p in P]

# definicao da funcao objetivo
# funcao objetivo: minimizar o tempo total de producao (makespan)
model.objective = minimize( xsum (x[p] for p in P))

# restricoes

# restricao: ou a tarefa i e processada antes da j ou depois
#s.t. r1{i in J,j in J: i != j}: x[i,j] + x[j,i] = 1;
for i in I:
   model += xsum(a[p][i] * x[p] for p in P) >= d[i]

# otimiza o modelo chamando o resolvedor
status = model.optimize()

# imprime solucao
if status == OptimizationStatus.OPTIMAL:
   print("Numero total de barras: {:12.2f}.".format(model.objective_value))

   for p in P:
      print("x[{:d}] = {:.0f}".format(p+1,x[p].x))
```

Código 22.4: Resultados do modelo em Python

```
Welcome to the CBC MILP Solver
Version: Trunk
Build Date: Oct 24 2021

Starting solution of the Linear programming relaxation problem using Primal Simplex

Clp0024I Matrix will be packed to eliminate 9 small elements
Coin0506I Presolve 3 (0) rows, 7 (-1) columns and 13 (-2) elements
Clp1000I sum of infeasibilities 9.85258e-08 - average 3.28419e-08, 0 fixed columns
Coin0506I Presolve 3 (0) rows, 7 (0) columns and 13 (0) elements
Clp0029I End of values pass after 7 iterations
Clp0000I Optimal - objective value 3.8
Clp0000I Optimal - objective value 3.8
Clp0000I Optimal - objective value 3.8
Coin0511I After Postsolve, objective 3.8, infeasibilities - dual 0 (0), primal 0 (0)
Clp0032I Optimal objective 3.8 - 0 iterations time 0.002, Presolve 0.00, Idiot 0.00

Starting MIP optimization
Cgl0003I 0 fixed, 8 tightened bounds, 0 strengthened rows, 0 substitutions
```

```
Cgl0004I processed model has 3 rows, 8 columns (8 integer (0 of which binary)) and 15 elements
Coin3009W Conflict graph built in 0.000 seconds, density: 0.000%
Cgl0015I Clique Strengthening extended 0 cliques, 0 were dominated
Cbc0045I Nauty did not find any useful orbits in time 0
Cbc0012I Integer solution of 7 found by greedy cover after 0 iterations and 0 nodes (0.00 seconds)
Cbc0012I Integer solution of 5 found by DiveCoefficient after 0 iterations and 0 nodes (0.01
    seconds)
Cbc0038I Full problem 3 rows 8 columns, reduced to 3 rows 3 columns
Cbc0012I Integer solution of 4 found by RINS after 0 iterations and 0 nodes (0.01 seconds)
Cbc0001I Search completed - best objective 4, took 0 iterations and 0 nodes (0.01 seconds)
Cbc0035I Maximum depth 0, 0 variables fixed on reduced cost
Total time (CPU seconds): 0.00 (Wallclock seconds): 0.01

Numero total de barras: 4.00.
x[1] = 0
x[2] = 0
x[3] = 0
x[4] = 2
x[5] = 0
x[6] = 2
x[7] = 0
x[8] = 0
```

Na seção 22.2 levantamos a possibilidade de atender os pedidos utilizando 5 barras. A solução ótima obtida pela formulação (22.3.1)-(22.3.3) indica a possibilidade de usar 4 barras para atender os pedidos (2 barras do padrão 4 e 2 barras do padrão 6), uma redução de $(5-4)/5 \approx 20\%$ no número de barras grandes necessárias.

22.5 CONCLUSÃO

Este capítulo abordou o problema de corte. Através do caso da empresa de móveis, ilustramos o desafio de determinar o menor número de peças grandes de tamanho padronizado necessárias para a geração de peças de tamanhos específicos menores. O modelo de programação matemática proposto foi implementado nas linguagens MathProg e Python e os resultados obtidos foram apresentados.

Neste capítulo, estudamos a versão unidimensional do problema. E se fosse importante considerar duas ou três dimensões? A formulação matemática se alteraria?

REFERÊNCIAS

Cheng, CH, BR Feiring e TCE Cheng (1994). "The cutting stock problem—a survey". Em: *International Journal of Production Economics* 36.3, pp. 291–305.

Desaulniers, Guy, Jacques Desrosiers e Marius M Solomon (2006). *Column generation*. Vol. 5. Springer Science & Business Media.

Parte IV

PROBLEMAS DE ALOCAÇÃO DE RECURSOS

23

PROBLEMA DA MOCHILA

Débora A. Ribeiro
deboralvesribeiro@gmail.com

Luiza Bernardes Real
luizabernardesreal@gmail.com
Instituto Federal de Minas Gerais

23.1 INTRODUÇÃO

Os problemas da mochila (*knapsack problems*) consistem em selecionar, de um conjunto de itens, aqueles que serão colocados em uma ou mais mochilas de modo a maximizar o valor total de utilidade. Cada item possui peso e valor de utilidade associado, e a(s) mochila(s) uma capacidade máxima que deve ser respeitada(s).

Desde sua formulação inicial, dado por Dantzig em 1957, os problemas da mochila tem sido consideravelmente estudados, uma vez que eles apresentam importâncias teóricas e práticas. Teóricas por serem problemas simples de programação combinatória pertencente a classe *NP*-Completo e práticas por serem encontrado como subproblemas em vários problemas mais complexos de otimização, além, de ser facilmente aplicados em situações do dia-a-dia (Martello e Toth (1990), Kellerer, Pferschy e Pisinger (2013) e Cacchiani et al. (2022)).

Em aplicações práticas do problema podemos citar situações em diferentes áreas. Em logística, temos o planejamento de cargas, em que o objetivo é maximizar o carregamento em um limite de capacidade de espaço. Na área de produção, o problema da mochila pode ser utilizado para decidir a quantidade de produtos a serem fabricados. Nesse caso, consideramos que cada produto consome uma quantidade de recurso (peso) e tem um retorno esperado (utilidade) e que a quantidade dos recursos disponíveis é limitada, o objetivo é maximizar a receita. Na área financeira, temos o problema de composição de uma carteira de ativos, onde cada ativo tem um custo e um retorno esperado e o orçamento de aplicação é limitado.

Neste capítulo, abordaremos o "Problema da Mochila 0-1", uma variante do problema original que se enquadra na categoria de programação linear inteira. Nessa versão, há uma quantidade limitada de itens e cada um só pode ser totalmente incluído ou excluído da mochila, sem a possibilidade de fracionamento. Essa abordagem é

NP-Completo o que significa que ele pode ser resolvido por programação dinâmica em tempo pseudo-polinomial. Todos os códigos apresentados neste capítulo estão disponíveis no link: `https://pifop.com/app/view/efcpAHQvkOGHSJLhRFjA`.

23.2 O CASO

Considere que a empresa de móveis Rivadália possua um capital de investimento de 100 e queira selecionar entre 6 projetos os que maximizam o retorno total esperado, respeitando o total de capital disponível. Cada projeto possui um retorno esperado e um custo para ser implementado (ver Tabela 23.2.1).

Tabela 23.2.1: Retorno esperado e custo de cada projeto

Projetos	1	2	3	4	5	6
Custo	22	40	14	39	33	15
Retorno esperado	25	47	3	33	41	38

Podemos enxergar a situação como um problema da mochila, Figura 23.2.1, onde os projetos são os itens e o capital de investimento a mochila. Mais especificamente, existem 6 itens disponíveis, cada um com peso (custo c) e valor de utilidade (retorno esperado a), para serem colocados em uma mochila de capacidade 100. Espera-se encontrar os projetos que maximizem o retorno total esperado.

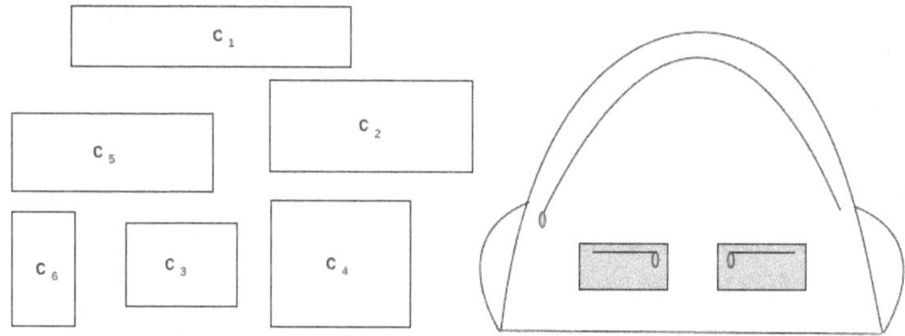

Figura 23.2.1: Contexto do problema da mochila

23.3 NOTAÇÃO, DEFINIÇÕES E MODELO

No modelo matemático consideramos n itens pertencentes ao conjunto $N = \{1, \ldots, n\}$. Cada item $i \in N$, tem um peso c_i e uma utilidade a_i, associados. Os itens poderão ser alocados a mochila de capacidade b. Visando encontrar o valor máximo de utilidade, consideraremos a variável binária $x_i \in \{0, 1\}$, $\forall i \in N$. Essa variável ao assumir o valor "1" indica que o item é alocado a mochila e "0", caso contrário. A lista de parâmetros e variáveis associados ao caso 23.2 estão resumidos na Tabela 23.3.1 e o modelo do problema da mochila 0-1 é apresentado.

Tabela 23.3.1: Lista de parâmetros e variáveis.

Conjuntos

$N = \{1, \ldots, n\}$: conjunto de projetos.

Parâmetros

n : número de projetos (itens),

c_i : custo de cada projeto $i \in N$ (peso associado),

a_i : retorno esperado a cada projeto $i \in N$ (utilidade associado),

b : capital de investimento (capacidade da mochila).

Variáveis de Decisão

$x_i \in \{0, 1\}$: igual 1, se o projeto $i \in N$ é selecionado; 0, caso contrário

$$\max \sum_{i \in N} a_i x_i \tag{23.3.1}$$

$$\text{sujeito a: } \sum_{i \in N} c_i x_i \leq b \tag{23.3.2}$$

$$x_i \in \{0, 1\} \qquad \forall\, i \in N \tag{23.3.3}$$

A função objetivo (23.3.1) maximiza o retorno total. A restrição (23.3.2) assegura que a capacidade da mochila é atendida, enquanto as restrições (23.3.3) determinam o domínio das variáveis de decisões.

23.4 CÓDIGOS E RESULTADOS DO MODELO

A situação problema apresentada na seção 23.2, tem solução ótima 126 e os projetos escolhidos são x_2, x_5 e x_6 o quais somam um custo de investimento $40 + 33 + 15 = 88$, respeitando a capacidade da mochila que é $Q = 100$. Os códigos e resultados em Mathprog e Python são expostos a seguir.

Código 23.1: Modelo problema da mochila em Mathprog

```
# numero de projetos
param n, integer, > 0;
set N := 1..n;
# custo de cada projeto
param c{i in N}, >=0;
# retorno de cada projeto
param a{i in N}, >=0;
# capacidade da mochila/capital de investimento
param b, integer,>= 0 ;

# variavel: se o projeto i e incluido na mochila
var x{i in N}, binary;

# funcao objetivo: maximizar o retorno
maximize obj: sum{i in N} a[i] * x[i];

# restricao: a capacidade da mochila deve ser respeitada
s.t. r1: sum{i in N} c[i]*x[i] <= b;

solve;

# impressao do resultado
printf '\n';
printf "----------------------------------------\n";
printf 'Resultado:\n';
printf 'Retorno maximo total : %2.2f\n', sum{i in N} a[i] * x[i];

printf " Projeto(n) Custo c(i) Retorno a(i)\n";
for{i in N: x[i] > 1-1e-6}
{
  printf "%8d %12d %12g\n", i, c[i]*x[i], a[i]*x[i];
}
printf "----------------------------------------\n\n";

# dados do problema
data;

param n := 6;
param b := 100;
param c :=
1 22
2 40
3 14
4 39
5 33
6 15
;
param a :=
1 25
2 47
3  3
4 33
5 41
6 38
```

```
;
end;
```

Código 23.2: Resultado modelo do problema da mochila em Mathprog

```
> glpsol -m "mathprog/problema_da_mochila.mod"
GLPSOL--GLPK LP/MIP Solver 5.0
Parameter(s) specified in the command line:
 -m mathprog/problema_da_mochila.mod
Reading model section from mathprog/problema_da_mochila.mod...
Reading data section from mathprog/problema_da_mochila.mod...
56 lines were read
Generating obj...
Generating r1...
Model has been successfully generated
GLPK Integer Optimizer 5.0
2 rows, 6 columns, 12 non-zeros
6 integer variables, all of which are binary
Preprocessing...
1 row, 6 columns, 6 non-zeros
6 integer variables, all of which are binary
Scaling...
 A: min|aij| = 1.400e+01 max|aij| = 4.000e+01 ratio = 2.857e+00
GM: min|aij| = 1.000e+00 max|aij| = 1.000e+00 ratio = 1.000e+00
EQ: min|aij| = 1.000e+00 max|aij| = 1.000e+00 ratio = 1.000e+00
2N: min|aij| = 6.875e-01 max|aij| = 1.250e+00 ratio = 1.818e+00
Constructing initial basis...
Size of triangular part is 1
Solving LP relaxation...
GLPK Simplex Optimizer 5.0
1 row, 6 columns, 6 non-zeros
*     0: obj = -0.000000000e+00 inf = 0.000e+00 (6)
*     5: obj = 1.396363636e+02 inf = 0.000e+00 (0)
OPTIMAL LP SOLUTION FOUND
Integer optimization begins...
Long-step dual simplex will be used
+     5: mip = not found yet <=      +inf     (1; 0)
+     8: >>>>> 1.130000000e+02 <= 1.360000000e+02 20.4% (4; 0)
Solution found by heuristic: 126
+    10: mip = 1.260000000e+02 <= tree is empty 0.0% (0; 9)
INTEGER OPTIMAL SOLUTION FOUND
Time used: 0.0 secs
Memory used: 0.1 Mb (140685 bytes)

------------------------------------------
Resultado:
Retorno maximo total : 126.00
  Projeto(n) Custo c(i) Retorno a(i)
      2        40        47
      5        33        41
      6        15        38
-------------------------------------------

Model has been successfully processed
```

Código 23.3: Modelo do problema da mochila em Python

```
from mip import Model, xsum, maximize, CBC, OptimizationStatus, BINARY
from itertools import product
import matplotlib.pyplot as plt
from math import sqrt
import numpy as np

# numero de projeto
n = 6
N = range(n)

# custo de cada projeto
c = [22, 40, 14, 39, 33, 15]
# retorno de cada projeto
a = [25, 47, 3, 33, 41, 38]
# capacidade da mochila/capital de investimento
b = 100

# declaracao do modelo
model = Model('Problema da Mochila',solver_name=CBC)

# variavel: se o projeto i e incluido na mochila
x = [model.add_var(var_type=BINARY) for i in N]

# funcao objetivo: maximizar o retorno
model.objective = maximize(xsum(a[i] * x[i] for i in N))

# restricao: a capacidade da mochila deve ser respeitada
for i in N:
   model += xsum(c[i] * x[i] for i in N) <= b

# otimiza o modelo chamando o resolvedor
status = model.optimize()

# impressao do resultado
if status == OptimizationStatus.OPTIMAL:
   print("----------------------------------------------")
   print("Resultado:")
   print("Retorno total: {:2.2f}.".format(model.objective_value))
   print( " Funcionario(i) Custo c(i) Retorno a(i) ")
   for i in N:
      if x[i].x > 0.5:
         print("{:8d} {:15d} {:15.0f}".format(i+1, c[i], a[i]))
   print("----------------------------------------------")
```

Código 23.4: Resultado do modelo do problema da mochila em Python

```
> python/problema_da_mochila.py
Welcome to the CBC MILP Solver
Version: Trunk
Build Date: Oct 24 2021

Starting solution of the Linear programming relaxation problem using Primal Simplex

Coin0506I Presolve 1 (-5) rows, 6 (0) columns and 6 (-30) elements
```

```
Clp1000I sum of infeasibilities 0 - average 0, 6 fixed columns
Coin0506I Presolve 0 (-1) rows, 0 (-6) columns and 0 (-6) elements
Clp0000I Optimal - objective value -0
Clp0000I Optimal - objective value -0
Coin0511I After Postsolve, objective 0, infeasibilities - dual 0 (0), primal 0 (0)
Clp0000I Optimal - objective value 139.63636
Clp0000I Optimal - objective value 139.63636
Clp0000I Optimal - objective value 139.63636
Coin0511I After Postsolve, objective 139.63636, infeasibilities - dual 0 (0), primal 0 (0)
Clp0032I Optimal objective 139.6363636 - 0 iterations time 0.002, Presolve 0.00, Idiot 0.00

Starting MIP optimization
Cgl0004I processed model has 1 rows, 6 columns (6 integer (6 of which binary)) and 6 elements
Coin3009W Conflict graph built in 0.000 seconds, density: 7.692%
Cgl0015I Clique Strengthening extended 0 cliques, 0 were dominated
Cbc0045I Nauty did not find any useful orbits in time 2.9e-05
Cbc0038I Initial state - 1 integers unsatisfied sum - 0.454545
Cbc0038I Pass 1: suminf. 0.25000 (1) obj. -139.25 iterations 1
Cbc0038I Solution found of -104
Cbc0038I Rounding solution of -107 is better than previous of -104

Cbc0038I Before mini branch and bound, 4 integers at bound fixed and 0 continuous
Cbc0038I Full problem 1 rows 6 columns, reduced to 1 rows 2 columns
Cbc0038I Mini branch and bound improved solution from -107 to -126 (0.00 seconds)
Cbc0038I Round again with cutoff of -128.264
Cbc0038I Reduced cost fixing fixed 2 variables on major pass 2
Cbc0038I Pass 2: suminf. 0.25000 (1) obj. -139.25 iterations 0
Cbc0038I Pass 3: suminf. 0.48375 (1) obj. -128.264 iterations 1
Cbc0038I Pass 4: suminf. 0.48375 (1) obj. -128.264 iterations 0
Cbc0038I Pass 5: suminf. 0.48375 (1) obj. -128.264 iterations 0
Cbc0038I Pass 6: suminf. 0.48375 (1) obj. -128.264 iterations 0
Cbc0038I Pass 7: suminf. 0.48375 (1) obj. -128.264 iterations 0
Cbc0038I Pass 8: suminf. 0.48375 (1) obj. -128.264 iterations 0
Cbc0038I Pass 9: suminf. 0.06859 (1) obj. -128.264 iterations 2
Cbc0038I Pass 10: suminf. 0.06859 (1) obj. -128.264 iterations 0
Cbc0038I Pass 11: suminf. 0.47723 (2) obj. -128.264 iterations 2
Cbc0038I Pass 12: suminf. 0.47723 (2) obj. -128.264 iterations 0
Cbc0038I Pass 13: suminf. 0.47723 (2) obj. -128.264 iterations 0
Cbc0038I Pass 14: suminf. 0.23077 (1) obj. -129.385 iterations 2
Cbc0038I Pass 15: suminf. 0.24396 (2) obj. -128.264 iterations 1
Cbc0038I Pass 16: suminf. 0.23077 (1) obj. -129.385 iterations 1
Cbc0038I Pass 17: suminf. 0.48375 (1) obj. -128.264 iterations 2
Cbc0038I Pass 18: suminf. 0.25000 (1) obj. -139.25 iterations 1
Cbc0038I Pass 19: suminf. 0.25000 (1) obj. -139.25 iterations 0
Cbc0038I Pass 20: suminf. 0.25000 (1) obj. -139.25 iterations 0
Cbc0038I Pass 21: suminf. 0.25000 (1) obj. -139.25 iterations 0
Cbc0038I Pass 22: suminf. 0.06859 (1) obj. -128.264 iterations 3
Cbc0038I Pass 23: suminf. 0.47723 (2) obj. -128.264 iterations 2
Cbc0038I Pass 24: suminf. 0.47723 (2) obj. -128.264 iterations 0
Cbc0038I Pass 25: suminf. 0.06859 (1) obj. -128.264 iterations 2
Cbc0038I Pass 26: suminf. 0.48375 (1) obj. -128.264 iterations 2
Cbc0038I Pass 27: suminf. 0.47723 (2) obj. -128.264 iterations 4
Cbc0038I Pass 28: suminf. 0.47723 (2) obj. -128.264 iterations 0
Cbc0038I Pass 29: suminf. 0.47723 (2) obj. -128.264 iterations 0
Cbc0038I Pass 30: suminf. 0.06859 (1) obj. -128.264 iterations 2
```

```
Cbc0038I Pass 31: suminf. 0.48375 (1) obj. -128.264 iterations 2
Cbc0038I No solution found this major pass
Cbc0038I Before mini branch and bound, 2 integers at bound fixed and 0 continuous
Cbc0038I Full problem 1 rows 6 columns, reduced to 1 rows 4 columns
Cbc0038I Mini branch and bound did not improve solution (0.00 seconds)
Cbc0038I After 0.00 seconds - Feasibility pump exiting with objective of -126 - took 0.00 seconds
Cbc0012I Integer solution of -126 found by feasibility pump after 0 iterations and 0 nodes (0.00 seconds)
Cbc0006I The LP relaxation is infeasible or too expensive
Cbc0013I At root node, 0 cuts changed objective from -139.63636 to -139.63636 in 1 passes
Cbc0014I Cut generator 0 (Probing) - 1 row cuts average 0.0 elements, 1 column cuts (1 active) in 0.000 seconds - new frequency is 1
Cbc0014I Cut generator 1 (Gomory) - 0 row cuts average 0.0 elements, 0 column cuts (0 active) in 0.000 seconds - new frequency is -100
Cbc0014I Cut generator 2 (Knapsack) - 0 row cuts average 0.0 elements, 0 column cuts (0 active) in 0.000 seconds - new frequency is -100
Cbc0014I Cut generator 3 (Clique) - 0 row cuts average 0.0 elements, 0 column cuts (0 active) in 0.000 seconds - new frequency is -100
Cbc0014I Cut generator 4 (OddWheel) - 0 row cuts average 0.0 elements, 0 column cuts (0 active) in 0.000 seconds - new frequency is -100
Cbc0014I Cut generator 5 (MixedIntegerRounding2) - 0 row cuts average 0.0 elements, 0 column cuts (0 active) in 0.000 seconds - new frequency is -100
Cbc0014I Cut generator 6 (FlowCover) - 0 row cuts average 0.0 elements, 0 column cuts (0 active) in 0.000 seconds - new frequency is -100
Cbc0014I Cut generator 7 (TwoMirCuts) - 0 row cuts average 0.0 elements, 0 column cuts (0 active) in 0.000 seconds - new frequency is -100
Cbc0014I Cut generator 8 (ZeroHalf) - 0 row cuts average 0.0 elements, 0 column cuts (0 active) in 0.000 seconds - new frequency is -100
Cbc0001I Search completed - best objective -126, took 0 iterations and 0 nodes (0.01 seconds)
Cbc0035I Maximum depth 0, 2 variables fixed on reduced cost
Total time (CPU seconds): 0.01 (Wallclock seconds): 0.01

-----------------------------------------------
Resultado:
Retorno total: 126.00.
  Funcionario(i) Custo c(i) Retorno a(i)
      2          40         47
      5          33         41
      6          15         38
-----------------------------------------------
```

Para pensar: *Em problemas reais, será que temos situações onde há mais de um item de cada tipo no problema? Ou infinitos? E se queremos levar em uma viagem várias mochilas ou uma mochila com vários compartimentos, podemos abordar o problema de forma semelhante ao problema de uma mochila?*

23.5 VARIANTES DO PROBLEMA DA MOCHILA 0-1

Nos últimos anos uma grande quantidade de variantes do problema da mochila foram abordadas. Nós mencionaremos algumas variações do problema da mochila 0-1, onde a quantidade de cada item atribuído a mochila pode variar.

Problema da Mochila limitado é a generalização do problema da mochila 0-1. Neste problema pode ser inserido o mesmo item i a uma quantidade l_i na mochila. Sendo assim, sua formulação é composta pela função objetivo (23.3.1) a restrição (23.3.2) e a variável decisão do problema x_i, passa ser inteira com $0 \leq x_i \leq l_i$, $\forall\ i \in N$. Note que a variável x_i representa a quantidade de itens do elemento i selecionado.

Problema da Mochila Ilimitado neste problema, a quantidade de cada item que será inserido ou não na mochila, é ilimitada. A formulação é composta pela mesma função objetivo (23.3.1) e a restrição (23.3.2) porém a variável de decisão passa ser $x_i \geq 0$, $\forall\ i \in N$, sendo x_i variável inteira.

Problema de troco ou Change-Making Problem é um caso particular do problema da mochila limitado. Ele surge quando $a_i = 1, \forall i \in N$ e na restrição de capacidade é imposta a igualdade, ou seja, $\sum_{i \in N} c_i x_i = b$. O problema recebe este nome por lembrar a situação de um caixa que deve montar um troco b com um determinado número de moedas.

Problema de Múltiplas Mochilas 0-1 possui n itens cada um com peso e lucro associado. Os itens podem ser (ou não) colocados em m mochilas com capacidades b_j, $\forall j \in M = \{1, ..., m\}$, que devem ser respeitadas. O modelo busca encontrar m subconjuntos disjuntos de itens de modo a maximizar o lucro total deles. Cada subconjunto é atribuído a uma única mochila. Sua formulação é dada por:

$$\max \sum_{i \in N} \sum_{j \in M} a_i x_{ij} \tag{23.5.1}$$

$$\text{sujeito a: } \sum_{i \in N} c_i x_{ij} \leq b_j \qquad \forall\ j \in M \tag{23.5.2}$$

$$\sum_{j \in M} x_{ij} \leq 1 \qquad \forall\ i \in N \tag{23.5.3}$$

$$x_{ij} \in \{0, 1\} \qquad \forall\ i \in N,\ j \in M \tag{23.5.4}$$

A função objetivo (23.5.1) maximiza o lucro total. As restrições (23.5.2) asseguram que a capacidade b_j da mochila j seja atendida. Enquanto as restrições (23.5.3) indicam que o item i escolhido é colocado em uma única mochila, e as restrições (23.5.4) garantem o domínio das variáveis de decisões.

Para pensar: O que acontece se considerarmos que o peso e a utilidade variam tanto por item quanto por mochila?

23.6 CONCLUSÃO

Neste capítulo, exploramos o desafio envolvendo o problema da mochila 0-1, destacando algumas variações possíveis. A contextualização prática foi fornecida por meio do exemplo da empresa de móveis Rivadália, oferecendo uma implementação concreta que visa aprimorar a compreensão do problema. Desenvolvemos o modelo de programação matemática nas linguagens MathProg e Python, proporcionando uma análise adequada dos resultados obtidos. Esta abordagem prática, combinada com a aplicação realista do problema, enriquece o entendimento e destaca a relevância do estudo do problema da mochila 0-1.

REFERÊNCIAS

Cacchiani, Valentina et al. (2022). "Knapsack problems—An overview of recent advances. Part II: Multiple, multidimensional, and quadratic knapsack problems". Em: *Computers & Operations Research* 143, p. 105693.

Kellerer, H., U. Pferschy e D. Pisinger (2013). *Knapsack Problems*. Springer Berlin Heidelberg. ISBN: 9783540247777. URL: https://books.google.com.br/books?id=wmL2BwAAQBAJ.

Martello, Silvano e Paolo Toth (1990). *Knapsack problems: algorithms and computer implementations*. John Wiley & Sons, Inc.

24

PROBLEMA DE ATRIBUIÇÃO

Débora A. Ribeiro
deboralvesribeiro@gmail.com

Luiza Bernardes Real
luizabernardesreal@gmail.com
Instituto Federal de Minas Gerais

24.1 INTRODUÇÃO

O problema de Atribuição, também conhecido como problema de Alocação/ Designação, é um problema de otimização combinatória que procura encontrar a correspondência ótima entre elementos de dois conjuntos. É necessário que todos os elementos do primeiro conjunto sejam atribuídos a um único elemento do segundo conjunto e vice-e-versa. O objetivo é minimizar ou maximizar uma métrica específica.

Sua aplicação ocorre em diversas áreas, tais como em logística, economia, ciência da computação, e outras. Podendo ocorrer de forma isolada ou como subproblema de problemas mais complexos. Em Pentico (2007), é realizado um levantamento limitado de variações do problema de atribuição surgidas na literatura referente aos 50 anos antecedentes a 2007.

O problema de atribuição pode ser visto como uma variação do problema de transporte original, o qual tem suas variáveis de decisões assumindo valores binários, zero ou um, o que pressupões que a oferta e a demanda estão equilibradas. Assim, o problema de atribuição pode ser resolvido utilizando algoritmos do problema de transportes.

Dentre as diversas abordagens de resolução existentes para o problema em questão deste capítulo, uma das mais conhecidas e amplamente utilizada é o Algoritmo Húngaro. Apresentada inicialmente por Kuhn (1955), o algoritmo utiliza técnicas de matriz de custo e pode encontrar a solução ótima do problema de atribuição em tempo polinomial.

Para uma discussão abrangente do problema o leitor pode consultar Burkard, Dell'Amico e Martello (2012). Os códigos apresentados neste capítulo estão disponíveis para consulta no link: `https://pifop.com/app/view/efcp539HZckFLFekEUI1`

24.2 O CASO

Maria, gerente da empresa de móveis Rivadália, tem 5 tarefas para serem realizadas por 5 funcionários habilitados. Ela precisa determinar a atribuição entre funcionários e tarefas, onde cada funcionário deve executar uma tarefa e toda tarefa tem que ser executada por um único funcionário. Entretanto, cada funcionário tem um interesse relacionado na execução de cada tarefa conforme Tabela 24.2.1. Como Maria deve efetuar a atribuição de modo que a soma de interesses sejam otimizadas?

Tabela 24.2.1: Dados do problema de atribuição

Funcionários	Tarefas				
	1	2	3	4	5
1	10	2	20	11	15
2	12	7	9	20	25
3	4	14	16	18	10
4	12	13	5	15	15
5	5	10	15	6	20

Note que quando falamos em interesse, devemos pensar no interesse da empresa. Por isso, devemos encontrar uma distribuição em que a empresa Rivadália obtenha o máximo de lucro e mínimo de investimento.

24.3 NOTAÇÃO, DEFINIÇÕES E MODELO

Formalmente, o problema pode ser definido como se segue. Dado dois conjuntos M e N, ambos com n elementos, e uma métrica de custo c para cada par (i, j) de elementos, $i \in M$ e $j \in N$. O problema busca encontrar os pares (i, j), onde cada elemento de M é atribuído a um único elemento de N, e vice-e versa. O objetivo é minimizar o custo total. Para melhor entendimento, a Figura 24.3.1 ilustra o contexto do problema.

Associando a descrição formal do problema a situação apresentada na seção 24.2 a lista de parâmetros e variáveis estão explicitados na Tabela 24.3.1 e o modelo matemático do problema de atribuição é apresentado.

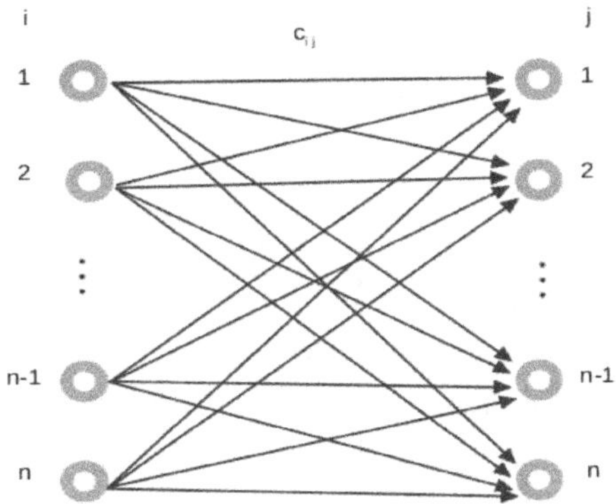

Figura 24.3.1: Contexto do problema de atribuição

Tabela 24.3.1: Lista de parâmetros e variáveis.

Conjuntos

$M : \{1, \dots, n\}$: conjunto de funcionários,

$N : \{1, \dots, n\}$: conjunto de tarefas.

Parâmetros

n : número de funcionários e tarefas,

c_{ij} : custo de investimento de atribuir o funcionário $i \in M$ a tarefa $j \in N$.

Variáveis de Decisão

$x_{ij} \in \{0, 1\}$: igual 1, se o funcionário $i \in M$ é atribuído a tarefa $j \in N$; 0, caso contrário.

$$\min \sum_{i \in M} \sum_{j \in N} c_{ij} x_{ij} \tag{24.3.1}$$

$$\text{sujeito a:} \sum_{i \in M} x_{ij} = 1 \qquad \forall\, j \in N \tag{24.3.2}$$

$$\sum_{j \in N} x_{ij} = 1 \qquad \forall\, i \in M \tag{24.3.3}$$

$$x_{ij} \in \{0, 1\} \qquad \forall\, i \in M,\ j \in N \tag{24.3.4}$$

A função objetivo (24.3.1) minimiza o custo de investimento total. As restrições (24.3.2) asseguram que cada tarefa $j \in N$ é atribuída a um único funcionário de M e as restrições (24.3.3) garantem que cada funcionário $i \in M$ é atribuído a uma única tarefa de N. Já as restrições (24.3.4) determinam o domínio das variáveis de decisões.

24.4 CÓDIGOS E RESULTADOS DO MODELO

Após implementar nas linguagens MathProg e Python, códigos e resultados abaixo, podemos ver que Maria otimizará a soma de interesse ao atribuir os funcionários $1,2,3,4,5$ as tarefas $2,1,5,3$ e 4, respectivamente, obtendo um custo mínimo de investimento de $2+12+10+5+6=35$.

Código 24.1: Modelo do problema de atribuição em Mathprog

```
# numero de funcionario e tarefas
param n, integer, > 0;
# conjunto de funcionarios
set M := 1..n;
#conjunto de tarefas
set N := 1..n;

# custo de investimento do par (i,j)
param c{i in M, j in N}, >=0;

# variavel: se o funcionario i e atribuido a tarefa j
var x{i in M, j in N}, binary;

# funcao objetivo: minimiza o investimento
minimize obj: sum{i in M,j in N} c[i,j] * x[i,j];

# restricao: toda tarefa deve ser atribuida a um funcionario
s.t. r1{j in N}: sum{i in M} x[i,j] = 1;
# restricao: todo funcionario deve ser atribuida a uma tarefa
s.t. r2{i in M}: sum{j in N} x[i,j] = 1;

solve;

# impressao do resultado
printf "\n\n---------------------------------------------------\n";
printf 'Resultado:';
printf '\nCusto minimo total: %10.2f\n', sum{i in M}sum{j in N} c[i,j] * x[i,j];
#printf "Funcionario(i) tarefa(j) custo\n";
   printf " Funcionario (i) Tarefa (j) Custo (i,j)\n";
for{i in M, j in N: x[i,j] > 1-1e-6}
{
   printf "%8d %12d %14g\n", i, j, c[i,j];
}
printf "---------------------------------------------------\n\n";

# dados do problema
data;

param n := 5;
param c: 1  2  3  4  5 :=
```

```
1  10 2  20 11 15
2  12 7  9  20 25
3  4  14 16 18 10
4  12 13 5  15 15
5  5  10 15 6  20
;
end;
```

Código 24.2: Resultado do modelo do problema de atribuição em Mathprog

```
   -m mathprog/problema_de_atribuicao.mod
Reading model section from mathprog/problema_de_atribuicao.mod...
Reading data section from mathprog/problema_de_atribuicao.mod...
47 lines were read
Generating obj...
Generating r1...
Generating r2...
Model has been successfully generated
GLPK Integer Optimizer 5.0
11 rows, 25 columns, 75 non-zeros
25 integer variables, all of which are binary
Preprocessing...
10 rows, 25 columns, 50 non-zeros
25 integer variables, all of which are binary
Scaling...
 A: min|aij| = 1.000e+00 max|aij| = 1.000e+00 ratio = 1.000e+00
Problem data seem to be well scaled
Constructing initial basis...
Size of triangular part is 9
Solving LP relaxation...
GLPK Simplex Optimizer 5.0
10 rows, 25 columns, 50 non-zeros
      0: obj = 4.100000000e+01 inf = 3.000e+00 (1)
      7: obj = 5.400000000e+01 inf = 0.000e+00 (0)
*    17: obj = 3.500000000e+01 inf = 0.000e+00 (0)
OPTIMAL LP SOLUTION FOUND
Integer optimization begins...
Long-step dual simplex will be used
+    17: mip = not found yet >=        -inf     (1; 0)
+    17: >>>>> 3.500000000e+01 >= 3.500000000e+01 0.0% (1; 0)
+    17: mip = 3.500000000e+01 >= tree is empty 0.0% (0; 1)
INTEGER OPTIMAL SOLUTION FOUND
Time used: 0.0 secs
Memory used: 0.1 Mb (153965 bytes)
------------------------------------------------------
Resultado:
Custo minimo total: 35.00
 Funcionario (i) Tarefa (j) Custo (i,j)
       1           2          2
       2           1          12
       3           5          10
       4           3          5
       5           4          6
```

```
--------------------------------------------------

Model has been successfully processed
```

Código 24.3: Modelo do problema de atribuição em Python

```
from mip import Model, xsum, minimize, CBC, OptimizationStatus, BINARY
from itertools import product
import matplotlib.pyplot as plt
from math import sqrt
import numpy as np

# numero de funcionarios e tarefas
n = 5
M,N = range(n),range(n)

# custo de investimento da atribuicao do funcionario i para a tarefa j
c=[ [ 10, 2, 20, 11, 15],
   [12, 7, 9,  20, 25],
   [4, 14, 16, 18, 10],
   [12, 13, 5, 15, 15],
   [5, 10, 15, 6, 20]]

# declaracao do modelo
model = Model('Problema de Atribuicao',solver_name=CBC)

# x_ij = 1 se o funcionario i e atribuido a tarefa j
x = {(i,j) : model.add_var(var_type=BINARY) for i in M for j in N}

# funcao objetivo: minimizar o custo de atribuir o funcionario i a tarefa j
model.objective = minimize (xsum(c[i][j] * x[i,j] for (i,j) in product(M,N)))

#restricoes: toda tarefa j e atribuido a um funcionario i
for j in N:
   model += xsum(x[i,j] for i in M) == 1

#restricoes: todo funcionario i e atribuido a uma tarefa j
for i in M:
   model += xsum(x[i,j] for j in N) == 1

# otimiza o modelo chamando o resolvedor
status = model.optimize()
if status == OptimizationStatus.OPTIMAL:
   print("--------------------------------------------------")
   print("Resultado:")
   print("Custo minimo total de atribuicao: {:5.2f}".format(model.objective_value))
   print( " Funcionario(i) tarefa(j) custo c(ij) ")
   for i in M:
        for j in N:
            if x[i,j].x > 0.5:
               print("{:8d} {:15d} {:15.0f}".format(i+1,j+1,c[i][j]))

   print("--------------------------------------------------")
```

Código 24.4: Resultado do modelo do problema de atribuição em Python

```
 -m mathprog/problema_de_atribuicao.mod
Reading model section from mathprog/problema_de_atribuicao.mod...
Reading data section from mathprog/problema_de_atribuicao.mod...
47 lines were read
Generating obj...
Generating r1...
Generating r2...
Model has been successfully generated
GLPK Integer Optimizer 5.0
11 rows, 25 columns, 75 non-zeros
25 integer variables, all of which are binary
Preprocessing...
10 rows, 25 columns, 50 non-zeros
25 integer variables, all of which are binary
Scaling...
 A: min|aij| = 1.000e+00 max|aij| = 1.000e+00 ratio = 1.000e+00
Problem data seem to be well scaled
Constructing initial basis...
Size of triangular part is 9
Solving LP relaxation...
GLPK Simplex Optimizer 5.0
10 rows, 25 columns, 50 non-zeros
      0: obj = 4.100000000e+01 inf = 3.000e+00 (1)
      7: obj = 5.400000000e+01 inf = 0.000e+00 (0)
*    17: obj = 3.500000000e+01 inf = 0.000e+00 (0)
OPTIMAL LP SOLUTION FOUND
Integer optimization begins...
Long-step dual simplex will be used
+    17: mip = not found yet >=        -inf     (1; 0)
+    17: >>>>> 3.500000000e+01 >= 3.500000000e+01 0.0% (1; 0)
+    17: mip = 3.500000000e+01 >= tree is empty 0.0% (0; 1)
INTEGER OPTIMAL SOLUTION FOUND
Time used: 0.0 secs
Memory used: 0.1 Mb (153965 bytes)


--------------------------------------------------
Resultado:
Custo minimo total: 35.00
 Funcionario (i) Tarefa (j) Custo (i,j)
      1          2          2
      2          1          12
      3          5          10
      4          3           5
      5          4           6
--------------------------------------------------

Model has been successfully processed
```

24.5 CONCLUSÃO

Este capítulo explora o problema de atribuição a partir do estudo do caso particular da empresa de móveis Rivadália. A situação problema foi implementada nas linguagens MathProg e Python e os resultados apresentados. A abordagem motiva e permite uma melhor compreensão do leitor do problema e sua implementação. A abordagem computacional não apenas oferece uma solução prática, mas também revela compreensões sobre as dinâmicas intrínsecas ao processo de tomada de decisão em contextos organizacionais. Esse estudo de caso ressalta a interseção entre teoria matemática e desafios reais enfrentados por gestores, solidificando a compreensão da importância da otimização na busca por soluções eficazes e inovadoras para problemas de atribuição.

REFERÊNCIAS

Burkard, Rainer, Mauro Dell'Amico e Silvano Martello (2012). *Assignment Problems*. Society for Industrial e Applied Mathematics. DOI: 10.1137/1.9781611972238. eprint: https://epubs.siam.org/doi/pdf/10.1137/1.9781611972238. URL: https://epubs.siam.org/doi/abs/10.1137/1.9781611972238.

Kuhn, Harold W (1955). "The Hungarian method for the assignment problem". Em: *Naval research logistics quarterly* 2.1-2, pp. 83–97.

Pentico, David W (2007). "Assignment problems: A golden anniversary survey". Em: *European Journal of Operational Research* 176.2, pp. 774–793.

25

PROBLEMA DE ATRIBUIÇÃO GENERALIZADA

Débora A. Ribeiro
deboralvesribeiro@gmail.com

Luiza Bernardes Real
luizabernardesreal@gmail.com
Instituto Federal de Minas Gerais

25.1 INTRODUÇÃO

O problema de atribuição generalizada é uma extensão do problema de atribuição clássico. Apresentado por Balachandran (1976), ele considera dois conjuntos, o de agentes e o de tarefas e consiste em atribuir cada tarefa a um único agente, sem sobrecarregá-los. O objetivo do problema é a minimização dos custos.

O leitor encontra um levantamento sobre algoritmos e aplicações para o problema de atribuição generalizada em Cattrysse e Van Wassenhove (1992) e Öncan (2007), respectivamente. No segundo, encontramos aplicações em vários problemas da realidade, tais como: em programação, transporte, localização de instalações, planejamento de produções e definições de horários.

Os códigos apresentados neste capítulo estão disponíveis para consulta no link: `https://pifop.com/app/view/efcpEtVOvaBpfmiLRAcu`.

25.2 O CASO

Maria, gerente da empresa de móveis Rivadália, tem 3 funcionários habilitados para realizar 7 tarefas. Os funcionários possuem, individualmente, uma determinada capacidade para processar tarefas. Além disso, cada tarefa só pode ser executada por somente um funcionário, demandando dele uma determinada quantidade de recurso. Sabendo que há um custo de alocar um funcionário para realizar uma tarefa e respeitando as restrições impostas anteriormente, Maria almeja determinar a atribuição entre funcionários e tarefas de forma que minimize seus custos. As Tabelas 25.2.1 e 25.2.2 apresentam os dados do problema.

Tabela 25.2.1: Custo de atribuição da tarefa ao funcionário

Funcionários	Tarefas						
	1	2	3	4	5	6	7
1	20	14	18	40	50	40	13
2	24	26	10	30	30	20	22
3	10	20	30	12	40	40	15

Tabela 25.2.2: Recursos necessários pelas tarefas e Capacidade dos funcionários

Funcionários	Tarefas							Capacidade
	1	2	3	4	5	6	7	
1	30	47	49	20	55	33	51	100
2	42	43	35	35	45	43	72	90
3	51	13	15	36	29	60	56	100

25.3 NOTAÇÃO, DEFINIÇÕES E MODELO

Consideremos os conjuntos M e N constituído de m funcionários e n tarefas, respectivamente. Sejam, o custo de atribuir c_{ij} e a quantidade de recursos necessários a_{ij} referentes a cada par (i, j) de elementos, com $i \in M$ e $j \in N$. Temos também b_i a capacidade de recursos de cada funcionário $i \in M$. O problema tem o objetivo de minimizar o custo total ao atribuir todas as tarefas $j \in N$ a único funcionário de $i \in M$, sem deixar de respeitar sua capacidade b_i, $i \in M$. Para melhor ilustração do problema ver a Figura 25.3.1.

A lista de parâmetros e variáveis estão explicitados na Tabela 25.3.1 e o modelo matemático do problema de atribuição generalizada é apresentado.

$$\min \sum_{i \in M} \sum_{j \in N} c_{ij} x_{ij} \tag{25.3.1}$$

$$\text{sujeito a: } \sum_{i \in M} x_{ij} = 1 \qquad \forall\, j \in N \tag{25.3.2}$$

$$\sum_{j \in N} a_{ij} x_{ij} \leq b_i \qquad \forall\, i \in M \tag{25.3.3}$$

$$x_{ij} \in \{0, 1\} \qquad \forall\, i \in M,\ j \in N \tag{25.3.4}$$

A função objetivo (25.3.1) minimiza o custo total de atribuição. As restrições (25.3.2) garantem que toda tarefa $j \in N$ é executada por um único funcionário $i \in M$. Além disso, as restrições (25.3.3) asseguram que a capacidade de recursos de cada

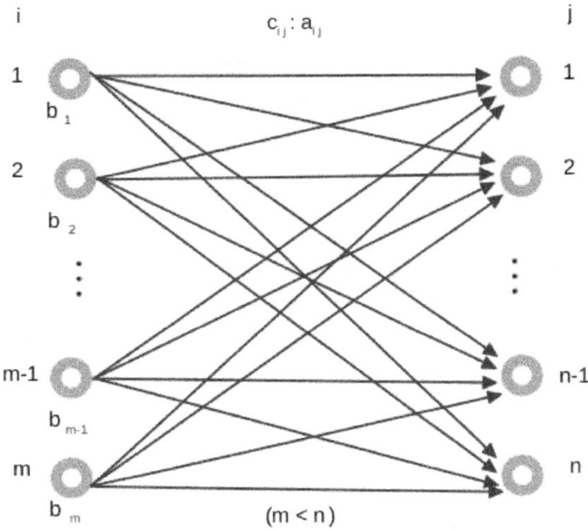

Figura 25.3.1: Contexto do problema de atribuição generalizada

Tabela 25.3.1: Lista de parâmetros e variáveis.

Conjuntos

$M : \{1, \ldots, n\}$: conjunto de funcionários,

$N : \{1, \ldots, n\}$: conjunto de tarefas.

Parâmetros

m : número de funcionários,

n : número de tarefas,

b_i : capacidade do recurso do funcionário $i \in M$,

a_{ij} : quantidade de recursos necessários ao atribuir (i, j), $\forall i \in M$ e $j \in N$,

c_{ij} : custo de atribuição de cada par de elementos (i, j), $\forall i \in M$ e $j \in N$.

Variáveis de Decisão

$x_{ij} \in \{0, 1\}$: igual 1, se o funcionário $i \in M$ é atribuído a tarefa $j \in N$; 0, caso contrário.

funcionário $i \in M$ é respeitada. Para terminar, temos em (25.3.4) o domínio das variáveis de decisões.

25.4 CÓDIGOS E RESULTADOS DO MODELO

Ao realizar a implementação nas linguagens MathProg e Python, conforme apresentado abaixo, obtivemos a otimização do problema. O custo mínimo alcançado é de 123, resultando na alocação do funcionário 1 para as tarefas 3 e 7, o funcionário 2 para as tarefas 5 e 6, e o funcionário 3 para as tarefas 1, 2 e 4. Vale notar que apenas o funcionário 2 possui uma folga de 2 unidades em sua capacidade.

Código 25.1: Modelo do problema de atribuição generalizada em Mathprog

```
# numero de funcionario
param m, integer, > 0;
# numero de tarefas
param n, integer, > 0;
# conjunto de funcionarios
set M := 1..m;
# conjunto de tarefas
set N := 1..n;

# capacidade de recurso de cada funcionario
param b{i in M}, >=0;
# recurso de necessario de cada par (i,j)
param a{i in M, j in N}, >=0;
# custo de investimento do par (i,j)
param c{i in M, j in N}, >=0;

# variavel: se o funcionario i e atribuido a tarefa j
var x{i in M, j in N}, binary;

# funcao objetivo: minimiza o investimento
minimize obj: sum{i in M,j in N} c[i,j] * x[i,j];

# restricao: toda tarefa deve ser atribuida a um funcionario
s.t. r1{j in N}: sum{i in M} x[i,j] = 1;
# restricao capacidade: todo funcionario deve respeitar sua capacidade
s.t. r2{i in M}: sum{j in N} a[i,j]*x[i,j] <= b[i];

solve;

# impressao do resultado
printf "\n-------------------------------------------------\n";
printf 'Resultado:\n';
printf 'Custo minimo total de atribuicao: %5.2f\n', sum{i in M}sum{j in N} c[i,j] * x[i,j];
for{i in M}{
   printf " Funcionario(i):%2d \n", i;
   printf " Tarefa(j) Recursos a(i,j) Custos c(i,j)\n";
   for{j in N: x[i,j] > 1-1e-6}
   {
      printf "%10d %15g %15g\n", j, a[i,j], c[i,j];
   }
    printf ' Quantidade de recursos necessarios a(i,j): %6.2f\n', sum{j in N} a[i,j] * x[i,j];
    printf ' Capacidade de recursos de cada agente b(i): %6.2f\n', b[i];
    printf ' Soma c(i,j): %6.2f\n\n', sum{j in N} c[i,j] * x[i,j];
```

```
}
printf "------------------------------------------------\n\n";

# dados do problema
data;
param m := 3;
param n := 7;
param b :=
1  100
2  90
3  100
;
param a:
   1  2  3  4  5  6  7:=
1  30 47 49 20 55 33 51
2  42 43 35 35 45 43 72
3  51 13 15 36 29 60 56
;

param c:
   1  2  3  4  5  6  7:=
1  20 14 18 40 50 40  13
2  24 26 10 30 30 20  22
3  10 20 30 12 40 40  15
;
end;
```

Código 25.2: Resultado do modelo do problema de atribuição generalizada em Mathprog

```
> glpsol -m "mathprog/problema_atribuicao_generalizada.mod"
GLPSOL--GLPK LP/MIP Solver 5.0
Parameter(s) specified in the command line:
 -m mathprog/problema_atribuicao_generalizada.mod
Reading model section from mathprog/problema_atribuicao_generalizada.mod...
Reading data section from mathprog/problema_atribuicao_generalizada.mod...
70 lines were read
Generating obj...
Generating r1...
Generating r2...
Model has been successfully generated
GLPK Integer Optimizer 5.0
11 rows, 21 columns, 63 non-zeros
21 integer variables, all of which are binary
Preprocessing...
10 rows, 21 columns, 42 non-zeros
21 integer variables, all of which are binary
Scaling...
 A: min|aij| = 1.000e+00 max|aij| = 7.200e+01 ratio = 7.200e+01
GM: min|aij| = 7.187e-01 max|aij| = 1.391e+00 ratio = 1.936e+00
EQ: min|aij| = 5.292e-01 max|aij| = 1.000e+00 ratio = 1.890e+00
2N: min|aij| = 4.688e-01 max|aij| = 1.719e+00 ratio = 3.667e+00
Constructing initial basis...
Size of triangular part is 10
Solving LP relaxation...
GLPK Simplex Optimizer 5.0
```

```
10 rows, 21 columns, 42 non-zeros
      0: obj = 1.670000000e+02 inf = 5.000e+00 (1)
      8: obj = 2.066990596e+02 inf = 0.000e+00 (0)
*    20: obj = 1.185761501e+02 inf = 0.000e+00 (0)
OPTIMAL LP SOLUTION FOUND
Integer optimization begins...
Long-step dual simplex will be used
+    20: mip = not found yet >=        -inf     (1; 0)
+    34: >>>>> 1.960000000e+02 >= 1.230000000e+02 37.2% (6; 0)
Solution found by heuristic: 123
+    37: mip = 1.230000000e+02 >= tree is empty 0.0% (0; 11)
INTEGER OPTIMAL SOLUTION FOUND
Time used: 0.0 secs
Memory used: 0.1 Mb (156767 bytes)

-------------------------------------------------------
Resultado:
Custo minimo total de atribuicao: 123.00
  Funcionario(i): 1
    Tarefa(j) Recursos a(i,j) Custos c(i,j)
        3          49          18
        7          51          13
    Quantidade de recursos necessarios a(i,j): 100.00
    Capacidade de recursos de cada agente b(i): 100.00
    Soma c(i,j): 31.00

  Funcionario(i): 2
    Tarefa(j) Recursos a(i,j) Custos c(i,j)
        5          45          30
        6          43          20
    Quantidade de recursos necessarios a(i,j): 88.00
    Capacidade de recursos de cada agente b(i): 90.00
    Soma c(i,j): 50.00

  Funcionario(i): 3
    Tarefa(j) Recursos a(i,j) Custos c(i,j)
        1          51          10
        2          13          20
        4          36          12
    Quantidade de recursos necessarios a(i,j): 100.00
    Capacidade de recursos de cada agente b(i): 100.00
    Soma c(i,j): 42.00

----------------------------------------------------------

Model has been successfully processed

> glpsol -m "mathprog/problema_atribuicao_generalizada.mod"
GLPSOL--GLPK LP/MIP Solver 5.0
Parameter(s) specified in the command line:
 -m mathprog/problema_atribuicao_generalizada.mod
Reading model section from mathprog/problema_atribuicao_generalizada.mod...
Reading data section from mathprog/problema_atribuicao_generalizada.mod...
70 lines were read
Generating obj...
```

```
Generating r1...
Generating r2...
Model has been successfully generated
GLPK Integer Optimizer 5.0
11 rows, 21 columns, 63 non-zeros
21 integer variables, all of which are binary
Preprocessing...
10 rows, 21 columns, 42 non-zeros
21 integer variables, all of which are binary
Scaling...
 A: min|aij| = 1.000e+00 max|aij| = 7.200e+01 ratio = 7.200e+01
GM: min|aij| = 7.187e-01 max|aij| = 1.391e+00 ratio = 1.936e+00
EQ: min|aij| = 5.292e-01 max|aij| = 1.000e+00 ratio = 1.890e+00
2N: min|aij| = 4.688e-01 max|aij| = 1.719e+00 ratio = 3.667e+00
Constructing initial basis...
Size of triangular part is 10
Solving LP relaxation...
GLPK Simplex Optimizer 5.0
10 rows, 21 columns, 42 non-zeros
      0: obj = 1.670000000e+02 inf = 5.000e+00 (1)
      8: obj = 2.066990596e+02 inf = 0.000e+00 (0)
*    20: obj = 1.185761501e+02 inf = 0.000e+00 (0)
OPTIMAL LP SOLUTION FOUND
Integer optimization begins...
Long-step dual simplex will be used
+    20: mip = not found yet >=        -inf     (1; 0)
+    34: >>>>> 1.960000000e+02 >= 1.230000000e+02 37.2% (6; 0)
Solution found by heuristic: 123
+    37: mip = 1.230000000e+02 >= tree is empty 0.0% (0; 11)
INTEGER OPTIMAL SOLUTION FOUND
Time used: 0.0 secs
Memory used: 0.1 Mb (156767 bytes)

--------------------------------------------------------
Resultado:
Custo minimo total de atribuicao: 123.00
  Funcionario(i): 1
    Tarefa(j) Recursos a(i,j) Custos c(i,j)
        3           49           18
        7           51           13
    Quantidade de recursos necessarios a(i,j): 100.00
    Capacidade de recursos de cada agente b(i): 100.00
    Soma c(i,j): 31.00

  Funcionario(i): 2
    Tarefa(j) Recursos a(i,j) Custos c(i,j)
        5           45           30
        6           43           20
    Quantidade de recursos necessarios a(i,j): 88.00
    Capacidade de recursos de cada agente b(i): 90.00
    Soma c(i,j): 50.00

  Funcionario(i): 3
    Tarefa(j) Recursos a(i,j) Custos c(i,j)
        1           51           10
```

```
  2          13          20
  4          36          12
Quantidade de recursos necessarios a(i,j): 100.00
Capacidade de recursos de cada agente b(i): 100.00
Soma c(i,j): 42.00

-----------------------------------------------------------

Model has been successfully processed
```

Código 25.3: Modelo do problema de atribuição generalizada em Python

```python
from mip import Model, xsum, minimize, CBC, OptimizationStatus, BINARY
from itertools import product
import matplotlib.pyplot as plt
from math import sqrt
import numpy as np

# numero de funcionarios
m = 3
# numero de tarefas
n = 7
# conjuntos funcionarios e tarefas
M,N = range(m),range(n)

# capacidade de recurso de cada funcionario
b=[100, 90, 100]

# recurso de necessario de cada par (i,j)
a=[ [ 30, 47, 49, 20, 55, 33, 51],
   [ 42, 43, 35, 35, 45, 43, 72],
   [ 51, 13, 15, 36, 29, 60, 56]]

# custo de investimento da atribuicao do funcionario i para a tarefa j
c=[[20, 14, 18, 40, 50, 40, 13],
  [24, 26, 10, 30, 30, 20, 22],
  [10, 20, 30, 12, 40, 40, 15]]

# declaracao do modelo
model = Model('Problema de Atribuicao Generalizada ',solver_name=CBC)

# x_ij = 1 se o funcionario i e atribuido a tarefa j
x = {(i,j) : model.add_var(var_type=BINARY) for i in M for j in N}

# funcao objetivo: minimizar o custo de atribuir o funcionario i a tarefa j
model.objective = minimize (xsum(c[i][j] * x[i,j] for (i,j) in product(M,N)))

# restricoes: toda tarefa j e atribuido a um funcionario i
for j in N:
   model += xsum(x[i,j] for i in M) == 1

# restricoes: capacidade de recurso de funcionario i e deve ser respeitado
for i in M:
   model += xsum(a[i][j]*x[i,j] for j in N) <= b[i]

```

```
# otimiza o modelo chamando o resolvedor
status = model.optimize()

# resultado
if status == OptimizationStatus.OPTIMAL:
    print("\n--------------------------------------------------")
    print("Resultado:")
    print("Custo minimo total de atribuicao: {:5.2f}".format(model.objective_value))
    for i in M:
        print( " Funcionario i:{:2d} ".format(i+1))
        print( " Tarefa(j) Recurso a(i,j) Custo c(i,j)")
        somaa =0
        custoci=0
        for j in N:
            if x[i,j].x > 0.5:
                print(" {:8d} {:12.0f}{:15.0f}".format(j+1,a[i][j],c[i][j]))
                somaa = somaa + a[i][j]
                custoci = custoci + c[i][j]
        print(" Quantidade de recursos necessarios a(i,j): {:d}".format(somaa) )
        print(" Capacidade de recursos de cada funcionario b(i): {:d}".format(b[i]))
        print(" Soma c(i,j): {:5.2f}\n".format(custoci) )

    print("--------------------------------------------------")
```

Código 25.4: Resultado do modelo do problema de atribuição generalizada em Python

```
> python/problema_atribuicao_generalizada.py
Welcome to the CBC MILP Solver
Version: Trunk
Build Date: Oct 24 2021

Starting solution of the Linear programming relaxation problem using Primal Simplex

Coin0506I Presolve 10 (0) rows, 21 (0) columns and 42 (0) elements
Clp1000I sum of infeasibilities 3.38392e-07 - average 3.38392e-08, 5 fixed columns
Coin0506I Presolve 5 (-5) rows, 11 (-10) columns and 22 (-20) elements
Clp0029I End of values pass after 11 iterations
Clp0000I Optimal - objective value 118.57615
Clp0000I Optimal - objective value 118.57615
Coin0511I After Postsolve, objective 118.57615, infeasibilities - dual 0 (0), primal 0 (0)
Clp0000I Optimal - objective value 118.57615
Clp0000I Optimal - objective value 118.57615
Clp0000I Optimal - objective value 118.57615
Clp0032I Optimal objective 118.5761501 - 0 iterations time 0.002, Idiot 0.00

Starting MIP optimization
Cgl0004I processed model has 10 rows, 21 columns (21 integer (21 of which binary)) and 42 elements
Coin3009W Conflict graph built in 0.002 seconds, density: 5.980%
Cgl0015I Clique Strengthening extended 0 cliques, 0 were dominated
Cbc0045I Nauty did not find any useful orbits in time 0
Cbc0038I Initial state - 6 integers unsatisfied sum - 1.04009
Cbc0038I Pass 1: suminf. 0.62745 (3) obj. 123.125 iterations 6
Cbc0038I Pass 2: suminf. 1.33333 (4) obj. 130.905 iterations 5
Cbc0038I Pass 3: suminf. 1.00000 (3) obj. 131.265 iterations 2
Cbc0038I Pass 4: suminf. 1.00000 (3) obj. 131.265 iterations 1
```

```
Cbc0038I Pass 5: suminf. 0.75000 (2) obj. 130.25 iterations 3
Cbc0038I Pass 6: suminf. 0.75000 (3) obj. 131.75 iterations 2
Cbc0038I Pass 7: suminf. 1.00000 (3) obj. 131.265 iterations 4
Cbc0038I Pass 8: suminf. 0.47222 (3) obj. 184.23 iterations 8
Cbc0038I Pass 9: suminf. 0.47222 (3) obj. 184.23 iterations 1
Cbc0038I Pass 10: suminf. 0.72745 (4) obj. 164.98 iterations 6
Cbc0038I Solution found of 159
Cbc0038I Before mini branch and bound, 7 integers at bound fixed and 0 continuous
Cbc0038I Full problem 10 rows 21 columns, reduced to 4 rows 8 columns
Cbc0038I Mini branch and bound improved solution from 159 to 135 (0.02 seconds)
Cbc0038I Round again with cutoff of 132.458
Cbc0038I Reduced cost fixing fixed 6 variables on major pass 2
Cbc0038I Pass 11: suminf. 1.04009 (6) obj. 118.576 iterations 6
Cbc0038I Pass 12: suminf. 0.53333 (2) obj. 132.333 iterations 3
Cbc0038I Pass 13: suminf. 0.50846 (2) obj. 132.458 iterations 2
Cbc0038I Pass 14: suminf. 0.86275 (2) obj. 130.686 iterations 1
Cbc0038I Pass 15: suminf. 1.03989 (4) obj. 132.458 iterations 2
Cbc0038I Pass 16: suminf. 0.50846 (2) obj. 132.458 iterations 2
Cbc0038I Pass 17: suminf. 0.50846 (2) obj. 132.458 iterations 0
Cbc0038I Pass 18: suminf. 1.03989 (4) obj. 132.458 iterations 3
Cbc0038I Pass 19: suminf. 1.36732 (4) obj. 126.503 iterations 3
Cbc0038I Pass 20: suminf. 0.86275 (2) obj. 130.686 iterations 1
Cbc0038I Pass 21: suminf. 1.10015 (4) obj. 123.747 iterations 1
Cbc0038I Pass 22: suminf. 1.04009 (6) obj. 118.576 iterations 2
Cbc0038I Pass 23: suminf. 0.53333 (2) obj. 132.333 iterations 3
Cbc0038I Pass 24: suminf. 0.50846 (2) obj. 132.458 iterations 2
Cbc0038I Pass 25: suminf. 0.65771 (4) obj. 132.458 iterations 3
Cbc0038I Pass 26: suminf. 0.50846 (2) obj. 132.458 iterations 2
Cbc0038I Pass 27: suminf. 0.86275 (2) obj. 130.686 iterations 1
Cbc0038I Pass 28: suminf. 0.25423 (2) obj. 132.458 iterations 4
Cbc0038I Pass 29: suminf. 0.25423 (2) obj. 132.458 iterations 1
Cbc0038I Pass 30: suminf. 0.53333 (2) obj. 129.667 iterations 1
Cbc0038I Pass 31: suminf. 0.50846 (2) obj. 132.458 iterations 3
Cbc0038I Pass 32: suminf. 0.07843 (2) obj. 129.392 iterations 7
Cbc0038I Pass 33: suminf. 0.07843 (2) obj. 129.392 iterations 1
Cbc0038I Pass 34: suminf. 0.92658 (4) obj. 132.458 iterations 3
Cbc0038I Pass 35: suminf. 1.24397 (7) obj. 132.458 iterations 3
Cbc0038I Pass 36: suminf. 1.24397 (7) obj. 132.458 iterations 0
Cbc0038I Pass 37: suminf. 1.13793 (4) obj. 132.458 iterations 2
Cbc0038I Pass 38: suminf. 0.75000 (2) obj. 130.25 iterations 2
Cbc0038I Pass 39: suminf. 0.90196 (2) obj. 130.098 iterations 1
Cbc0038I Pass 40: suminf. 2.55140 (6) obj. 132.458 iterations 2
Cbc0038I No solution found this major pass
Cbc0038I Before mini branch and bound, 7 integers at bound fixed and 0 continuous
Cbc0038I Full problem 10 rows 21 columns, reduced to 5 rows 10 columns
Cbc0038I Mini branch and bound improved solution from 135 to 123 (0.02 seconds)
Cbc0038I Round again with cutoff of 121.315
Cbc0038I Reduced cost fixing fixed 11 variables on major pass 3
Cbc0038I Pass 40: suminf. 1.04009 (6) obj. 118.576 iterations 0
Cbc0038I Pass 41: suminf. 1.84425 (6) obj. 121.315 iterations 2
Cbc0038I Pass 42: suminf. 1.84425 (6) obj. 121.315 iterations 0
Cbc0038I Pass 43: suminf. 1.84425 (6) obj. 121.315 iterations 0
Cbc0038I Pass 44: suminf. 1.84425 (6) obj. 121.315 iterations 0
Cbc0038I Pass 45: suminf. 1.04009 (6) obj. 118.576 iterations 1
Cbc0038I Pass 46: suminf. 1.04009 (6) obj. 118.576 iterations 0
```

```
Cbc0038I Pass 47: suminf. 1.07190 (6) obj. 121.315 iterations 1
Cbc0038I Pass 48: suminf. 1.68906 (6) obj. 121.315 iterations 2
Cbc0038I Pass 49: suminf. 1.84425 (6) obj. 121.315 iterations 1
Cbc0038I Pass 50: suminf. 1.84425 (6) obj. 121.315 iterations 0
Cbc0038I Pass 51: suminf. 1.04009 (6) obj. 118.576 iterations 1
Cbc0038I Pass 52: suminf. 1.04009 (6) obj. 118.576 iterations 0
Cbc0038I Pass 53: suminf. 1.04009 (6) obj. 118.576 iterations 0
Cbc0038I Pass 54: suminf. 1.84425 (6) obj. 121.315 iterations 1
Cbc0038I Pass 55: suminf. 1.84425 (6) obj. 121.315 iterations 0
Cbc0038I Pass 56: suminf. 1.07190 (6) obj. 121.315 iterations 1
Cbc0038I Pass 57: suminf. 1.07190 (6) obj. 121.315 iterations 0
Cbc0038I Pass 58: suminf. 1.84425 (6) obj. 121.315 iterations 1
Cbc0038I Pass 59: suminf. 1.04009 (6) obj. 118.576 iterations 1
Cbc0038I Pass 60: suminf. 1.04009 (6) obj. 118.576 iterations 0
Cbc0038I Pass 61: suminf. 1.07190 (6) obj. 121.315 iterations 1
Cbc0038I Pass 62: suminf. 1.04009 (6) obj. 118.576 iterations 1
Cbc0038I Pass 63: suminf. 1.04009 (6) obj. 118.576 iterations 0
Cbc0038I Pass 64: suminf. 1.04009 (6) obj. 118.576 iterations 0
Cbc0038I Pass 65: suminf. 1.04009 (6) obj. 118.576 iterations 0
Cbc0038I Pass 66: suminf. 1.04009 (6) obj. 118.576 iterations 0
Cbc0038I Pass 67: suminf. 1.07190 (6) obj. 121.315 iterations 1
Cbc0038I Pass 68: suminf. 1.07190 (6) obj. 121.315 iterations 0
Cbc0038I Pass 69: suminf. 1.68906 (6) obj. 121.315 iterations 1
Cbc0038I No solution found this major pass
Cbc0038I Before mini branch and bound, 15 integers at bound fixed and 0 continuous
Cbc0038I Mini branch and bound did not improve solution (0.02 seconds)
Cbc0038I After 0.02 seconds - Feasibility pump exiting with objective of 123 - took 0.01 seconds
Cbc0012I Integer solution of 123 found by feasibility pump after 0 iterations and 0 nodes (0.02
    seconds)
Cbc0006I The LP relaxation is infeasible or too expensive
Cbc0013I At root node, 0 cuts changed objective from 118.57615 to 118.57615 in 1 passes
Cbc0014I Cut generator 0 (Probing) - 1 row cuts average 0.0 elements, 1 column cuts (1 active) in
    0.000 seconds - new frequency is 1
Cbc0014I Cut generator 1 (Gomory) - 0 row cuts average 0.0 elements, 0 column cuts (0 active) in
    0.000 seconds - new frequency is -100
Cbc0014I Cut generator 2 (Knapsack) - 0 row cuts average 0.0 elements, 0 column cuts (0 active) in
    0.000 seconds - new frequency is -100
Cbc0014I Cut generator 3 (Clique) - 0 row cuts average 0.0 elements, 0 column cuts (0 active) in
    0.000 seconds - new frequency is -100
Cbc0014I Cut generator 4 (OddWheel) - 0 row cuts average 0.0 elements, 0 column cuts (0 active) in
    0.000 seconds - new frequency is -100
Cbc0014I Cut generator 5 (MixedIntegerRounding2) - 0 row cuts average 0.0 elements, 0 column cuts
    (0 active) in 0.000 seconds - new frequency is -100
Cbc0014I Cut generator 6 (FlowCover) - 0 row cuts average 0.0 elements, 0 column cuts (0 active) in
    0.000 seconds - new frequency is -100
Cbc0014I Cut generator 7 (TwoMirCuts) - 0 row cuts average 0.0 elements, 0 column cuts (0 active)
    in 0.000 seconds - new frequency is -100
Cbc0014I Cut generator 8 (ZeroHalf) - 0 row cuts average 0.0 elements, 0 column cuts (0 active) in
    0.000 seconds - new frequency is -100
Cbc0001I Search completed - best objective 123, took 0 iterations and 0 nodes (0.03 seconds)
Cbc0035I Maximum depth 0, 11 variables fixed on reduced cost
Total time (CPU seconds): 0.01 (Wallclock seconds): 0.04


--------------------------------------------------
```

```
Resultado:
Custo minimo total de atribuicao: 123.00
 Funcionario i: 1
  Tarefa(j) Recurso a(i,j) Custo c(i,j)
     3          49          18
     7          51          13
  Quantidade de recursos necessarios a(i,j): 100
  Capacidade de recursos de cada funcionario b(i): 100
  Soma c(i,j): 31.00

 Funcionario i: 2
  Tarefa(j) Recurso a(i,j) Custo c(i,j)
     5          45          30
     6          43          20
  Quantidade de recursos necessarios a(i,j): 88
  Capacidade de recursos de cada funcionario b(i): 90
  Soma c(i,j): 50.00

 Funcionario i: 3
  Tarefa(j) Recurso a(i,j) Custo c(i,j)
     1          51          10
     2          13          20
     4          36          12
  Quantidade de recursos necessarios a(i,j): 100
  Capacidade de recursos de cada funcionario b(i): 100
  Soma c(i,j): 42.00

-------------------------------------------------

>
```

Para pensar: Ao adentrar no estudo do problema de atribuição generalizada, o leitor é convidado a explorar a complexidade e as nuances interessantes desse campo. A relação complexa entre funcionários e tarefas, considerando limitações de capacidade e habilidades distintas, proporciona um terreno fértil para aprofundar seus conhecimentos em otimização e modelagem matemática. Lidar com variáveis como alocação eficiente de recursos, minimização de custos e satisfação de restrições oferecerá uma experiência prática na resolução de problemas do mundo real. Este desafio não apenas estimula o intelecto, mas também oferece insights valiosos sobre estratégias inovadoras para otimizar processos organizacionais. O envolvimento com essa jornada intelectual promete enriquecer sua compreensão da interseção entre teoria matemática e tomada de decisões práticas, construindo uma base sólida para enfrentar dilemas similares no futuro no contexto da atribuição de recursos.

25.5 CONCLUSÃO

Em conclusão, a abordagem do problema de atribuição generalizada utilizando programação em MathProg e Python proporcionou uma solução eficiente para a empresa de móveis Rivadália. A aplicação de métodos de otimização permitiu encontrar a alocação ideal de funcionários para tarefas, minimizando custos e atendendo às restrições do problema. A flexibilidade do Python como linguagem de programação ofereceu uma implementação ágil e adaptável, facilitando a resolução desse desafio específico de alocação de recursos. Essa metodologia não apenas aprimorou a eficiência operacional da empresa, mas também estabeleceu um caminho para enfrentar desafios semelhantes de otimização em cenários complexos de atribuição de tarefas e recursos. O estudo de caso destaca a importância da modelagem matemática e da programação em MathProg e Python como ferramentas valiosas na tomada de decisões empresariais para otimizar recursos e reduzir custos.

REFERÊNCIAS

Balachandran, V (1976). "An integer generalized transportation model for optimal job assignment in computer networks". Em: *Operations Research* 24.4, pp. 742–759.

Cattrysse, Dirk G e Luk N Van Wassenhove (1992). "A survey of algorithms for the generalized assignment problem". Em: *European journal of operational research* 60.3, pp. 260–272.

Öncan, Temel (2007). "A survey of the generalized assignment problem and its applications". Em: *INFOR: Information Systems and Operational Research* 45.3, pp. 123–141.

www.ingramcontent.com/pod-product-compliance
Lightning Source LLC
LaVergne TN
LVHW080550160826
845677LV00010B/1798
9786501000817